常见

液压系统回路解析及工程案例

CHANGJIAN
YEYA XITONG HUILU JIEXI
JI GONGCHENG ANLI

孟庆云　著

化学工业出版社
·北京·

内 容 简 介

全书涉及20个行业领域的液压系统应用案例，采用逐个回路剖析方式，将复杂工程回路简化为液压基本回路，通过回路讲解，化繁为简，利于初学者学习提高。主要内容包括：数控车床液压系统、通用液压机液压系统、自卸汽车液压系统、垃圾车液压系统、注塑机液压系统、液压叉车液压系统、多缸顺序专用铣床液压系统、乐池升降平台液压系统、卧式镗铣加工中心液压系统、起货机的液压系统、折弯机液压系统、扫路车液压系统、打捆机液压系统、飞机起落架液压系统、剪板机液压系统、机械手液压系统、C型翻车机液压系统、采煤机液压系统、电弧炼钢炉液压系统、推土机液压系统。

本书可供机械相关行业的液压科研人员、技术人员和设计人员阅读使用，也可供高等院校的相关专业师生学习和参考。

图书在版编目（CIP）数据

常见液压系统回路解析及工程案例 / 孟庆云著 .
北京：化学工业出版社，2024. 10. --ISBN 978-7-122-46295-4

Ⅰ. TH137

中国国家版本馆 CIP 数据核字第 2024A54T00 号

责任编辑：廉　静　　文字编辑：蔡晓雅
责任校对：王鹏飞　　装帧设计：王晓宇

出版发行：化学工业出版社（北京市东城区青年湖南街13号　邮政编码 100011）
印　　刷：三河市航远印刷有限公司
装　　订：三河市宇新装订厂
787mm × 1092mm　1/16　印张 $12^{1}/_{4}$　字数 309 千字
2024年11月北京第1版第1次印刷

购书咨询：010-64518888　　售后服务：010-64518899
网　　址：http://www.cip.com.cn
凡购买本书，如有缺损质量问题，本社销售中心负责调换。

定　　价：59.80 元　　

前言
PREFACE

液压传动方式是以液体为工作介质，通过液体在密闭容器内的静压力来传递能量并进行控制的传动方式。它具有传动平稳、易于自动化控制、产生的力和转矩较大、结构简单、维护方便等特点，在多个工业领域发挥着至关重要的作用。

随着工业技术的飞速进步与发展，液压技术作为现代工业制造领域的重要分支，已经广泛应用于各种机械和设备中。本书所选择的典型工程案例，具备多样性、系统性和实效性，涉及的领域涵盖了装备制造业、汽车工业、冶金工业和交通运输行业等，是液压技术应用的典型代表，充分展现了液压技术在工程领域中的应用。

本书旨在通过对具体工程案例的深入剖析，展示液压技术在工业制造中的应用与发展，促进专业人员和学习者提升对液压传动技术的具体认识和了解，提升液压方面的专业技术技能。同时也希望能够为相关领域的学习者和从业者提供有价值的参考。本书内容特点如下：

① 本书的编写原则是深入浅出、详略得当，着眼于工程液压系统的原理分析；

② 书中 20 个工程案例的选择涉及领域广泛，案例分析浅显易懂，采用图文并茂的方式对复杂的液压系统进行简单解析；

③ 采用逐个回路剖析的方式，将复杂工程回路简化为液压基本回路，通过常见回路的讲解，化繁为简，利于液压技术初学者的学习；

④ 通过具体油路图展示工程案例的液压原理，标记液压油真实流向，详细解说液压原理，大大降低了学习、理解难度。

本书可供从事相关行业的液压技术人员及广大相关专业的院校师生作为参考学习资料，部分典型案例也可作为教学项目案例和实践教学项目。

本书由大连职业技术学院孟庆云著。在撰写过程中，得到了一些企业技术人员和高校相关专业教师的帮助，在此表示衷心感谢。

限于笔者的水平和时间，书中难免有错漏之处，敬请读者批评指正。

著者

2024 年 7 月

目录
CONTENTS

第1章 数控车床液压系统

数控车床主要用于轴类和轮盘类等回转体零件的切削加工生产，能通过编程自动完成外圆柱面、锥面和螺纹等结构的切削加工，并能进行切槽、钻孔、扩孔、铰孔等加工工艺，如配合相应的专用夹具，还适宜于复杂形状零件加工。

数控车床由液压系统驱动的部分，主要有车床卡盘的夹紧与松开、卡盘夹紧力的高低压转换、回转刀架的夹紧与松开、刀架刀盘的正转与反转、尾座套筒的伸出与退回等，液压系统中各电磁铁的动作由数控系统的 PLC 控制实现。

如图 1-1 所示为数控车床液压系统的工作原理图。该液压回路组成具备以下特点。

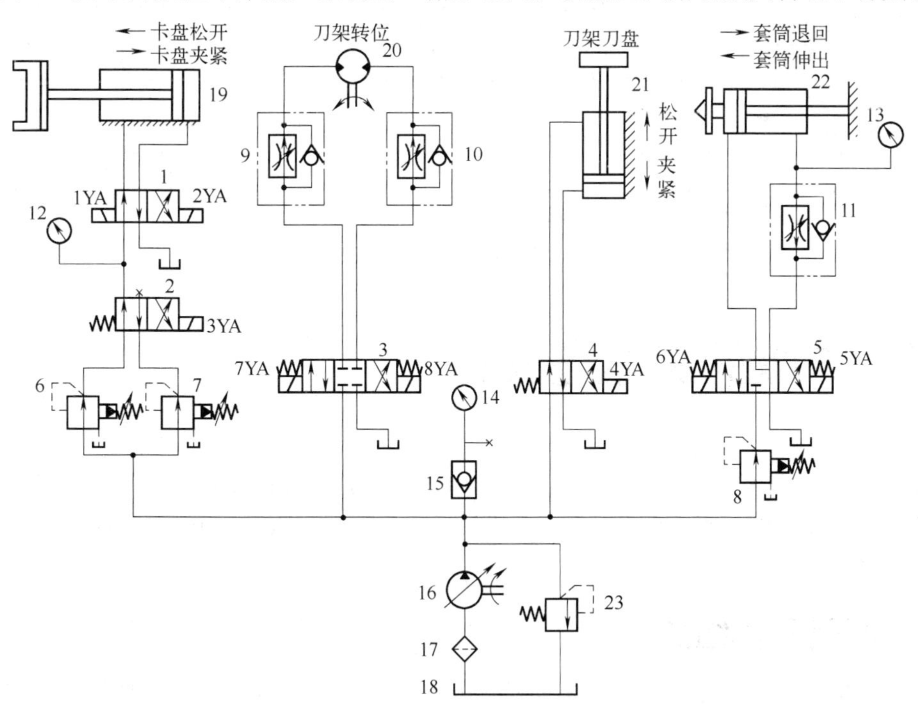

图 1-1　数控车床液压系统

1 ～ 5—换向阀；6 ～ 8—先导减压阀；9 ～ 11—单向调速阀；12 ～ 14—压力表；15—单向阀；16—液压泵；17—过滤器；18—油箱；19，21，22—液压缸；20—液压马达；23—直动溢流阀

① 系统采用单向变量液压泵向系统供油，系统能量损失较小。

② 由换向阀控制卡盘的松开和夹紧，实现高压和低压夹紧的转换，并且可以分别调节高压夹紧或低压夹紧力的大小，这样可根据工作情况来调节夹紧力，操作方便简单。

③ 用执行元件液压马达实现刀架的转位控制，通过单向调速阀可实现无级调速，并能控制刀架的正转和反转。

④ 用换向阀控制尾座套筒液压缸的换向，以实现尾座套筒的伸出或缩回，并能通过减压阀调节尾座套筒伸出工作时的预紧力大小，以适应不同工作的需要。

⑤ 压力表 12、13、14 可分别显示系统相应处的压力，以便故障诊断和调试。

各执行元件的动作依据电磁铁动作表有序执行。表 1-1 所示为数控车床液压系统的电磁铁动作表。

表 1-1　数控车床液压系统电磁铁动作表

动作			电磁铁							
			1YA	2YA	3YA	4YA	5YA	6YA	7YA	8YA
卡盘正卡	高压	夹紧	+	-	-	-	-	-	-	-
		松开	-	+	-	-	-	-	-	-
	低压	夹紧	+	-	+	-	-	-	-	-
		松开	-	+	+	-	-	-	-	-
卡盘反卡	高压	夹紧	-	+	-	-	-	-	-	-
		松开	+	-	-	-	-	-	-	-
	低压	夹紧	-	+	+	-	-	-	-	-
		松开	+	-	+	-	-	-	-	-
回转刀架	刀架正转		-	-	-	-	-	-	-	+
	刀架反转		-	-	-	-	-	-	+	-
	刀盘松开		-	-	-	+	-	-	-	-
	刀盘夹紧		-	-	-	-	-	-	-	-
尾座	套筒退回		-	-	-	-	-	+	-	-
	套筒伸出		-	-	-	-	+	-	-	-

注：表格中，“+”表示得电，“-”表示失电。

1.1　卡盘的夹紧与松开

如图 1-2 所示，卡盘的夹紧与松开由液压缸 19 带动。二位四通电磁换向阀 1 控制液压缸 19 换向，二位四通电磁换向阀 2 控制高低压转换。先导减压阀 6 可调整高压油压，先导减压阀 7 可调整低压油压。

1.1.1　回路元件组成

① 液压源　由动力元件液压泵 16 为多个执行元件提供液压油，液压油由油箱 18 经过滤器 17 到液压泵 16，液压泵 16 由电机带动，为各个液压回路提供有压流体。

② 直动溢流阀 23　压力控制元件，溢流稳压，通过溢流阀 23 调定弹簧预紧力，限定系

统最大压力。

③ 先导减压阀 6、7　压力控制元件，先导减压阀 6 调整高压油压，先导减压阀 7 调整低压油压，二者切换由二位四通电磁换向阀 2 换向决定。

④ 二位四通电磁换向阀 1、2　方向控制元件，通过二位四通电磁换向阀 1 换向，可实现液压卡盘松开与夹紧切换，通过二位四通电磁换向阀 2 换向，可实现高低压两种压力切换。

⑤ 压力表 12　辅助元件，连接于液压回路中，用于显示压力表连接处工作压力变化。

⑥ 液压缸 19　系统执行元件，用于带动卡盘执行夹紧和松开动作。

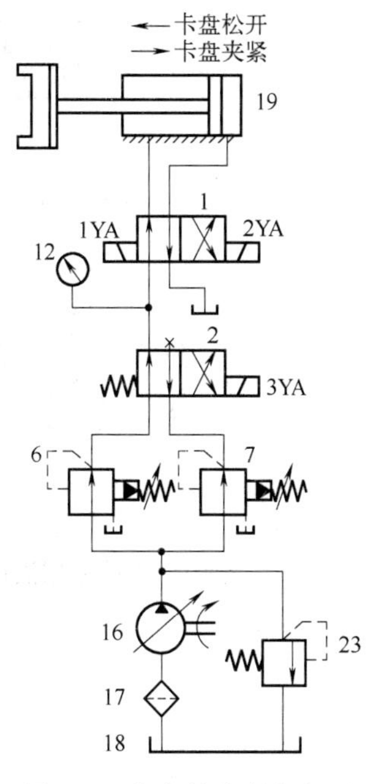

图 1-2　卡盘的夹紧与松开

1.1.2　涉及的基本回路

（1）换向回路

换向回路主要用于变换液压执行元件的运动方向，一般要求换向时具有良好的平稳性和灵敏性。换向回路可采用液压换向阀来实现换向，在闭式液压传动系统中，可用双向变量液压泵和双向变量液压马达控制工作介质的流动方向来实现液压执行元件的换向。采用换向阀换向是最普遍应用的换向方法，在自动化程度要求较高的组合机床液压传动系统中电磁换向阀应用更为广泛。

依靠重力、外力或弹簧返回的单作用液压缸，可以采用二位三通换向阀进行换向，如图 1-3 所示。

双作用液压缸的换向，一般都可采用二位四通（或五通）及三位四通（或五通）换向阀来进行换向，按不同用途还可选用各种不同控制方式的换向阀组成换向回路。

如图 1-4 所示为采用行程开关控制三位四通 H 型电磁换向阀动作的换向回路，按下启动开关，当三位四通电磁换向阀电磁铁左位通电处于工作状态时，液压泵输出的压力油经过电磁换向阀左位进入液压缸无杆腔，有杆腔油液通过三位四通电磁换向阀左位流回液压油箱，活塞向右运动；当活塞杆碰到限位开关时，电磁换向阀左边电磁铁断电、右边电磁铁通电，三位四通电磁换向阀右位处于工作状态，液压泵输出的压力油经过三位四通电磁换向阀右位进入液压缸有杆腔，无杆腔油液通过三位四通电磁换向阀右位流回液压油箱，活塞向左运动。

应用电磁换向阀进行换向的换向回路最为广泛，尤其在自动化程度要求较高的组合机床液压系统中被普遍采用。对于流量较大和换向平稳性要求较高的场合，电磁换向阀的换向回路不能满足要求，往往采用手动换向阀或机动换向阀作先导阀，而以液动换向阀为主阀的换向回路，或者采用电液换向阀的换向回路。

（2）减压回路

当一个液压源为多执行元件供油时，液压泵的输出压力是高压而局部支路要求低压时，可以采用减压回路，如机床液压系统中的定位、夹紧、控制油路等，它们往往要求的压力比主油路的压力低，为此，需在该支路上串接减压阀，如图 1-5 所示。采用减压回路虽能方便地获得某支路稳定的低压，但压力油经减压阀口时要产生压力损失，这是减压回路的缺点。

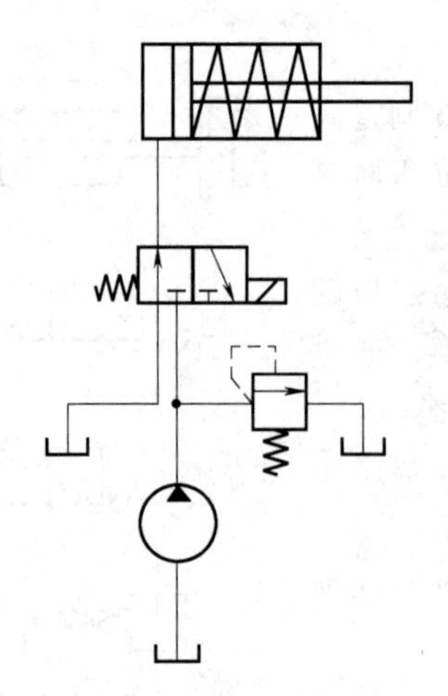

图 1-3　单作用液压缸换向回路

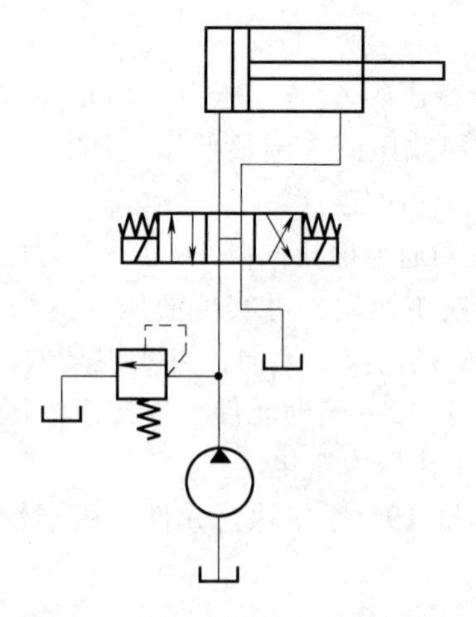

图 1-4　双作用液压缸换向回路

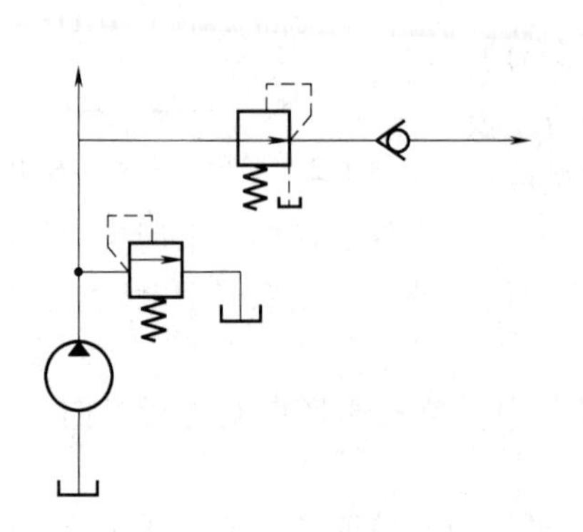

图 1-5　减压回路

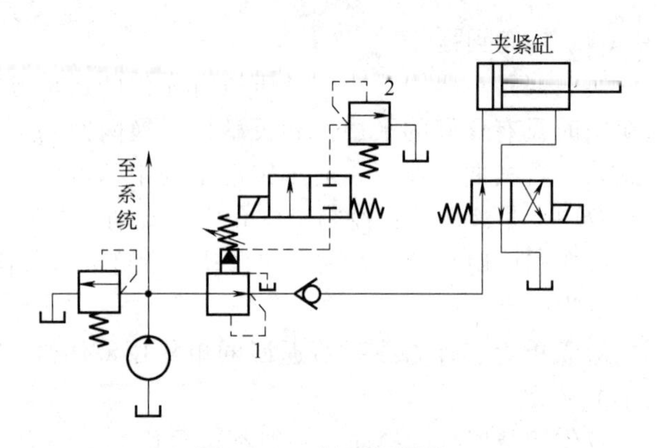

图 1-6　二级减压回路

1—先导减压阀；2—直动溢流阀

图 1-6 所示为用于工件夹紧的二级减压回路。夹紧工作时为了防止夹紧缸系统压力降低（例如进给缸空载快进时）油液倒流，并短时保压，通常在减压阀后串接一个单向阀。此回路为二级减压回路，利用先导减压阀 1 的遥控口接一个直动溢流阀 2，则可由阀 1、阀 2 各调定一种低压。但要注意，阀 2 的调定压力值一定要低于阀 1 的调定压力值，否则二级减压无效。两种减压压力切换通过二位二通电磁换向阀换向实现。

1.1.3　回路解析

主轴卡盘的夹紧与松开，是由换向阀 1 控制的。卡盘的高压与低压夹紧转换，由换向阀 2 控制。当卡盘处于正卡且在高压夹紧状态下时，夹紧力的大小由减压阀 6 来调节。当卡盘处于正卡且在低压夹紧状态下时，夹紧力的大小由减压阀 7 来调整。卡盘与液压缸相连，当液压缸的活塞向右移动时卡爪夹紧；当液压缸的活塞向左移动时，卡爪松开。

（1）高压夹紧

如图 1-7 所示，当 1YA 得电、3YA 失电，二位四通电磁换向阀 1、2 都处于左位，液压缸 19 有杆腔进油，无杆腔回油，活塞杆缩回，带动主轴卡盘实现高压夹紧。

进油路：油箱 18 →过滤器 17 →液压泵 16 →先导减压阀 6 →二位四通电磁换向阀 2（左

位）→二位四通电磁换向阀 1（左位）→液压缸 19 左腔；

回油路：液压缸 19 右腔→二位四通电磁换向阀 1（左位）→油箱 18。

（2）卡盘松开

如图 1-8 所示，当 2YA 得电、3YA 失电，二位四通电磁换向阀 1 处于右位，二位四通电磁换向阀 2 处于左位。液压缸 19 无杆腔进油，有杆腔回油，活塞杆伸出，带动主轴卡盘高压松开。

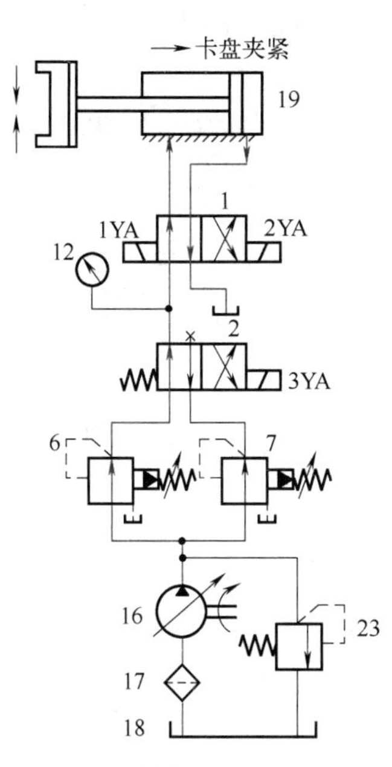

图 1-7　卡盘高压夹紧油路

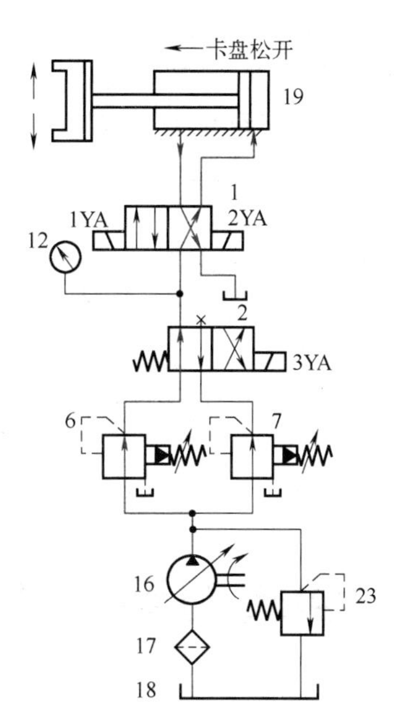

图 1-8　卡盘高压松开油路

进油路：油箱 18→过滤器 17→液压泵 16→先导减压阀 6→二位四通电磁换向阀 2（左位）→二位四通电磁换向阀 1（右位）→液压缸 19 右腔；

回油路：液压缸 19 左腔→二位四通电磁换向阀 1（右位）→油箱 18。

（3）低压夹紧

如图 1-9 所示，当 1YA 得电、3YA 得电，二位四通电磁换向阀 1 处于左位、二位四通电磁换向阀 2 处于右位。液压缸 19 有杆腔进油，无杆腔回油，活塞杆缩回，带动主轴卡盘低压夹紧。

进油路：油箱 18→过滤器 17→液压泵 16→先导减压阀 7→二位四通电磁换向阀 2（右位）→二位四通电磁换向阀 1（左位）→液压缸 19 左腔；

回油路：液压缸 19 右腔→二位四通电磁换向阀 1（左位）→油箱 18。

（4）卡盘松开

如图 1-10 所示，当 2YA 得电、3YA 得电，二位四通电磁换向阀 1、2 处于右位。液压缸 19 无杆腔进油，有杆腔回油，活塞杆伸出，带动主轴卡盘低压松开。

进油路：油箱 18→过滤器 17→液压泵 16→先导减压阀 7→二位四通电磁换向阀 2（右位）→二位四通电磁换向阀 1（右位）→液压缸 19 右腔；

回油路：液压缸 19 左腔→二位四通电磁换向阀 1（右位）→油箱 18。

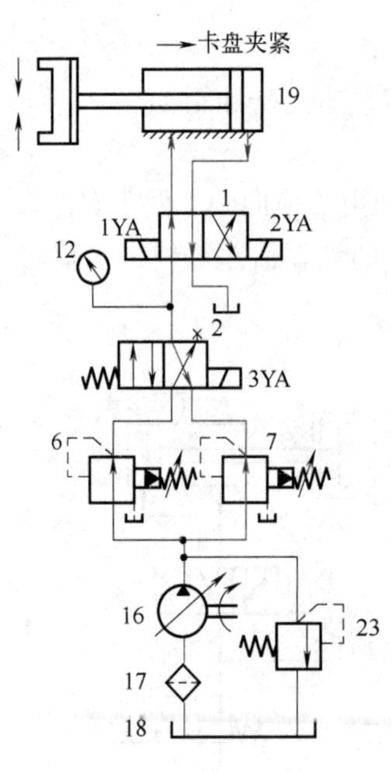

图 1-9　卡盘低压夹紧油路

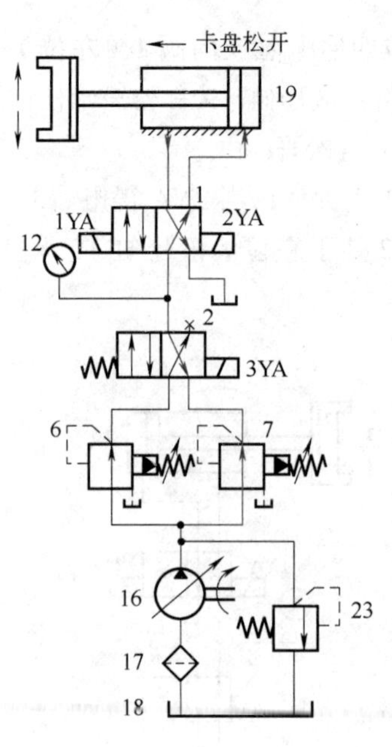

图 1-10　卡盘低压松开油路

1.2　回转刀架动作

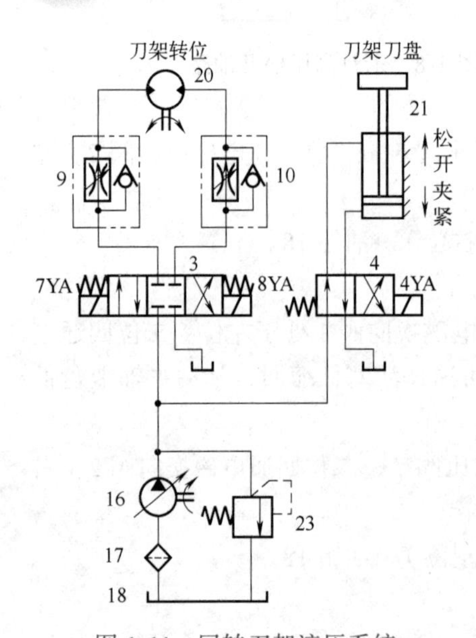

图 1-11　回转刀架液压系统

如图 1-11 所示，回转刀架由液压马达 20 带动。三位四通电磁换向阀 3 控制液压马达 20 正转和反转，二位四通电磁换向阀 4 控制刀盘刀架液压缸 21 的松开和夹紧。

1.2.1　回路元件组成

① 液压源　由动力元件液压泵 16 为多个执行元件提供液压油，液压油由油箱 18 经过滤器 17 到液压泵 16，液压泵由电机带动，为各个液压回路提供有压流体。

② 溢流阀 23　压力控制元件，溢流稳压，通过溢流阀调定弹簧预紧力，限定系统最大压力。

③ 三位四通电磁换向阀 3　通过三位四通电磁换向阀 3 换向，可实现控制刀架转位，通过换向阀换向控制液压马达 20 正反转和停止。

④ 二位四通电磁换向阀 4　通过二位四通电磁换向阀 4 换向，可实现控制刀架刀盘松开和夹紧，通过换向阀换向控制液压缸 21 伸缩。

⑤ 单向调速阀 9、10　单向调速阀 9 调节液压马达 20 正转速度，单向调速阀 10 调调速液压马达 20 反转速度。

⑥ 液压马达 20 系统执行元件，用于带动刀架旋转（正转或者反转）执行动作。

⑦ 液压缸 21 系统执行元件，用于带动刀架刀盘执行夹紧和松开动作。

1.2.2 涉及的基本回路

（1）换向回路

换向回路原理同 1.1.2 节。

（2）节流调速回路

从液压马达的工作原理可知，液压马达的转速 n 由输入流量和液压马达的排量 V 决定，即 $n=q/V$，液压缸的运动速度 v 由输入流量和液压缸的有效作用面积 A 决定，即 $v=q/A$。

通过上面的关系可以知道，要想调节液压马达的转速 n 或液压缸的运动速度 v，可通过改变输入流量 q 的方法来实现。

节流调速回路是通过调节流量阀的通流截面积大小来改变进入执行机构的流量，从而实现运动速度的调节的。节流调速回路根据流量控制元件在回路中安放的位置不同，分为进口节流调速回路、出口节流调速回路和旁路节流调速回路三种形式。根据流量控制阀的类型不同可分为普通节流阀和调速阀两种形式。

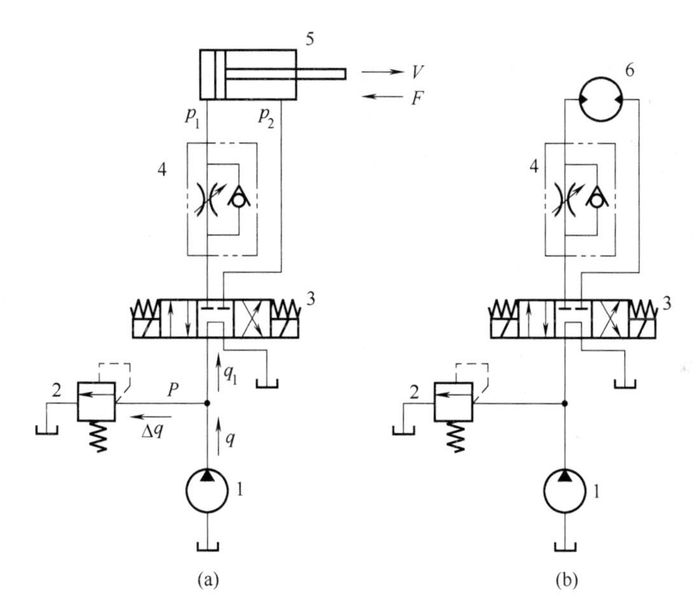

图 1-12 进口节流调速回路

1—液压泵；2—溢流阀；3—换向阀；4—单向节流阀；5—液压缸；6—液压马达

1）进口节流调速回路

进口节流调速回路是将节流阀装在执行机构的进油路上，起调速作用。如图 1-12（a）、（b）所示分别为执行元件为液压泵和液压马达的进口节流调速回路。

① 回路的特点 因为是定量泵供油，所以流量恒定，溢流阀调定压力为 p_t，进入液压缸的流量 q_1 由节流阀的调节开口面积 A 确定，压力作用在无杆腔一侧活塞上，克服负载 F，推动活塞以速度 $v=q_1/A_1$ 向右运动。因为定量泵供油，q_1 小于 q，所以泵出口压力 P= 溢流阀调定压力 p_t= 常数。

活塞受力平衡方程：$p_1A_1=F+p_2A_2$，进入液压缸的流量：

$$q_1=kA\Delta p^m$$

$$\Delta p=p-p_1=p-F/A_1$$

$$q_1=kA(p-F/A_1)^m$$

式中，p_1 为无杆腔一侧压力；p_2 为有杆腔一侧活塞压力；A_1 为无杆腔活塞面积；A_2 为有杆腔面积；Δp 为进出口压力差。

② 进口节流调速回路的速度 - 负载特性方程

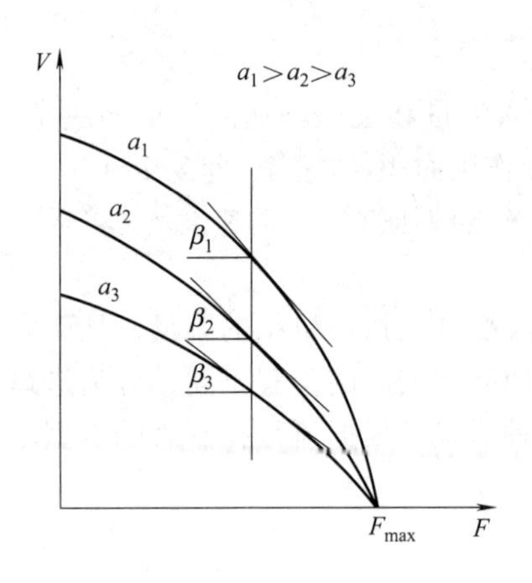

图 1-13　进口节流调速回路速度 - 负载特性曲线（a 为节流口开口大小，β 为斜率）

$$v=\frac{q_1}{A_1}=\frac{kA}{A_1}\left(p-\frac{F}{A_1}\right)^m \quad (1\text{-}1)$$

式中，k 为与节流口形式、液流状态、油液性质等有关的节流阀的系数；A 为节流口的通流面积；m 为节流阀口指数（薄壁小孔，m=0.5）。由式（1-1）可知，当 F 增大，A 一定时，速度 v 减小。进口节流调速回路的速度 - 负载特性曲线如图 1-13 所示。

③ 进口节流调速回路的优点　液压缸回油腔和回油管中压力较低，当采用单杆活塞杆液压缸时，使油液进入无杆腔中，其有效工作面积较大，可以得到较大的推力和较低的运动速度，这种回路多用于要求冲击小、负载变动小的液压系统中。

2）出口节流调速回路

出口节流调速回路将节流阀安装在液压缸的回油路上，其调速回路如图 1-14 所示。

① 回路的特点　因为是定量泵供油，流量恒定，溢流阀调定压力为 p_t，泵的供油压力为 p，进入液压缸的流量为 q_1，液压缸输出的流量为 q_2，q_2 由节流阀的调节开口面积 A 确定，压力 p 作用在活塞 A_1 上，压力 p_1 作用在活塞 A_2 上，推动活塞以速度 $v=q_1/A_1$ 向右运动，克服负载 F 做功。因 $v=q_1/A_1=q_2/A_2$，$q_1=q_2A_1/A_2$，q_1 小于 q，所以 p= 溢流阀调定供油压力 p_t= 常数 =p_1。活塞受力平衡方程：

$p_1A_1=F+p_2A_2$

$p_2=(p_1A_1-F)/A_2$

F=0 时，$p_2=p_1A_1/A_2>p_1$

$q_2=kA\Delta p^m$

$\Delta p=p_2=(p_1A_1-F)/A_2$

$q_2=kA[(p_1A_1-F)/A_2]^m$

② 出口节流调速回路的速度 - 负载特性方程

$$v=\frac{q_2}{A_2}=\frac{kA}{A_2}\left(\frac{p_1A_1-F}{A_2}\right)^m \quad (1\text{-}2)$$

式中，k 为与节流口形式、液流状态、油液性质等有关的节流阀的系数；A 为节流口的通流面积；m 为节流阀口指数（薄壁小孔，m=0.5）。由式（1-2）可知，当 F 增大，A 一定时，速度 v 减小。出口节流调速回路的速度 - 负载特性曲线与进口节流调速回路的速度 - 负载特性曲

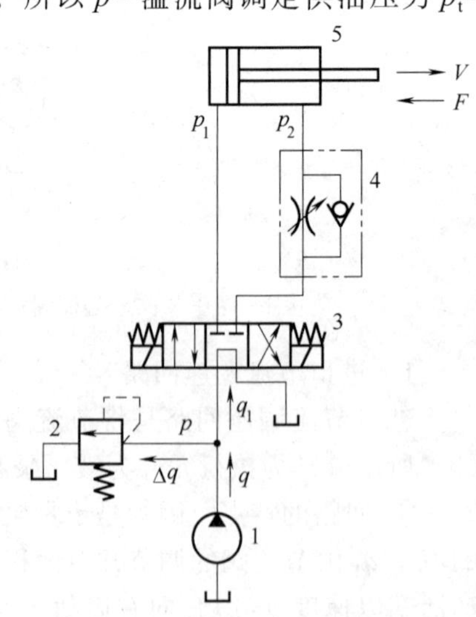

图 1-14　出口节流调速回路

1—液压泵；2—溢流阀；3—三位四通电磁换向阀；4—单向节流阀；5—液压缸

线完全一致，如图 1-13 所示。

③ 出口节流调速回路的优点　节流阀在回油路上可以产生背压，相对进油调速而言，运动比较平稳，常用于负载变化较大，要求运动平稳的液压系统中。将节流阀串联在回路中，节流阀和溢流阀相当于并联的两个液阻，定量泵输出的流量 q 不变，经节流阀流入液压缸的流量 q_1 和经溢流阀流回油箱的流量 Δq 的大小，由节流阀和溢流阀液阻的相对大小决定。节流阀通过改变节流口的通流截面，可以在较大范围内改变其液阻，从而改变进入液压缸的流量，调节液压缸的速度。

3）旁路节流调速回路

这种回路由定量泵、安全阀、液压缸和节流阀组成，节流阀安装在与液压缸并联的旁油路上，其调速原理如图 1-15 所示。

定量泵输出的流量 q，一部分（q_1）进入液压缸，一部分（Δq）通过节流阀流回油箱。溢流阀在这里起安全作用，回路正常工作时，溢流阀不打开，当供油压力超过正常工作压力时，溢流阀才打开，以防过载。溢流阀的调节压力应大于回路正常工作压力，在这种回路中，液压缸的进油压力 p 等于泵的供油压力，溢流阀的调节压力一般为液压缸克服最大负载所需的工作压力的 1.1 ～ 1.2 倍。图 1-16 所示为旁路节流调速回路的速度负载特性。

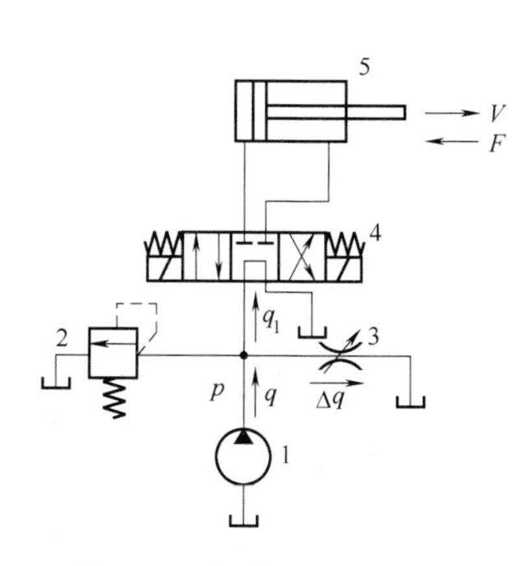

图 1-15　旁路节流调速回路

1—液压泵；2—溢流阀；3—节流阀；
4—三位四通换向阀；5—液压缸

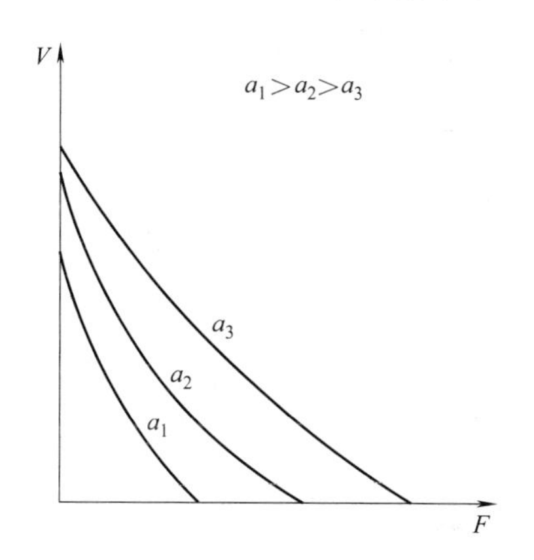

图 1-16　旁路节流调速回路速度负载特性

1.2.3　回转刀架动作回路解析

回转刀架换刀时，首先是刀盘松开，之后刀盘就转到指定的刀位，最后实现刀盘夹紧。刀盘的夹紧与松开，由二位四通电磁换向阀 4 控制。刀盘的旋转可正转和反转，由三位四通电磁换向阀 3 控制，其转速分别由单向调速阀 9 和 10 调节控制。

（1）刀盘夹紧

如图 1-17 所示，当 4YA、7YA 和 8YA 均失电，三位四通电磁换向阀 3 处于中位，二位四通电磁换向阀 4 处于左位。液压缸 21 上腔进油，下腔回油，带动刀盘夹紧，马达停止。

进油路：油箱 18 →过滤器 17 →液压泵 16 →二位四通电磁换向阀 4（左位）→液压缸 21 上腔；

回油路：液压缸 21 下腔→二位四通电磁换向阀 4（左位）→油箱 18。

（2）刀盘松开

如图 1-18 和图 1-19 所示，当 7YA 和 8YA 任一电磁铁得电，4YA 得电时，三位四通电磁换向阀 3 处于左位或者右位，二位四通电磁换向阀 4 处于右位，液压缸 21 下腔进油，带动刀盘松开，马达旋转。

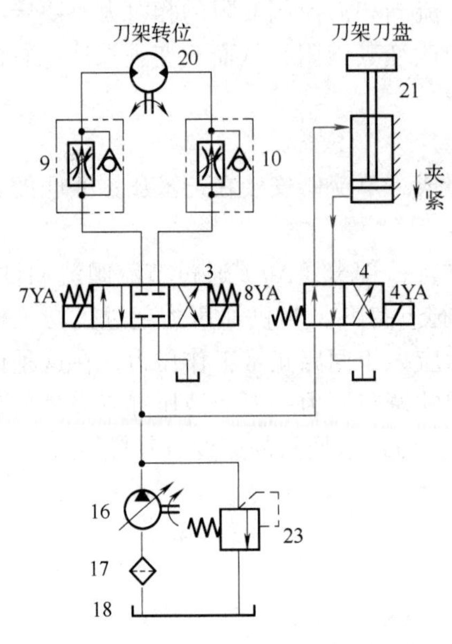

图 1-17　马达停止、刀架夹紧油路

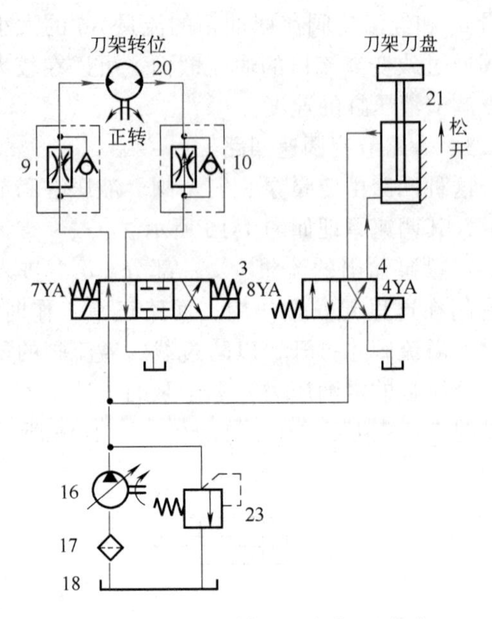

图 1-18　马达正转、刀架松开油路

进油路：油箱 18→过滤器 17→液压泵 16→二位四通电磁换向阀 4（右位）→液压缸 21 下腔；

回油路：液压缸 21 上腔→二位四通电磁换向阀 4（右位）→油箱 18。

（3）刀架正转

如图 1-18 所示，当 7YA 得电、4YA 得电，三位四通电磁换向阀 3 处于左位，马达 20 实现正转；二位四通电磁换向阀 4 处于右位，液压缸 21 无杆腔进油，有杆腔回油，活塞杆伸出，带动刀盘刀架松开。

进油路：油箱 18→过滤器 17→液压泵 16→三位四通电磁换向阀 3（左位）→单向调速阀 9（调速阀）→液压马达 20；

回油路：液压马达 20→单向调速阀 10（单向阀）→三位四通电磁换向阀 3（左位）→油箱 18。

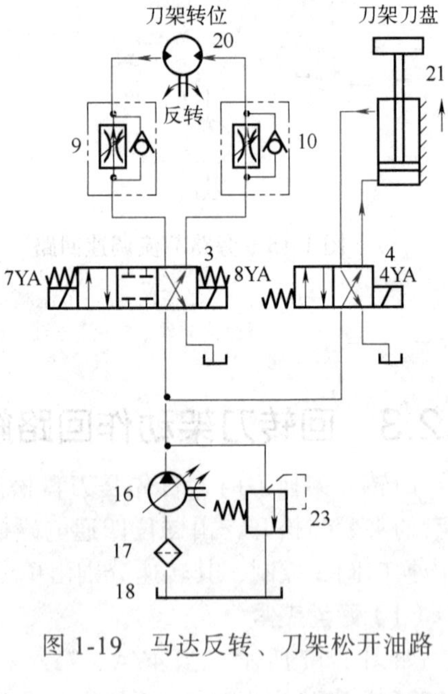

图 1-19　马达反转、刀架松开油路

（4）刀架反转

如图 1-19 所示，当 8YA 得电、4YA 得电，三位四通电磁换向阀 3 处于右位，马达 20 实现反转；二位四通电磁换向阀 4 处于右位，液压缸 21 无杆腔进油，有杆腔回油，活塞杆伸出，带动刀盘刀架松开。

进油路：油箱 18→过滤器 17→液压泵 16→三位四通电磁换向阀 3（右位）→单向调速

阀 10（调速阀）→液压马达 20；

回油路：液压马达 20→单向调速阀 9（单向阀）→三位四通电磁换向阀 3（右位）→油箱 18。

1.3 尾座套筒伸缩动作

如图 1-20 所示，尾座套筒由液压缸 22 带动。三位四通电磁换向阀 5 控制液压缸 22 换向，减压阀 8 为尾座套筒支路降低油压，单向调速阀 11 调节套筒伸出速度。

1.3.1 回路元件组成

① 液压源　由动力元件液压泵 16 为多个执行元件提供液压油，液压油由油箱 18 经过滤器 17 到液压泵 16，液压泵由电机带动，为各个液压回路提供有压流体。

② 溢流阀 23　压力控制元件，溢流稳压，通过溢流阀调定弹簧预紧力，限定系统最大压力。

③ 减压阀 8　用于支路减压，主油路压力较大，通过减压阀 8 为尾座套筒油路进行减压。

④ 三位四通中位机能是 Y 型的电磁换向阀 5　通过三位四通电磁换向阀 5 换向，可实现控制尾座套筒伸缩或停止，停止时尾座套筒液压缸处于浮动状态。

⑤ 单向节流阀 11　单向节流阀 11 用于组建出口节流调速回路，实现调节尾座套筒伸出速度。

⑥ 压力表 13　连接于液压回路中，用于显示压力表连接处工作压力变化。

⑦ 液压缸 22　系统执行元件，用于带动尾座套筒执行伸出和缩回动作。

1.3.2 涉及基本回路原理

（1）换向回路

换向回路原理见 1.1.2 节。

（2）节流调速回路

节流调速回路原理见 1.2.2 节。

1.3.3 尾座套筒伸缩液压回路解析

尾座套筒伸出与退回由电磁阀 5 控制。当 6YA 得电时，尾座套筒伸出。当 5YA 得电时，尾座套筒退回。

（1）套筒伸出

如图 1-21 所示，当 6YA 得电、5YA 失电，三位四通电磁换向阀 5 处于左位，液压缸 22 无杆腔进油，有杆腔回油，带动套筒伸出。

进油路：油箱 18→过滤器 17→液压泵 16→减压阀 8→三位四通电磁换向阀 5（左位）→液压缸 22 左腔；

回油路：液压缸 22 右腔→单向调速阀 11（调速阀）→三位四通电磁换向阀 5（左位）→油箱 18。

（2）套筒缩回

如图 1-22 所示，当 5YA 得电、6YA 失电，三位四通电磁换向阀 5 处于右位，液压缸 22 有杆腔进油，无杆腔回油，带动套筒缩回。

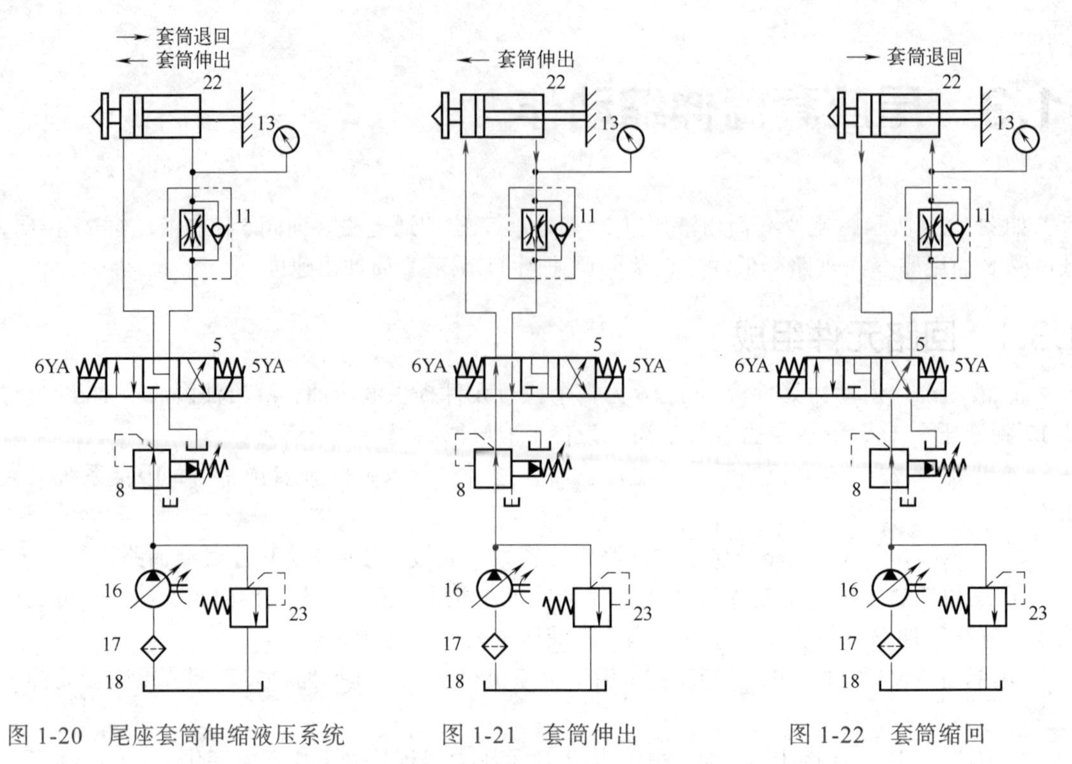

图 1-20　尾座套筒伸缩液压系统　　图 1-21　套筒伸出　　图 1-22　套筒缩回

进油路：油箱 18→过滤器 17→液压泵 16→减压阀 8→三位四通电磁换向阀 5（右位）→单向调速阀 11（单向阀）→液压缸 22 右腔；

回油路：液压缸 22 左腔→三位四通电磁换向阀 5（右位）→油箱 18。

第 2 章
通用液压机液压系统

液压压力机（简称液压机）是锻压、冲压、冷挤、校直、弯曲、粉末冶金、成型、打包等加工工艺中广泛应用的压力加工机械设备。它是压力机的一种类型，通过液压系统产生很大的静压力实现对工件的挤压、校直、冷弯等加工。

液压机的结构类型有单柱式、三柱式、四柱式等形式，其中以四柱式液压机最为典型，它主要由横梁、导柱、工作台、上滑块和下滑块顶出机构等部件组成。液压机液压系统主要由压力控制回路、方向控制回路等组成。

其液压原理图如图 2-1 所示。表 2-1 所示为液压机液压系统电磁铁动作表。该液压系统主要性能特点是：

① 系统采用高压大流量恒功率（压力补偿）柱塞变量泵供油，通过电液换向阀 6、21 的中位机能使主泵 1 空载启动，在主、辅液压缸原位停止时主泵 1 卸荷，利用系统工作过程中工作压力的变化来自动调节主泵 1 的输出流量与上缸的运动状态相适应，这样既符合液压机的工艺要求，又节省能量。

② 系统利用上滑块组件的自重实现主液压缸 16（上缸）快速下行，并用液控单向阀 14 补油，使快速运动回路结构简单，补油充分，且使用的元件少。

③ 系统采用带缓冲装置的液控单向阀 14、液动换向阀 12 和外控顺序阀 11 组成的泄压回路，结构简单，减小了上缸 16 由保压转换为快速回程时的液压冲击。

④ 系统采用单向阀 13、14 保压，并使系统卸荷的保压回路，在上缸 16 上腔实现保压的同时实现系统卸荷，因此系统节能效率高。

⑤ 系统采用液控单向阀 9 和内控顺序阀组成的平衡锁紧回路，使上缸组件在任何位置都能够停止，且能够长时间保持在锁定的位置上。

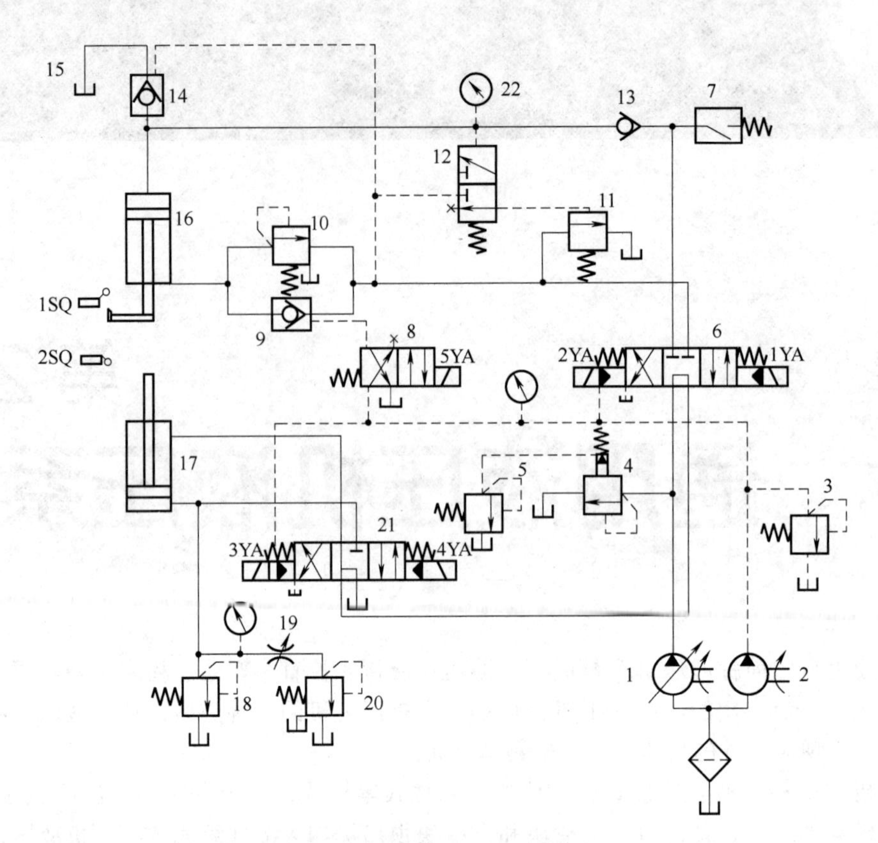

图 2-1 通用液压机液压系统原理图

1—主泵；2—辅助泵；3，5，18—直动溢流阀；4—先导溢流阀；6，21—电液换向阀；7—压力继电器；8—二位四通电磁换向阀；9，14—液控单向阀；10，11，20—顺序阀；12—二位三通液控换向阀；13—单向阀；15—油箱；16—上缸；17—下缸；19—节流阀；22—压力表

表 2-1 通用液压机液压系统电磁铁动作表

动作		电磁铁				
		1YA	2YA	3YA	4YA	5YA
上缸	快速下行	+	−	−	−	+
	慢速加压	+	−	−	−	−
	保压	−	−	−	−	−
	泄压回程	−	+	−	−	−
	停止	−	−	−	−	−
下缸	顶出	−	−	+	−	−
	退回	−	−	−	+	−
	压边	+	−	−	−	−
	停止	−	−	−	−	−

注：“+”表示电磁铁通电；“−”表示电磁铁断电。

2.1 上缸动作

如图 2-2 所示，通用液压压力机上缸 16 主要完成快速下行、慢速加压、保压、泄压回程四个动作循环。

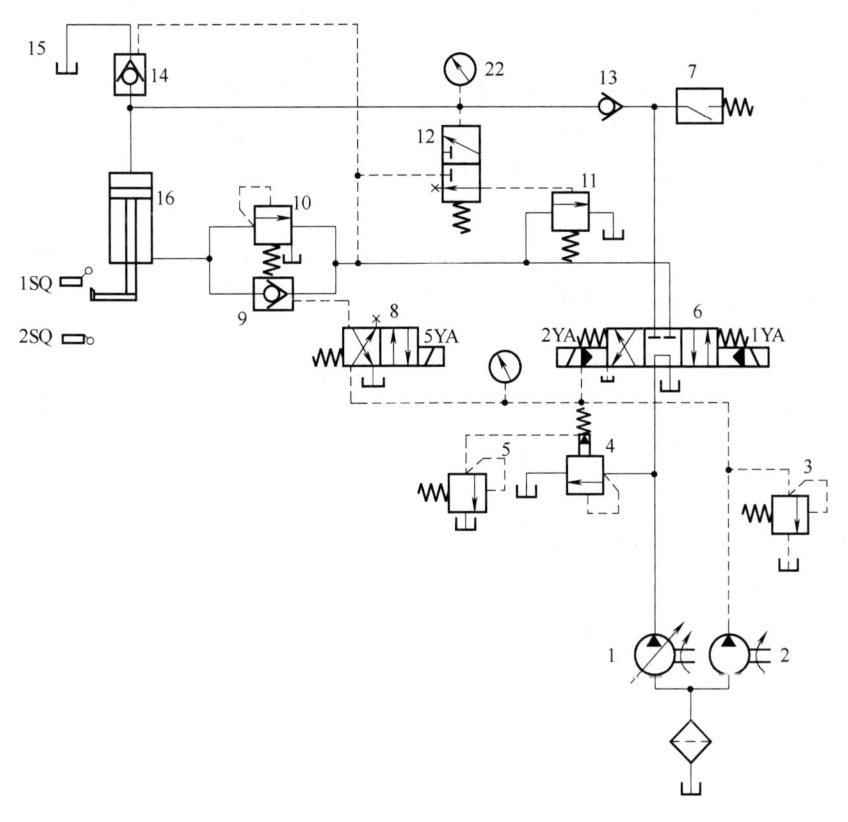

图 2-2　通用液压机上缸动作液压系统原理图

2.1.1 回路元件组成

① 液压源　如图 2-2 所示，动力元件液压泵 1 和液压泵 2 为系统提供液压油，该系统采用“主、辅泵”供油方式，主液压泵 1 是一个高压、大流量、恒功率控制的压力反馈式变量柱塞泵。辅助泵 2 是一个低压小流量定量泵（与主泵为单轴双联结构），其作用是为电液换向阀 6 和 21 换向和为液控单向阀 9 和 14 的正确动作提供控制油源。

② 直动溢流阀 3　压力控制元件，并联于液压泵 2 的出口处，液压泵 2 的压力由低压直动溢流阀 3 调定。

③ 先导溢流阀 4　压力控制元件，并联于液压泵 1 出口处，与直动溢流阀 5 联用实现远程调压，控制液压泵 1 的系统压力。

④ 直动溢流阀 5　压力控制元件，实现远程调压，连接于先导溢流阀 4 遥控口，远程控制限定液压系统最高工作压力，其最高压力可达 32MPa。

⑤ 三位四通中位机能为 M 型的电液换向阀 6　方向控制元件，用于控制执行元件液压

缸 16 的换向动作。

⑥ 压力继电器 7　压力控制元件，是将压力信号转化为电信号的元件，当上缸上腔压力达到预定值时，压力继电器 7 发出信号，使电液换向阀 6 电磁铁 1YA 失电，用于自动控制。

⑦ 二位四通电磁换向阀 8　方向控制元件，连接于控制油路，用于控制液控单向阀 9 的开闭。

⑧ 液控单向阀 9　方向控制元件，连接于液压缸 16 的下腔（有杆腔），用于控制液压缸 16 伸出过程中回油路径切换，当其控制口有压力油输入时，回油油液直接回油箱；当其控制口没有压力油输入时，回油油液经过顺序阀 10 背压回流。

⑨ 顺序阀 10　压力控制元件，设置于液压缸 16 回油路，用于提供回油背压。

⑩ 外控顺序阀 11　压力控制元件，在液压缸 16 保压过程中，压力油经二位三通液控换向阀 12 控制外控顺序阀 11 开启，此时泵 1 输出油液经顺序阀 11 流回油箱。液压缸 16 上腔压力降到一定值后，阀 12 下位接入系统，外控顺序阀 11 关闭，液压泵 1 供油压力升高。

⑪ 二位三通液控换向阀 12　方向控制元件，用于控制外控顺序阀 11 的外控油路的通断，其液控口连接于液压缸 16 上腔（无杆腔），由液压缸上腔油液控制其启闭。

⑫ 单向阀 13　方向控制元件，连接于液压缸 16 上腔（无杆腔），当液压缸 16 上腔泄压、回程时，阻止油液流经其回油箱，使油液经液控单向阀 14 回油。

⑬ 液控单向阀 14　方向控制元件，当其液控口无压力油输入时，无法经该阀回油；当其液控口有压力油输入时，经该阀泄压或者回油。

⑭ 油箱 15　辅助元件，用于贮存、回收油液。

⑮ 液压缸 16　执行元件，为液压机上缸，竖直放置，液压缸 16 带动上滑块组件接近工件并完成加压过程。

2.1.2　涉及的基本回路

（1）换向回路

换向回路介绍见 1.1.2 节。

（2）调压回路

调压回路的功用是使液压系统整体或部分的压力保持恒定或不超过某个数值。在定量泵系统中，液压泵供油压力可以通过溢流阀来调节。在变量泵系统中或旁路节流调速系统中用溢流阀（当安全阀用）限制系统的最高安全压力，防止系统过载。当系统在不同的工作时间内需要有不同的工作压力时，可采用多级调压回路。

1）单级调压回路

如图 2-3 所示的定量泵系统中，通过在液压泵出口处并联连接溢流阀，即可组成单级调压回路。节流阀可以调节进入液压缸的流量，定量泵输出流量大于进入液压缸的流量，多余油液从溢流阀流回油箱。调节溢流阀的调定压力就可调节泵的供油压力，溢流阀调定压力必须大于液压缸的最大工作压力和油路上各种压力损失的总和。如果将液压泵改换为变量泵，这时溢流阀将作为安全阀来使用，液压泵的工作压力低于溢流阀的调定压力，此时溢流阀不工作，当系统出现故障，液压泵的工作压力上升时，一旦压力达到溢流阀的调定压力，溢流阀将开启，并将液压泵的工作压力限制在溢流阀

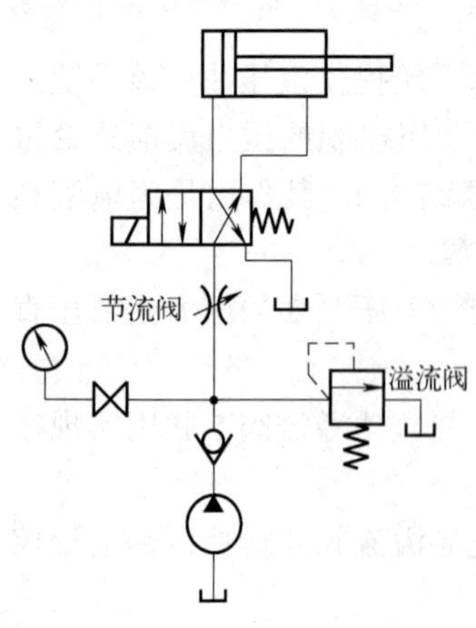

图 2-3　单级调压回路

的调定压力下，使液压系统不会因压力过载而破坏，从而保护液压系统。

2）多级调压回路

在不同的工作阶段，液压系统需要不同的工作压力，多级调压回路便可满足这种工作要求。如图 2-4（a）所示为二级调压回路，该回路可实现两种不同的系统压力控制。由先导溢流阀 2 和直动溢流阀 4 各调一级，当二位二通换向阀 3 处于图示位置时系统压力由阀 2 调定，当阀 3 得电后处于下位时，系统压力由阀 4 调定，但要注意：阀 4 的调定压力一定要小于阀 2 的调定压力，否则不能实现。

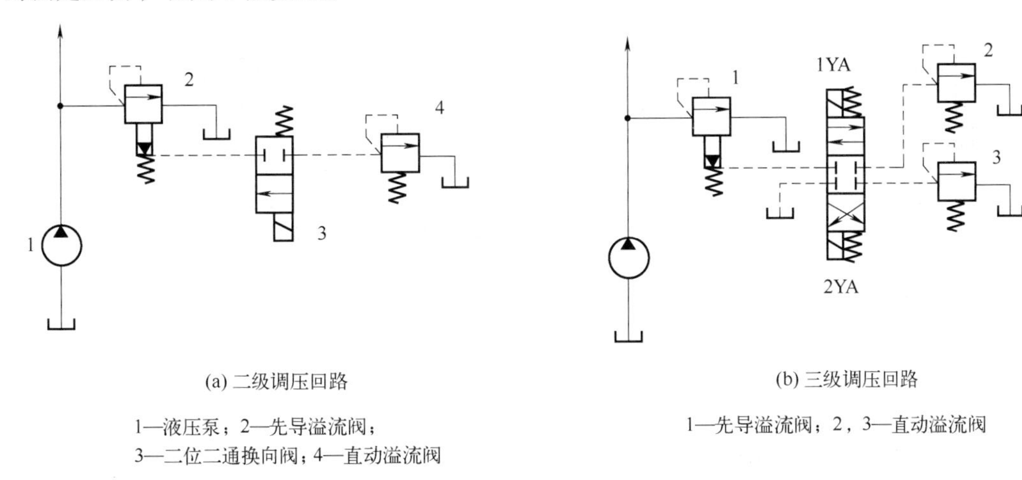

(a) 二级调压回路

1—液压泵；2—先导溢流阀；
3—二位二通换向阀；4—直动溢流阀

(b) 三级调压回路

1—先导溢流阀；2，3—直动溢流阀

图 2-4　多级调压回路

图 2-4（b）所示为三级调压回路，三级压力分别由溢流阀 1、2、3 调定，当电磁铁 1YA、2YA 断电时，系统压力由先导溢流阀 1 调定。当 1YA 得电时，三位四通电磁换向阀切换为上位，系统压力由直动溢流阀 2 调定。当 2YA 得电时，三位四通电磁换向阀切换为下位，系统压力由直动溢流阀 3 调定。在这种调压回路中，溢流阀 2 和溢流阀 3 的调定压力要低于先导溢流阀 1 的调定压力，而溢流阀 2 和溢流阀 3 的调定压力之间没有什么一定的关系。当溢流阀 2 或溢流阀 3 工作时，阀 2 或阀 3 相当于先导溢流阀 1 上的另一个先导阀。

（3）保压回路

有些机械设备在工作过程中，常常要求液压执行机构在其行程终止时，保持压力一段时间，这时需采用保压回路。所谓保压回路，就是使系统在液压缸不动或仅有工件变形所产生的微小移动下稳定地维持住压力，最简单的保压回路是使用密封性能较好的液控单向阀的回路，但是液压阀类元件处的泄漏使得这种回路的保压时间不能维持太久。

如图 2-5 所示为采用液控单向阀和电接触式压力表构成的自动补油式保压回路，其工作原理为：当 1YA 得电，三位四通电磁换向阀右位接入回路，液压缸上腔压力上升到电接触式压力表设定的上限值时，上触点接电，使电磁铁 1YA 断电，三位四通电磁换向阀回到中位，液压泵卸荷，液压缸由液控单向阀保压。当液压缸上腔压力下降到设定的下限值时，电接触式压力表又发出信号，使 1YA 得电，液压泵再次向系统供油，使压力上升。当压力达到上限值时，上触点又发出信号，使 1YA 断电。因此，该回路能自动地使液压缸补充压力油，使液压系统压力能长期保持在一定范围内。

（4）平衡回路

平衡回路的作用在于防止垂直或倾斜放置的液压缸和与之相连的工作部件因自重而自行下落。图 2-6 所示为采用单向顺序阀的平衡回路。当三位四通电磁换向阀左边电磁铁得电，左位接通后活塞下行时，回油路上由于存在单向顺序阀就产生一定的背压，只要将这个背压设置为稍大于活塞和与之相连的工作部件的自重，活塞就可以平稳地下落，不会产生超速现象。当三位四通电磁换向阀处于中位时，活塞就停止运动，不会自行下滑。这种回路由于回油腔有背压，因此功率损失较大。

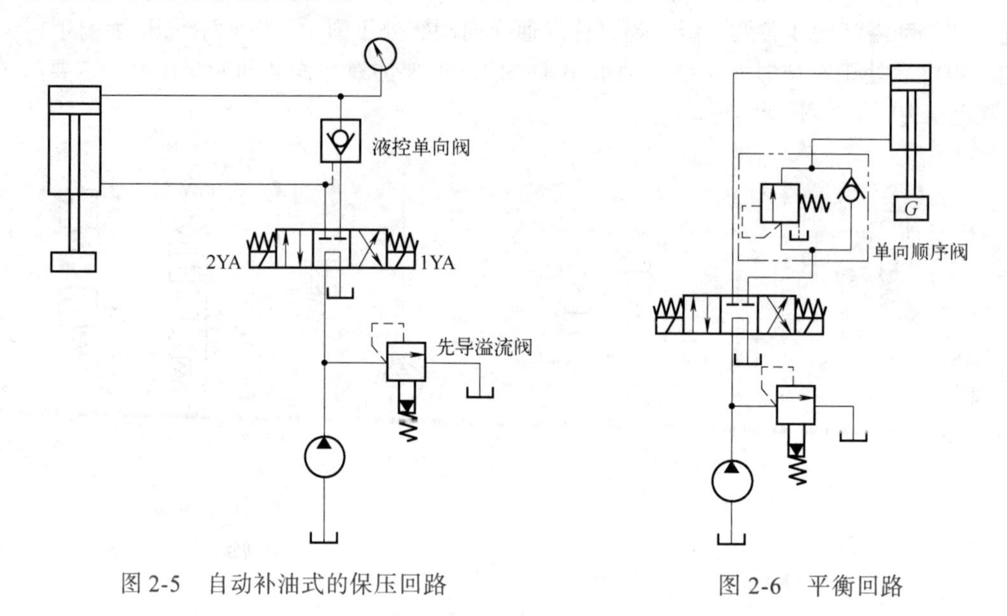

图 2-5　自动补油式的保压回路　　　图 2-6　平衡回路

（5）泄压回路

泄压回路主要用于缓慢释放液压系统在保压期间储存的能量，以免突然释放而产生液压冲击和噪声。只要系统具有保压回路，通常就应设置相应的泄压回路。保压回路和泄压回路常用于大型压力机的液压系统中。

1）延缓换向阀切换时间的泄压回路

采用带阻尼器的中位滑阀机能为 H 型或 Y 型的电液换向阀控制液压缸的换向。当液压缸保压完成，要求返程时，由于阻尼器的作用，换向阀延缓换向过程，使换向阀在中位停留时液压缸高压腔油箱泄压后再换向回程。这种回路适用于压力不高且油液压缩量较小的场合。

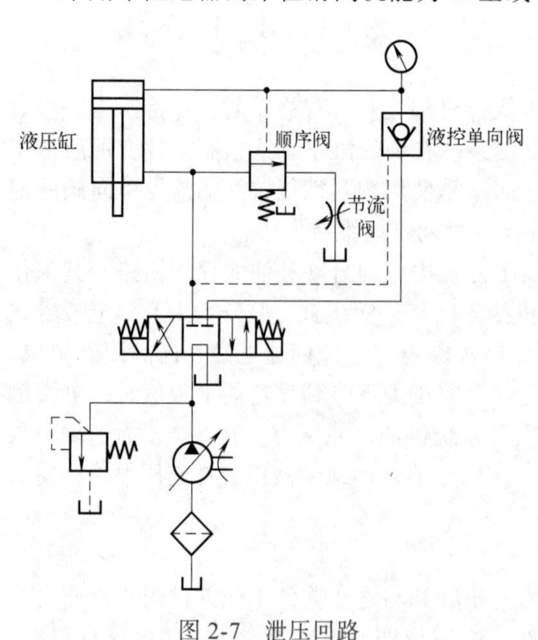

图 2-7　泄压回路

2）用顺序阀控制的泄压回路

如图 2-7 所示，该回路采用带卸载阀芯的液控单向阀实现保压与泄压，泄压压力和回程压力均由顺序阀控制。保压完成后手动换向阀左位工作，此时液压缸上腔压力油没有泄压，压力油将顺序阀打开，液压泵进入液压缸下腔的油液经顺序阀和节流阀回油箱，由于节流阀的作用，回油压力虽不足以使活塞回程，但可以打开液控单向阀的卸载阀芯，使液压缸上腔泄压。当上腔压力降低至低于顺序阀的调定压力时，顺序阀关闭，液压泵的压力上升，顶开液控单向阀的主阀芯，使活塞返程。

2.1.3　回路解析

如图 2-2 所示，上缸动作液压系统中上缸 16 竖直放置，当上滑块组件没有接触到工件时，此时系统为空载高速运动，当上滑块组件接触到工件后，系统压力急剧升高，且上缸的运动速度迅速降低，直至为零，进行保压。该系统的工作原理如下。

（1）启动

如图 2-8 所示，按下启动按钮，主泵 1 和辅助泵 2 同时启动，此时系统中所有电磁铁均处于失电状态，主泵 1 输出的油经三位四通中位机能为 M 型的电液换向阀 6 中位流回油箱（图 2-1 中三位四通中位机能为 K 型的电液换向阀 21 中位处于卸荷状态），辅助泵 2 输出的油液经低压溢流阀 3 流回油箱，系统实现空载启动。

油路：油箱→过滤器→主泵 1 →三位四通中位机能为 M 型的电液换向阀 6（中位）→油箱。

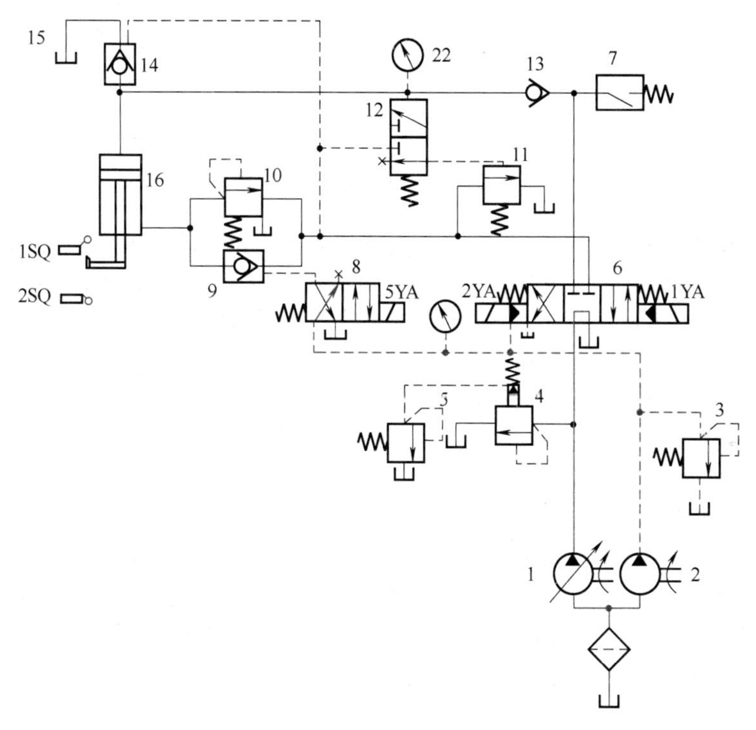

图 2-8　上缸启动油路

（2）上液压缸快速下行

按下上缸快速下行按钮，电磁铁 1YA 得电、5YA 得电，三位四通中位机能为 M 型的电液换向阀 6 换右位接入系统，控制油液经二位四通电磁换向阀 8右位使液控单向阀 9 打开，上缸带动上滑块实现空载快速运动。如图 2-9 所示，此时系统的油液流动情况为：

进油路：油箱→过滤器→主泵 1 →三位四通中位机能为 M 型的电液换向阀 6（右位）→单向阀 13 →上缸 16 上腔；

回油路：上缸 16 下腔→液控单向阀 9 →三位四通中位机能为 M 型的电液换向阀 6（右位）→三位四通中位机能为 K 型的电液换向阀 21 中位（见图 2-1）→油箱。

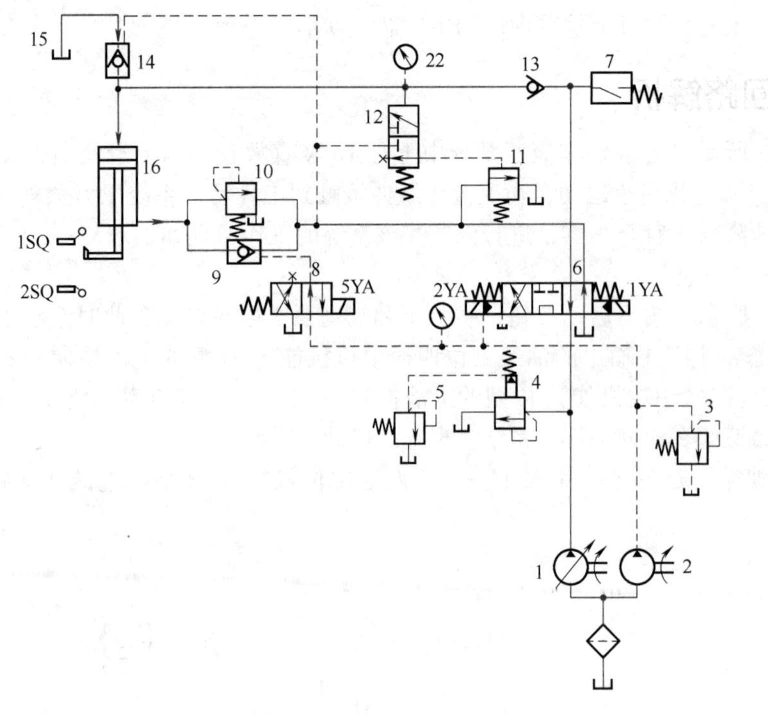

图 2-9 上缸快速下行油路

由于上缸 16 竖直安放，且滑块组件的重量较大，上缸在上滑块组件自重作用下快速下降，此时主泵 1 虽处于最大流量状态，但仍不能满足上缸快速下降的流量需要，因而在上缸 16 上腔会形成负压，上部油箱 15 的油液在一定的外部压力作用下，经液控单向阀 14 进入上缸 16 上腔，实现对上缸 16 上腔的补油。

补油油路：油箱 15 →液控单向阀 14 →上缸 16 上腔。

（3）上缸慢速接近工件并加压

当上滑块组件降至一定位置时（事先调好），压下行程开关 2SQ 后，电磁铁 5YA 失电，二位四通电磁换向阀 8 左位接入系统，使液控单向阀 9 关闭，上缸下腔油液经顺序阀（背压阀）10、三位四通电液换向阀 6 右位、阀 21 中位（见图 2-1）流回油箱。这时，上缸 16 上腔压力升高，液控单向阀 14 关闭。上缸滑块组件在主泵 1 供油的压力油作用下慢速接近要压制成型的工件。当上缸滑块组件接触工件后，由于负载急剧增加，使上腔压力进一步升高，压力反馈使恒功率柱塞变量泵 1 的输出流量自动减小。如图 2-10，此时系统的油液流动情况为：

进油路：油箱→过滤器→主泵 1 →三位四通中位机能为 M 型的电液换向阀 6（右位）→单向阀 13 →上缸 16 上腔；

回油路：上缸 16 下腔→顺序阀（背压阀）10 →三位四通中位机能为 M 型的电液换向阀 6（右位）→三位四通中位机能为 K 型的电液换向阀 21 中位（见图 2-1）→油箱。

（4）液压缸保压

如图 2-11 所示，当上缸 16 上腔压力达到预定值时，压力继电器 7 发出信号，使电磁铁 1YA 失电，三位四通中位机能为 M 型的电液换向阀 6 回中位，上缸的上、下腔封闭，由于液控单向阀 14 和单向阀 13 具有良好的密封性能，使上缸 16 上腔实现保压，其保压时间由压力继电器 7 控制的时间继电器调整实现。在上腔保压期间，主泵 1 经由三位四通中位机能为 M 型的电液换向阀 6 和 21（见图 2-1）的中位后卸荷。

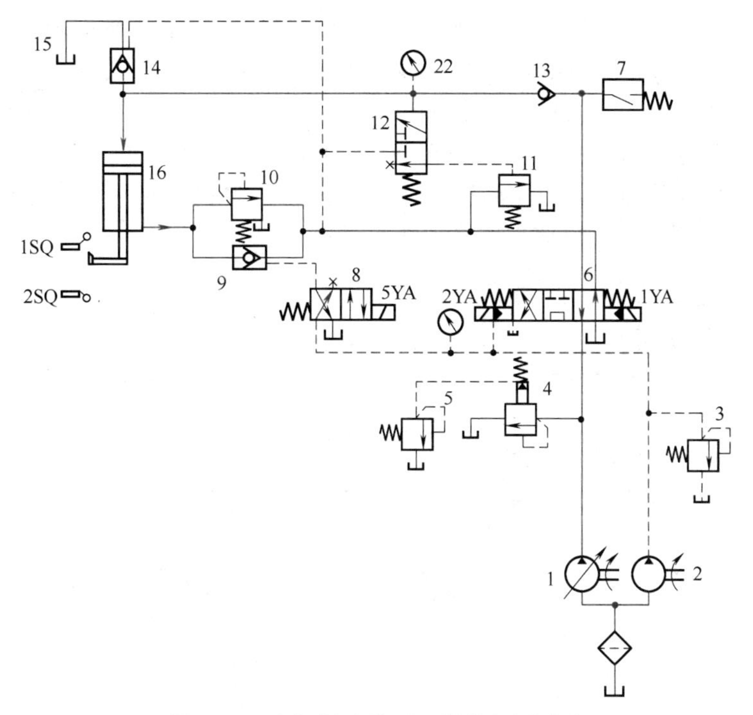

图 2-10　上缸慢速接近工件并加压油路

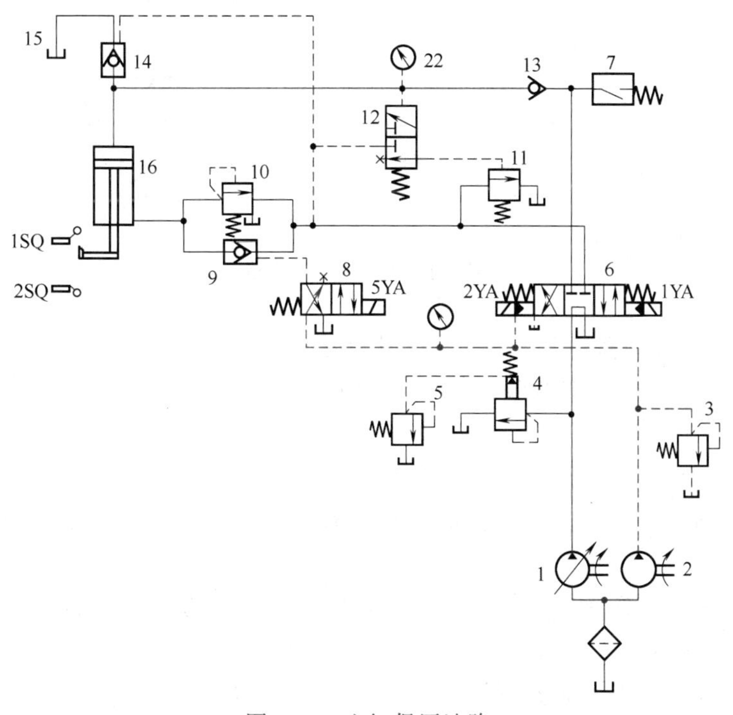

图 2-11　上缸保压油路

油路：油箱→过滤器→主泵 1→三位四通中位机能为 M 型的电液换向阀 6（中位）→油箱。

（5）上缸上腔泄压、回程

1）泄压

如图 2-12 所示，当保压过程结束，时间继电器 7 发出信号，电磁铁 2YA 得电，三位四通电液换向阀 6左位接入系统。由于上缸 16 上腔压力很高，二位三通液控换向阀 12 上位接入系统，压力油经三位四通中位机能为 M 型的电液换向阀 6左位、阀 12 上位使外控顺序阀 11 开启，此时主泵 1 输出油液经顺序阀 11 流回油箱。主泵 1 在低压下工作，由于液控单向阀 14 的阀芯为复合式结构，具有先卸荷再开启的功能，所以液控单向阀 14 在主泵 1 较低压力作用下，只能打开其阀芯上的卸荷针阀，使上缸 16 上腔的很小一部分油液经液控单向阀 14 流回油箱 15，上腔压力逐渐降低，实现泄压过程。

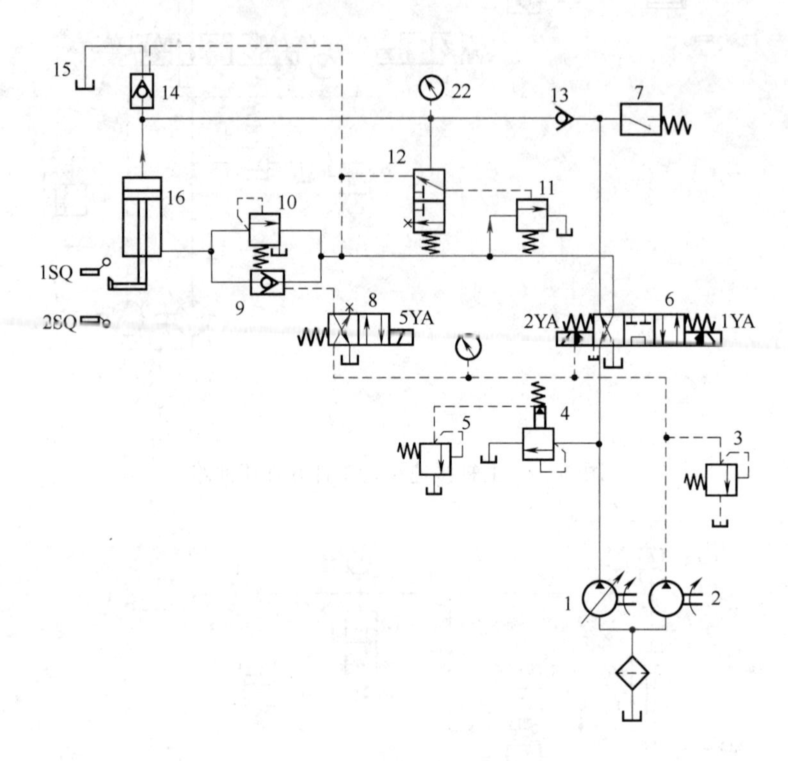

图 2-12　上缸泄压油路

油路 1：油箱→过滤器→主泵 1→顺序阀 11→油箱；

油路 2：上缸 16 上腔→液控单向阀 14→油箱 15。

2）回程

当上缸 16 上腔压力降到一定值后，如图 2-13 所示，二位三通液动换向阀 12 下位接入系统，外控顺序阀 11 关闭，主泵 1 供油压力升高，使液控单向阀 14 完全打开，此时，系统的液体流动情况为：

进油路：油箱→过滤器→主泵 1→三位四通中位机能为 M 型的电液换向阀 6（左位）→液控单向阀 9→上缸 16 下腔；

回油路：上缸 16 上腔→液控单向阀 14→上部油箱 15。

（6）上缸原位停止

当上缸滑块组件上升至行程挡块压下行程开关 1SQ 时，电磁铁 2YA 失电，三位四通中位机能为 M 型的电液换向阀 6 中位接入系统，液控单向阀 9 将主缸下腔封闭，上缸 16 在起点原位停止不动。主泵 1 输出油液经三位四通中位机能为 M 型的电液换向阀 6、21 中位回油箱（见图 2-1），主泵 1 卸荷。

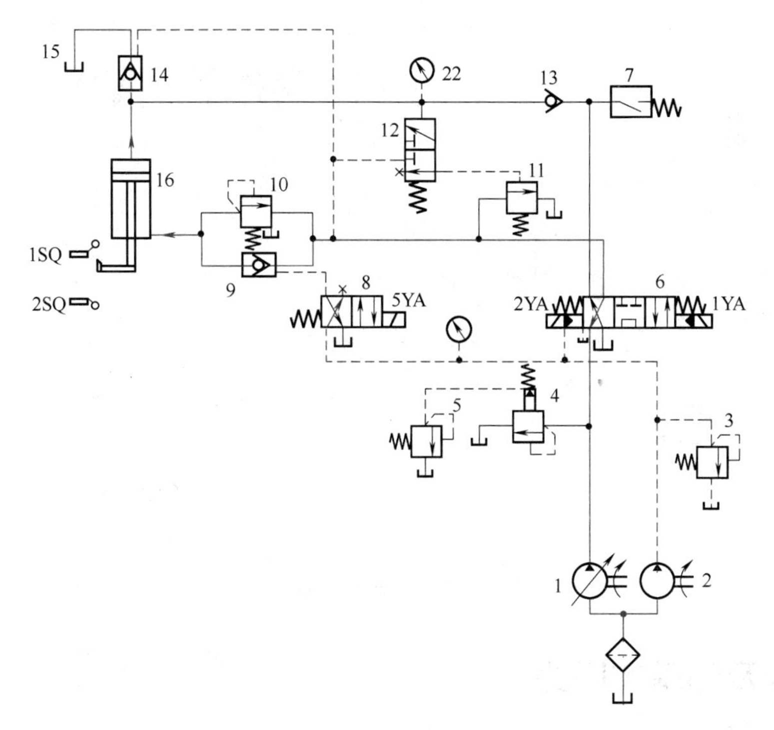

图 2-13　上缸回程油路

2.2　下缸动作

2.2.1　回路元件组成

① 液压源　如图 2-14 所示，动力元件液压泵 1 和液压泵 2 为系统提供液压油，该系统采用“主、辅泵”供油方式，主泵 1 是一个高压、大流量、恒功率控制的压力反馈式变量柱塞泵，辅助泵 2 是一个低压小流量定量泵（与主泵为单轴双联结构），其作用是为电液换向阀 6 和 21 换向和液控单向阀 9 和 14 的正确动作提供控制油源。

② 直动溢流阀 18　压力控制元件，连接于液压缸 17 下腔（无杆腔），在下腔压力过载时作为安全阀使用。

③ 节流阀 19　流量控制元件，连接于液压缸 17 下腔（无杆腔）的回油路上，调节回油速度。

④ 顺序阀（背压阀）20　压力控制元件，连接于液压缸 17 下腔（无杆腔）的回油路上，起背压作用。

⑤ 三位四通中位机能为 K 型的电液换向阀 21　方向控制元件，用于控制执行元件液压缸 17 的换向动作。

⑥ 液压缸 17　执行元件，为液压机下缸，竖直放置，液压缸 17 带动下滑块组件运动接近工件，配合上滑块组件完成加压过程。

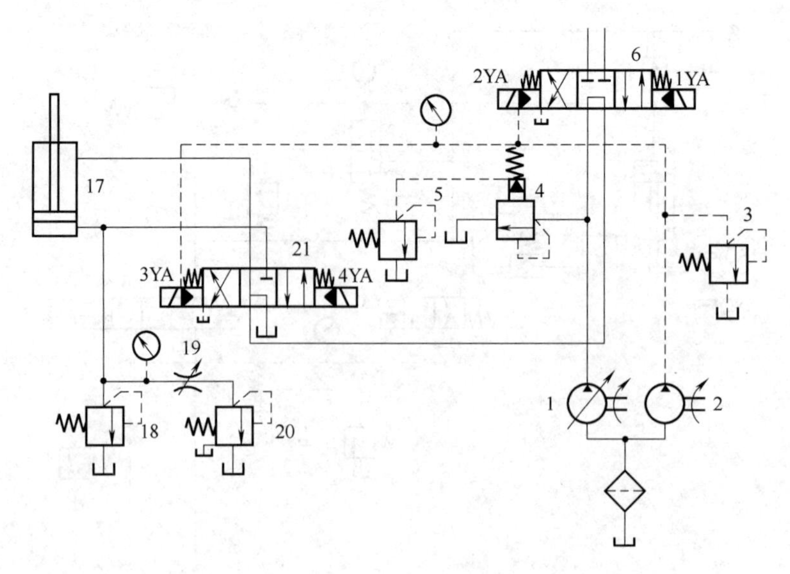

图 2-14　通用液压机下缸动作液压系统原理图

2.2.2　涉及的基本回路

（1）换向回路

换向回路原理见 1.1.2 节。

（2）平衡回路

平衡回路原理见 2.1.2 节。

2.2.3　回路解析

（1）下液压缸顶出及退回

当电磁铁 3YA 得电，电磁铁 4YA 失电时，三位四通中位机能为 K 型的电液换向阀 21 左位接入系统。下液压缸 17 顶出。如图 2-15 所示，此时的液体流动情况为：

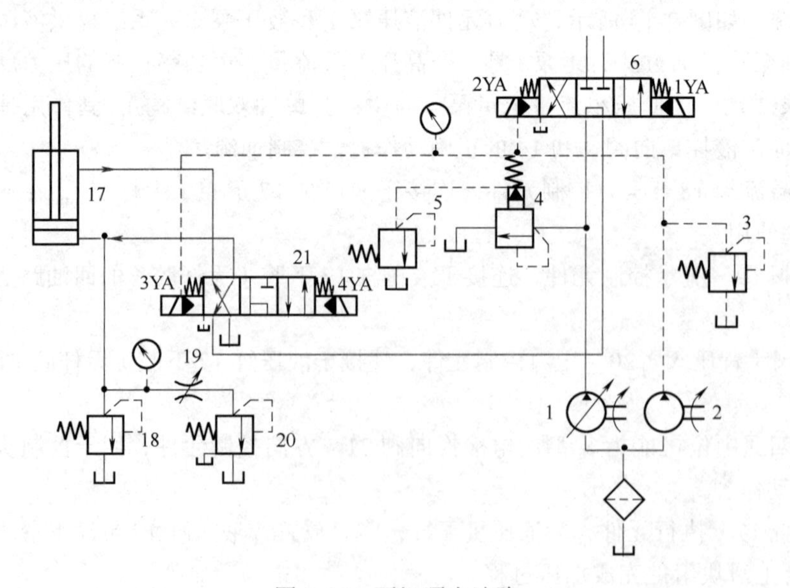

图 2-15　下缸顶出油路

进油路：油箱→过滤器→主泵 1 →三位四通中位机能为 M 型的电液换向阀 6（中位）→三位四通中位机能为 K 型的电液换向阀 21（左位）→下缸 17 下腔；

回油路：下缸 17 上腔→三位四通中位机能为 K 型的电液换向阀 21（左位）→油箱。

如图 2-16 所示，下缸 17 活塞上升，顶出压好的工件。当电磁铁 3YA 失电，4YA 得电时，三位四通中位机能为 K 型的电液换向阀 21 右位接入系统，下缸活塞下行，使下滑块组件退回到原位。

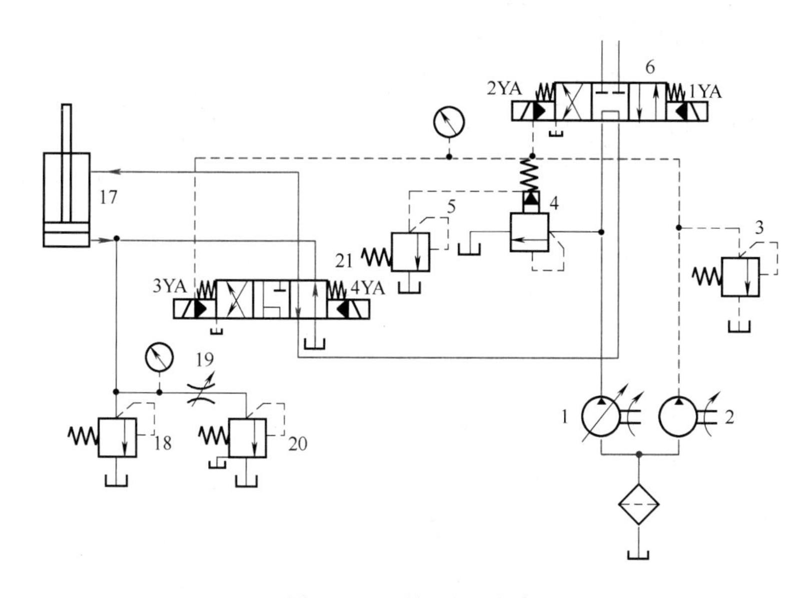

图 2-16　下缸退回油路

进油路：油箱→过滤器→主泵 1 →三位四通中位机能为 M 型的电液换向阀 6（中位）→三位四通中位机能为 K 型的电液换向阀 21（右位）→下缸 17 上腔；

回油路：下缸 17 下腔→三位四通中位机能为 K 型的电液换向阀 21（右位）→油箱。

（2）浮动压边

有些模具工作时需要对工件进行压紧和拉伸，当在压力机上用模具作薄板拉伸压边时，要求下滑块组件上升到一定位置时实现上下模具的合模，使合模后的模具既保持一定的压力将工件夹紧，又能使模具随上滑块组件的下压而下降（浮动压边）。

如图 2-17 所示，三位四通中位机能为 K 型的电液换向阀 21 处于中位，由于上缸 16 的压紧力远远大于下缸 17 的上顶力，上缸滑块组件下压时下缸活塞被迫随之下行，下缸 17 下腔液压油经节流阀 19 和顺序阀（背压阀）20 流回油箱，使下缸 17 下腔保持所需的向上的压边压力。调节顺序阀（背压阀）20 的开启压力大小即可起到改变浮动压边力大小的作用。下缸 17 上腔则经三位四通中位机能为 K 型的电液换向阀 21 中位从油箱补油。而直动溢流阀 18 充当下缸 17 下腔安全阀，只有在下缸 17 下腔压力过载时才起作用。

油路 1：油箱→过滤器→主泵 1 →三位四通中位机能为 M 型的电液换向阀 6（中位）→三位四通中位机能为 K 型的电液换向阀 21（中位）→油箱；

油路 2：下缸 17 下腔→节流阀 19 →顺序阀（背压阀）20 →油箱。

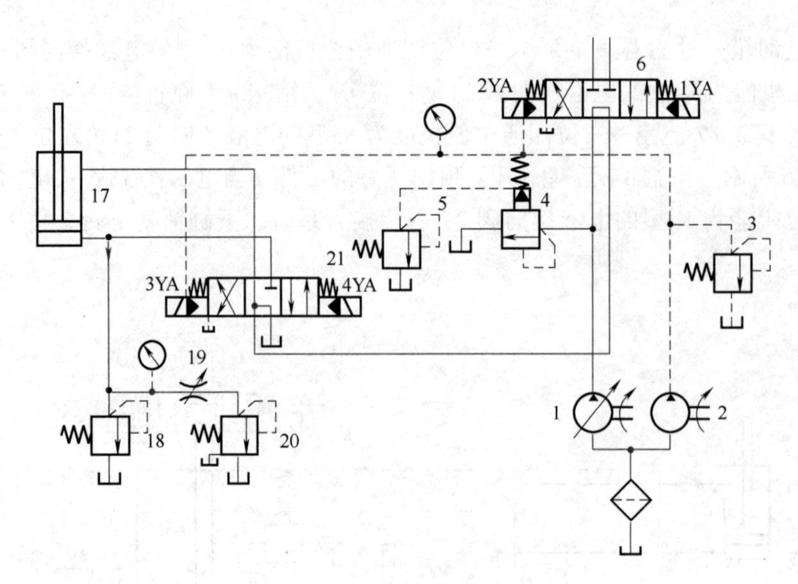

图 2-17 浮动压边油路

第3章 自卸汽车液压系统

自卸汽车是指通过液压或机械举升而自行卸载货物的车辆，又称翻斗车，由汽车底盘、液压举升机构、货厢和取力装置等部件组成。自卸汽车的货厢分后向倾翻和侧向倾翻两种，后向倾翻较普遍，通过操纵系统控制活塞杆运动，推动活塞杆使货厢倾翻，少数可实现双向倾翻。

由于装载货厢能自动倾翻一定角度卸料，大大节省卸料时间和劳动力，缩短运输周期，提高生产效率，降低运输成本，因此是常用的运输专用车辆。自卸汽车在土木工程中经常与挖掘机、装载机、带式输送机等工程机械联合作业，构成装、运、卸生产线，进行土方、砂石、散料的装卸运输工作。

作为自卸汽车的主要功能，其货厢举升系统与动力转向系统在自卸汽车工作中尤为关键。

本章主要介绍货厢举升液压系统与动力转向液压系统的组成及工作原理。

3.1 货厢举升液压系统

自卸汽车液压举升系统是一种静压力传动系统，它的特点是油液的流速不快，但是压力比较高，其主要由动力元件、控制元件、执行元件、辅助元件以及工作介质等部分组成。

自卸汽车举升液压系统的要求是使用举升机构实现货厢的举升。在举升过程中通过关闭或打开液压缸的进出油路使举升机构稳定地停止在任意高度。使用翻转机构实现货厢的翻转，货厢翻转只要实现最大翻转角度达到设计要求和结构在翻转过程中的平稳即可。如图3-1所示为自卸汽车货厢举升液压系统原理图。

3.1.1 回路元件组成

① 液压源　如图3-1所示，自卸汽车液压系统的动力元件是液压泵3，是将发动机的机械能转换成液压能的元件。它是外啮合齿轮泵，最高压力一般在25MPa左右，最高转速

2500r/min。在自卸汽车上，通常使用变速箱带动的取力器来驱动液压泵的旋转，取力器与液压泵之间直接连接或通过一个传动轴连接。压力油被液压泵 3 从油箱 1 经过滤器 2 运送至液压系统，提供动力源。

② 直动溢流阀 4　压力控制元件，并联于液压泵 3 的出口处，调定系统压力，起溢流稳压作用。

③ 四位四通手动换向阀 5　方向控制元件，用于控制执行元件两个液压缸 7 的换向动作。

④ 单向顺序阀 6　压力控制元件，实现平衡作用，连接于液压缸 7 下腔，实现背压回油。

⑤ 液压缸 7　执行元件，将液压能转换成机械能机构。采用多级液压缸，逐级升降，带动货厢，实现货厢的举升与下降。

⑥ 节流阀 8　流量控制元件，用于控制单向顺序阀 6 的启动速度。

⑦ 过滤器 9　辅助元件，设置于液压系统回油管路，过滤回油杂质。

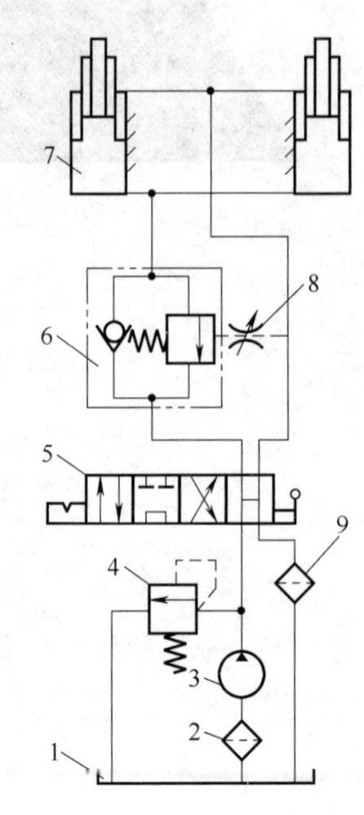

图 3-1　自卸汽车货厢举升液压系统

1—油箱；2，9—过滤器；3—液压泵；4—溢流阀；5—四位四通手动换向阀；6—单向顺序阀；7—液压缸；8—节流阀

3.1.2　涉及的基本回路

（1）换向回路

换向回路基本介绍见 1.1.2 节。

（2）平衡回路

平衡回路基本介绍见 2.1.2 节。

3.1.3　回路解析

（1）举升缸停止

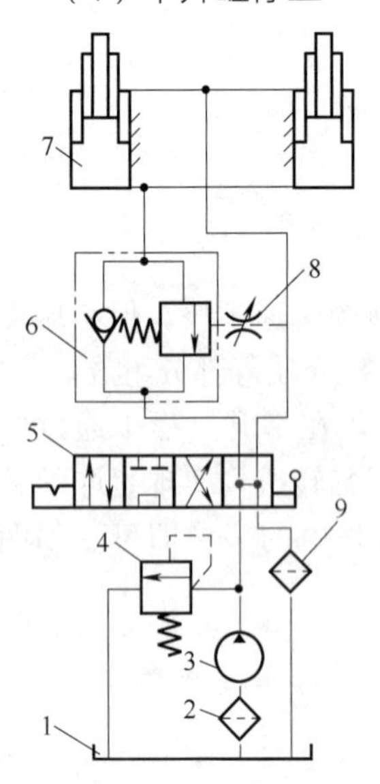

图 3-2　举升缸停止油路

如图 3-2 所示，四位四通手动换向阀 5 处于右一位置，液压泵 3 输出的油液在换向阀内部流回油箱 1 卸荷，无压力，液压缸 7 内油液无压力，不能举升液压缸，同时液压缸 7 左右两腔油液连通油箱 1，处于浮动状态。所以自卸汽车处于停止状态，货厢处于静止状态。

油路：油箱 1 →过滤器 2 →液压泵 3 →四位四通手动换向阀 5（右一位）→过滤器 9 →油箱 1。

（2）举升缸上升

如图 3-3 所示，当四位四通手动换向阀 5 处于举升位置（左一位），液压泵 3 将压力油通过单向顺序阀 6 的单向阀进入液压缸 7 下腔，推动活塞上升进而推动货厢上升。溢流阀 4 可用来调节系统最大压力。

进油路：油箱 1 →过滤器 2 →液压泵 3 →四位四通手动换向阀 5（左一位）→单向顺序阀 6（单向阀）→液压缸 7 下腔；

回油路：液压缸 7 上腔→四位四通手动换向阀 5（左一位）→

过滤器 9 →油箱 1。

（3）中停

如图 3-4 所示，换向阀 5 处于左二位中停位置，液压泵输出的油液在换向阀内部卸荷，无压力，液压缸内油液无压力，不能举升液压缸，同时液压缸内油液已封闭，所以自卸汽车处于中停、货厢静止状态。

油路：油箱 1 →过滤器 2 →液压泵 3 →四位四通手动换向阀 5（左二位）→过滤器 9 →油箱 1。

（4）举升缸下降

如图 3-5 所示，四位四通手动换向阀 5 处于下降位置（右二位），液压缸下腔油路与油箱相通，货厢在自重下，活塞下移。液压缸 7 下腔油液经单向顺序阀 6（顺序阀）流回油箱，实现液压缸平衡回路，安装节流阀 8 可调节顺序阀开启速度。

进油路：油箱 1 →过滤器 2 →液压泵 3 →四位四通手动换向阀 5（右二位）→液压缸 7 上腔；

回油路：液压缸 7 下腔→单向顺序阀 6（顺序阀）→四位四通手动换向阀 5（右二位）→过滤器 9 →油箱 1。

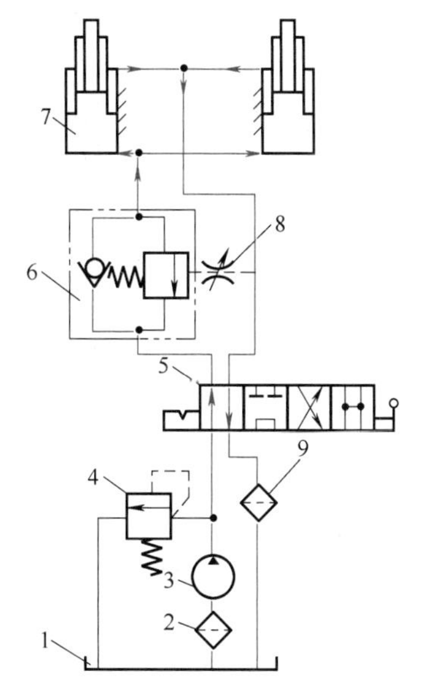

图 3-3　举升缸上升油路

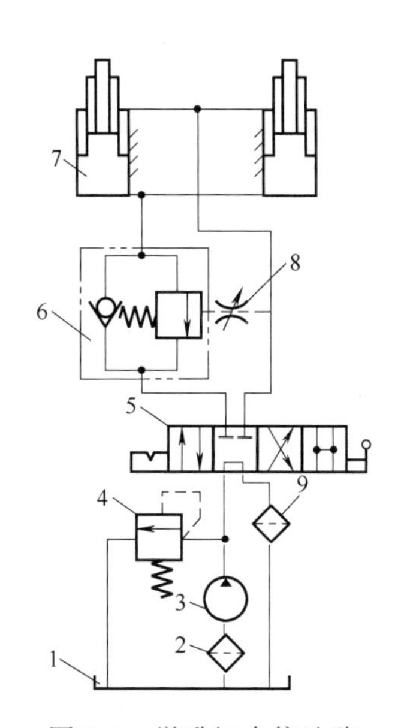

图 3-4　举升缸中停油路

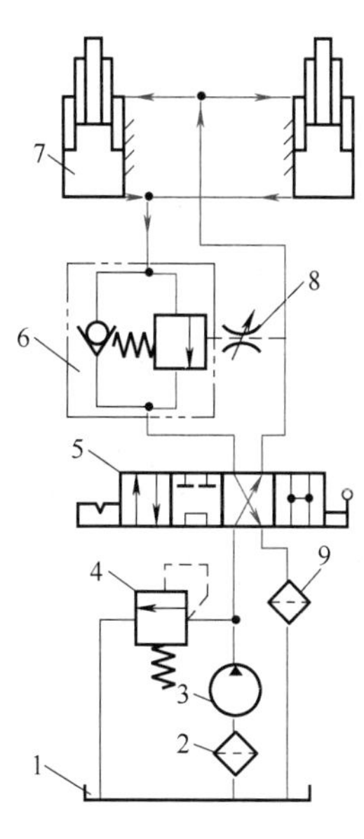

图 3-5　举升缸下降油路

3.2　助力转向液压系统

自卸汽车助力转向液压系统工作原理是利用液压力来帮助驾驶员转动汽车的转向系统，从而减轻驾驶员的转向力。

当驾驶员需要迅速转向时，助力器能够提供更大的助力力度，减小驾驶员的转向力。当驾驶员在高速行驶中需要进行微调时，助力器会提供较小的助力力度，使驾驶员能够更加精准地控制方向盘。当驾驶员旋转方向盘时，液压助力泵会被带动，将液压油从油箱中抽吸到

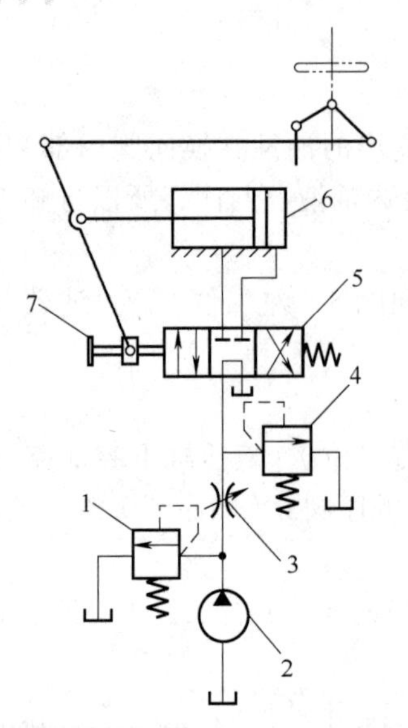

图 3-6　自卸汽车助力转向液压系统
1—溢流阀；2—液压泵；3—节流阀；
4—安全阀；5—三位四通换向阀；
6—液压缸；7—方向盘连动杆

助力器中。助力器中的压力油通过工作缸和传动杆对转向杆产生作用力，从而使车轮转向。同时，助力器还能根据驾驶员的意图，调整输出的助力力度大小，使驾驶员的转向更加轻松。总之，汽车助力转向液压系统通过利用液压力来减小转向力矩，提高转向的灵活性和舒适性，使驾驶员能够更轻松地操控汽车。如图 3-6 为自卸汽车助力转向液压系统原理图。

3.2.1　回路元件组成

① 液压源　如图 3-6 所示，自卸汽车助力转向液压系统的动力元件是液压泵 2，是将发动机的机械能转换成液压能的元件。为液压系统提供有压流体，压力油被液压泵 2 从油箱运送至液压系统，提供动力源。

② 直动溢流阀 1　压力控制元件，并联于液压泵 2 的出口处，调定系统压力，起溢流稳压作用。

③ 节流阀 3　流量控制元件，用于控制执行元件液压缸 6 的运动速度。

④ 安全阀 4　压力控制元件，起安全阀的作用，并联于节流阀出口，起安全保护作用。

⑤ 三位四通换向阀 5　控制元件，通过方向盘连动杆 7 带动换向，从而控制液压缸 6 换向，助力转向。

⑥ 液压缸 6　执行元件，是将液压能转换成机械能的机构。采用单作用液压缸，带动车轮转向，实现转向助力。

3.2.2　涉及的基本回路

（1）换向回路

换向回路介绍见 1.1.2 节。

（2）节流调速回路

节流调速回路介绍见 1.2.2 节。

（3）卸荷回路

在液压系统工作过程中，当执行元件短时间停止工作不需要液压系统传递能量，或者执行元件在某段工作时间内保持一定的力，而运动速度极慢，甚至停止运动，在这种情况下，不需要液压泵输出油液，或只需要很小流量的液压油，于是液压泵输出的压力油全部或绝大部分从溢流阀流回油箱，这样就会造成能量的无谓损失，引起油液发热变质，还会影响液压系统的性能及泵的寿命。为此，通常需要采用卸荷回路。

卸荷回路的作用主要是在液压泵驱动电动机不频繁启闭的情况下，使液压泵在功率输出接近于零的情况下运转，以减少功率损失和系统发热，延长泵和电动机的寿命。液压泵的输出功率为其流量和压力的乘积，两者任一近似为零，功率损耗即近似为零。因此，液压泵的卸荷有流量卸荷和压力卸荷两种，前者主要是使用变量泵，使变量泵仅为补偿泄漏而以最小流量运转，此方法比较简单，但泵仍在高压状态下运行，磨损比较严重；压力卸荷的方式是使泵在压力接近零的情况下运转。常见的压力卸荷方式有以下几种。

1）采用换向阀的卸荷回路

M、H 和 K 型中位机能的三位四通换向阀处于中位时，液压泵都可以实现卸荷，如图 3-7（a）所示为采用 M 型中位机能的电磁换向阀的卸荷回路。

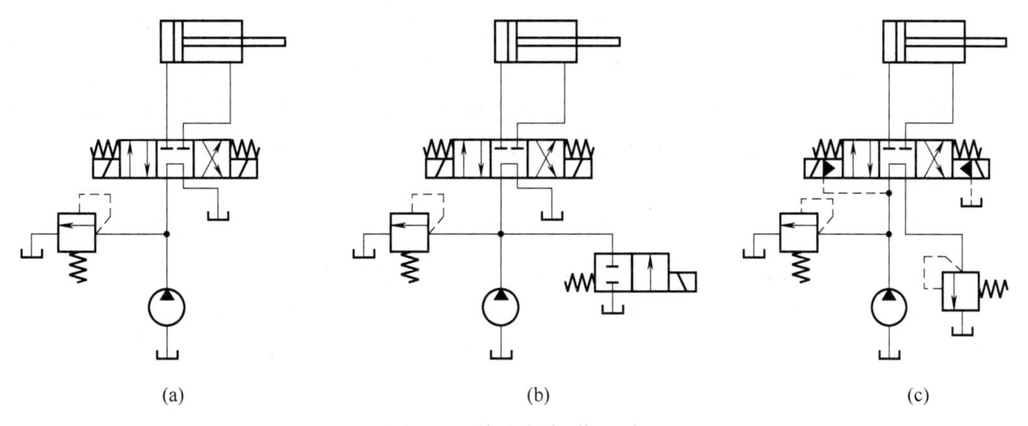

图 3-7　换向阀卸荷回路

图 3-7（b）所示为利用二位二通电磁换向阀直接回油箱实现的卸荷回路。这种回路，因二位二通电磁换向阀需要通过泵的全部流量，故选用的规格应与泵的额定流量一致。

当系统流量较大时，可将图 3-7（a）中的电磁换向阀改换为如图 3-7（c）所示的电液换向阀，这种卸荷回路切换时压力冲击小，但回路中必须设置背压阀，以使系统能保持 0.3MPa 左右的压力，供操纵控制油路之用。

2）采用先导型溢流阀的远程控制口卸荷回路

如图 3-8 所示，先导型溢流阀的远程控制口直接与二位二通电磁换向阀相连，便构成一种用先导型溢流阀的卸荷回路，这种卸荷回路卸荷压力小，切换时冲击也小。

3.2.3　回路解析

（1）直线行驶

如图 3-9 所示，当方向盘连杆 7 不动时，三位四通手动换向阀 5 在中位，此时液压泵 2

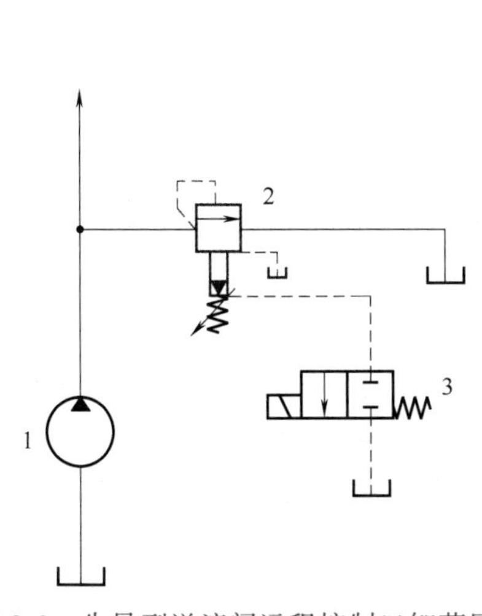

图 3-8　先导型溢流阀远程控制口卸荷回路

1—液压泵；2—先导溢流阀；3—二位二通换向阀

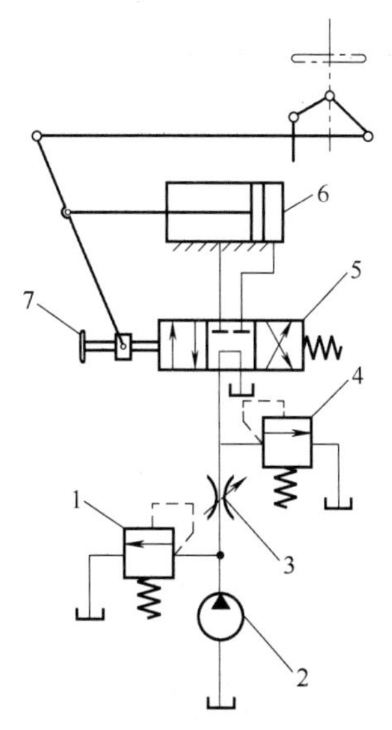

图 3-9　直线行驶油路

卸荷，液压缸 6 油路闭锁，处于平衡状态，不起助力作用。

油路：油箱→液压泵 2 →节流阀 3 →三位四通手动换向阀 5（中位）→油箱。

（2）左转向

如图 3-10 所示，方向盘左转，带动连杆 7 使三位四通手动换向阀 5 切换为左位，液压缸 6 左腔进油，液压缸 6 活塞右移，带动车轮左转，实现助力转向。

进油路：油箱→液压泵 2 →节流阀 3 →三位四通手动换向阀 5（左位）→液压缸 6 左腔；

回油路：液压缸 6 右腔→三位四通手动换向阀 5（左位）→油箱。

（3）右转向

如图 3-11 所示，方向盘 7 右转，带动连杆 7 使三位四通手动换向阀 5 切换为右位，液压缸右腔进油，液压缸 6 活塞左移，带动车轮右转，实现助力转向。

进油路：油箱→液压泵 2 →节流阀 3 →三位四通手动换向阀 5（右位）→液压缸 6 右腔；

回油路：液压缸 6 左腔→三位四通手动换向阀 5（右位）→油箱。

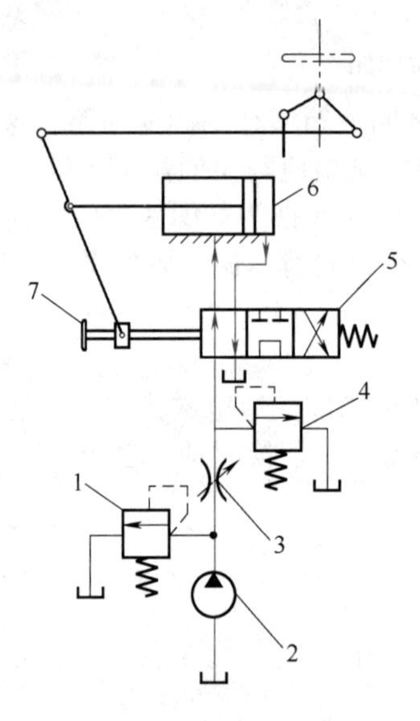

图 3-10　左转向油路

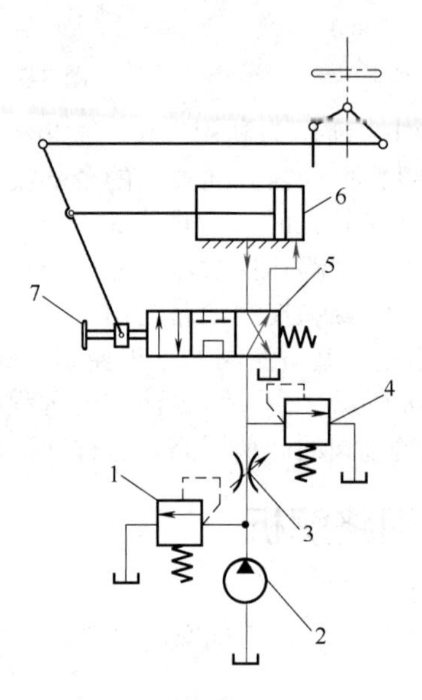

图 3-11　右转向油路

第4章 垃圾车液压系统

自装自卸式压缩垃圾车可以通过液压完成垃圾自装、压缩垃圾和垃圾自卸。通过液压装置装垃圾后通过液压压缩垃圾减小占地面积，卸垃圾就是车辆液压顶升起车厢后将垃圾推卸倾倒出来。适用于环卫、市政、厂矿企业、垃圾多而集中的居民区。

液压系统中的执行元件带动机构运动，进行垃圾装车，在装车过程中伴随着垃圾压缩的动作，这样可以增加垃圾的运送量；当车运行到目的地后，装料斗升起，垃圾推卸机构由液压系统驱动将垃圾卸到指定位置。

如图4-1所示，垃圾车液压系统由废弃物装车与压缩液压缸、废弃物推卸缸和装料斗升降缸组成。其动作控制由手动液压阀实现，并采用相应的调速元件进行速度调节。

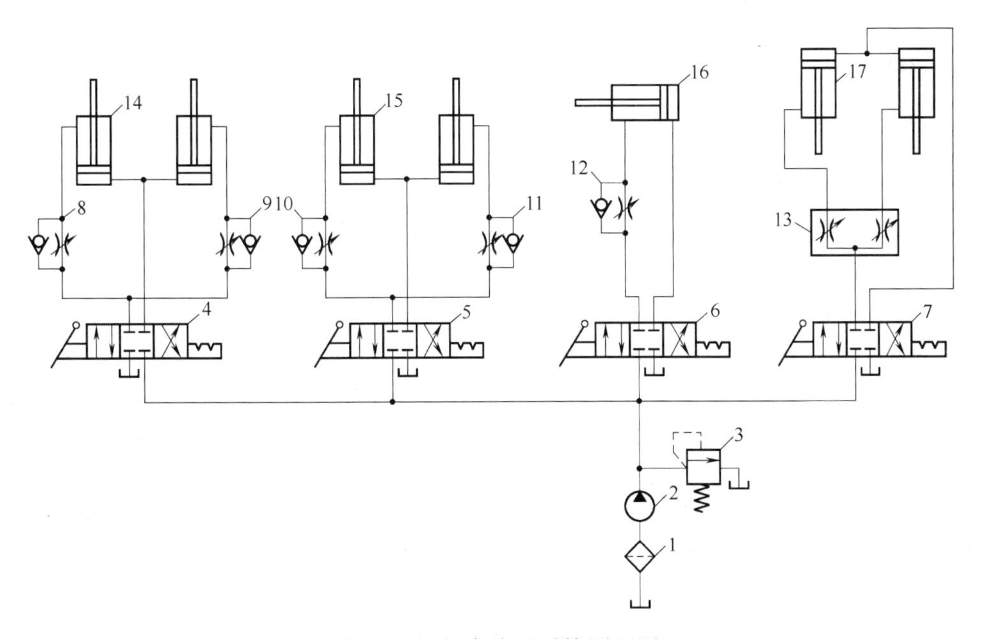

图4-1　垃圾车液压系统原理图

1—过滤器；2—液压泵；3—溢流阀；4～7—三位四通手动换向阀；8～12—单向节流阀；13—分流集流阀；14—废弃物装车缸；15—废弃物压缩缸；16—废弃物推卸缸；17—装料斗升降缸

本章内容介绍垃圾车的垃圾装运液压系统。

1. 回路元件组成

① 过滤器 1　辅助元件，其作用为过滤油液中的杂质，保护元件。

② 液压泵 2　液压系统动力元件，通过电机带动将液压油从油箱经过滤器 1 为液压系统提供传动所需的压力油。

③ 溢流阀 3　液压系统压力控制元件，起到溢流保压的作用，限定液压系统的最大压力。

④ 三位四通手动换向阀 4、5、6、7　液压系统方向控制元件，通过手动改变阀芯位置，从而改变油液通流方向，用于控制液压缸 14、15、16、17 的伸缩与停止。

⑤ 单向节流阀 8、9、10、11、12　液压系统速度控制元件，根据安装方向不同，单向节流，改变进入液压缸流体的流量，从而控制液压缸 14、15、16 的伸出速度。

⑥ 分流集流阀 13　液压系统速度控制元件。分流阀的作用是使液压系统中的同一个油源向两个以上执行元件供应相同的流量（等量分流），或按一定比例向两个执行元件供应流量（比例分流），以实现两个执行元件的速度保持同步或定比关系。集流阀的作用，则是从两个执行元件收集等流量或按比例的回油量，以实现它们之间的速度同步或定比关系。分流集流阀则兼有分流阀和集流阀的功能。分流集流阀也称速度同步阀，是液压阀中分流阀、集流阀、单向分流阀、单向集流阀和比例分流阀的总称，主要应用于双缸及多缸同步控制液压系统中。分流集流阀同步控制的液压系统具有结构简单、成本低、制造容易、可靠性强等许多优点，因而在液压系统中得到了广泛的应用。分流集流阀的同步是速度同步，当两油缸或多个油缸分别承受不同的负载时，分流集流阀仍能保证其同步运动。

⑦ 液压缸 14、15、16、17　液压系统执行元件，能够将压力能转化为机械能，与各种机械结构相连，实现不同工作要求。液压缸 14 为废弃物装车缸，液压缸 15 为废弃物压缩缸，液压缸 16 为废弃物推卸缸，液压缸 17 为装料斗升降缸。

2. 涉及的基本回路

（1）换向回路

换向回路具体内容见 1.1.2 节。

（2）节流调速回路

节流调速回路的具体内容见 1.2.2 节。

（3）同步回路

1）机械同步回路

用机械构件将液压缸的运动件联结起来，可实现多缸同步。如图 4-2 所示，本回路是用焊接方式将两缸的活塞杆联结起来，也可以用刚性梁、杆机构等联结。机械联结同步、简单、可靠，同步精度取决于机构的制造精度和刚性。缺点是偏载不能太大，否则易卡住。

2）用分流集流阀的同步回路

使用分流集流阀，既可以使两液压缸的进油流量相等，也可以使两缸的回油量相等，从而使液压缸往返均同步。如图 4-3 所示，分流集流只能保证速度同步，同步精度一般为 2% ～ 5%。

3）用调速阀的同步回路

用调速阀控制流量，使液压缸获得速度同步。如图 4-4 所示，本回路用两个调速阀使两个并联液压缸单向同步，可做到速度同步。但同步精度受调速阀性能和油温的影响，一般速度同步误差在 5% ～ 10%。

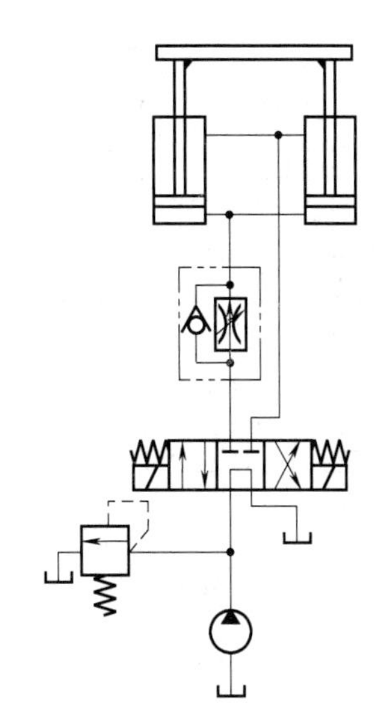

图 4-2　机械同步回路

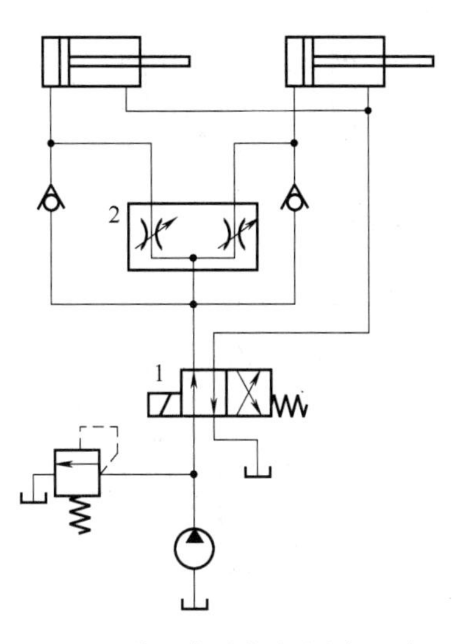

图 4-3　分流集流阀的同步回路

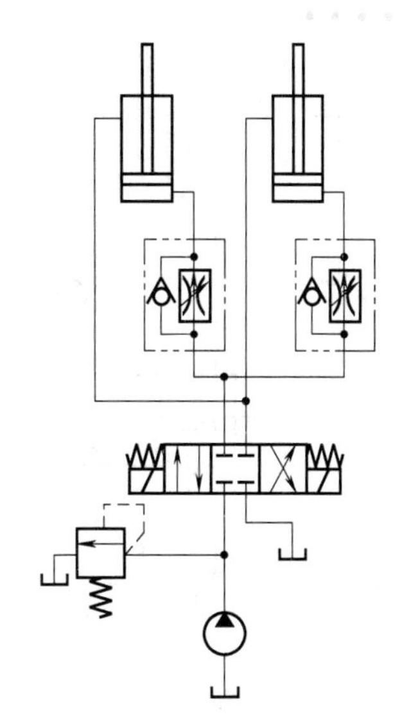

图 4-4　调速阀同步回路

3. 回路解析

垃圾车的液压控制回路如图 4-1 所示。该回路由四部分组成，执行元件 14 所在支路完成垃圾的装车动作，回路采用双缸并联同步动作与出口节流调速回路，通过调速阀实现两缸同步；执行元件 15 所在支路完成垃圾压缩动作，回路采用双缸并联同步与出口节流调速回路，通过调速阀实现两缸同步；执行元件 16 所在支路完成垃圾推卸动作，回路采用出口节流调速回路；执行元件 17 所在支路完成装料斗升降动作，回路采用双缸并联同步，通过分流集流阀实现两缸同步。

（1）垃圾装运

1）抓取垃圾

如图 4-5 所示，当换向阀 4 处于左位时，液压缸 14 下腔进油，上腔回油，活塞伸出，抓取垃圾。

进油路：油箱→过滤器 1→液压泵 2→三位四通 O 型手动换向阀 4（左位）→液压缸 14 下腔；

回油路：液压缸 14 上腔→单向节流阀 8、9（节流阀）→三位四通 O 型手动换向阀 4（左位）→油箱。

2）垃圾装车

如图 4-6 所示，当换向阀处于右位时，液压缸 14 上腔进油，下腔回油，活塞收回，将垃圾装车。

进油路：油箱→过滤器 1→液压泵 2→三位四通 O 型手动换向阀 4（右位）→单向节流阀 8、9（单向阀）→液压缸 14 上腔；

回油路：液压缸 14 下腔→三位四通 O 型手动换向阀 4（右位）→油箱。

（2）垃圾压缩

1）压缩垃圾

如图 4-7 所示，当换向阀 5 处于右位时，液压缸 15 下腔进油，上腔回油，活塞伸出，压缩垃圾。

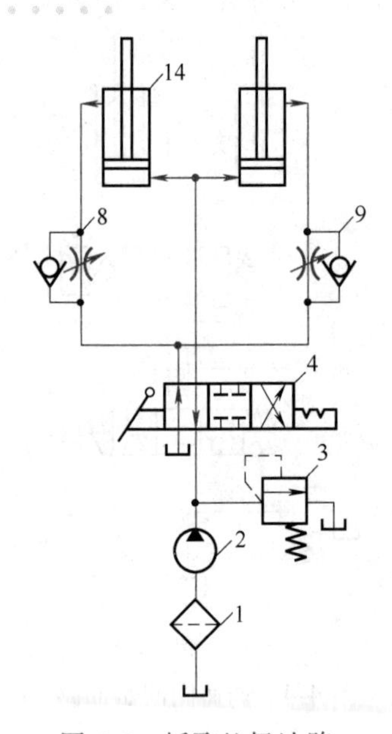

图 4-5 抓取垃圾油路

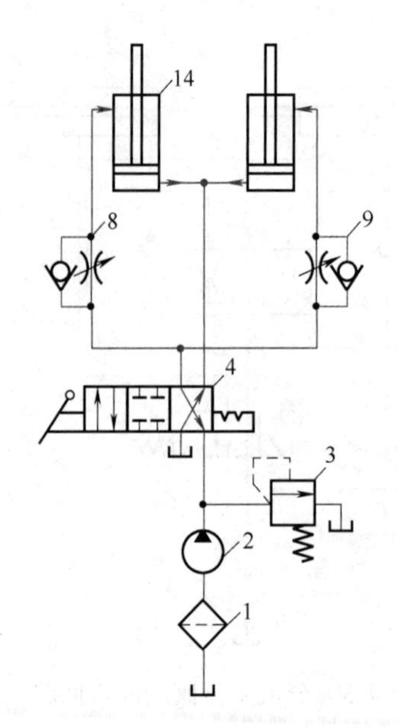

图 4-6 垃圾装车油路

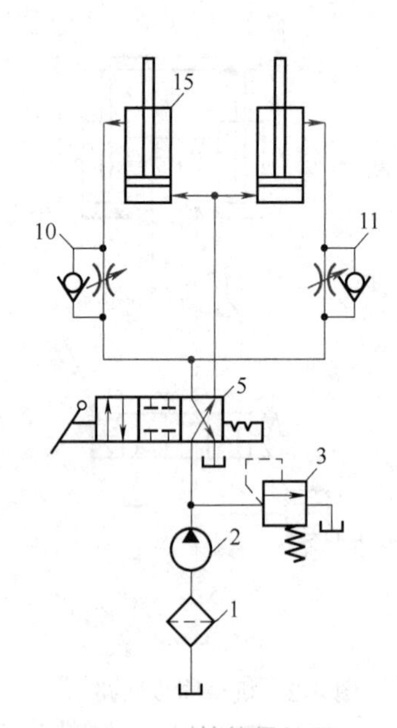

图 4-7 压缩垃圾油路

进油路：油箱→过滤器 1→液压泵 2→三位四通 O 型手动换向阀 5（右位）→液压缸 15 下腔；

回油路：液压缸 15 上腔→单向节流阀 10、11（节流阀）→三位四通 O 型手动换向阀 5（右位）→油箱。

2）压缩撤回

如图 4-8 所示，当换向阀 5 处于左位时，液压缸 15 上腔进油，下腔回油，活塞收回，将压缩杆撤回。

进油路：油箱→过滤器 1→液压泵 2→三位四通 O 型手动换向阀 5（左位）→单向节流阀 10、11（单向阀）→液压缸 15 上腔；

回油路：液压缸 15 下腔→三位四通 O 型手动换向阀 5（左位）→油箱。

（3）垃圾推卸

1）推卸垃圾

如图 4-9 所示，当换向阀 6 处于右位时，液压缸 16 右腔进油，左腔回油，活塞伸出，推卸垃圾。

进油路：油箱→过滤器 1→液压泵 2→三位四通 O 型手动换向阀 6（右位）→液压缸 16 右腔；

回油路：液压缸 16 左腔→单向节流阀 12（节流阀）→三位四通 O 型手动换向阀 6（右位）→油箱。

2）推卸撤回

如图 4-10 所示，当换向阀 6 处于左位时，液压缸 16 左腔进油，右腔回油，活塞收回，将推卸杆撤回。

进油路：油箱→过滤器 1→液压泵 2→三位四通 O 型手动换向阀 6（左位）→单向节流阀 12（单向阀）→液压缸 16 左腔；

回油路：液压缸 16 右腔→三位四通 O 型手动换向阀 6（左位）→油箱。

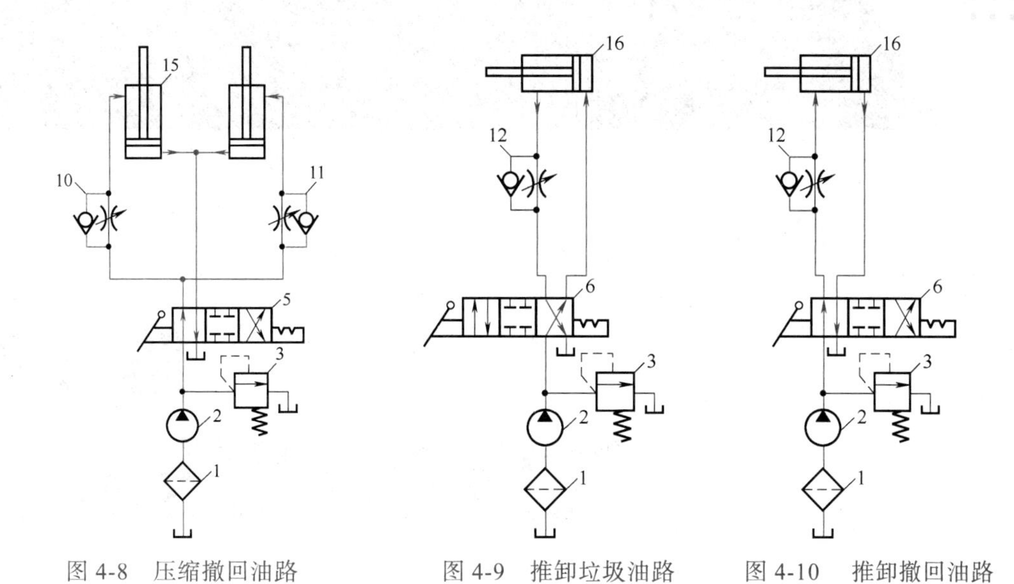

图 4-8　压缩撤回油路　　图 4-9　推卸垃圾油路　　图 4-10　推卸撤回油路

（4）装料斗升降

1）装料斗上升

如图 4-11 所示，当换向阀 7 处于右位时，液压缸 17 上腔进油，下腔回油，活塞伸出，装料斗上升。

进油路：油箱→过滤器 1→液压泵 2→三位四通 O 型手动换向阀 7（右位）→液压缸 17 上腔；

回油路：液压缸 17 下腔→分流集流阀 13→三位四通 O 型手动换向阀 7（右位）→油箱。

2）装料斗下降

如图 4-12 所示，当换向阀 7 处于左位时，液压缸 17 下腔进油，上腔回油，活塞收回，装料斗下降。

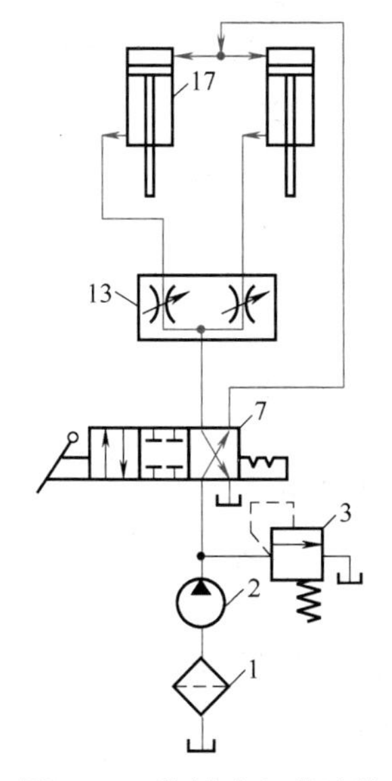

图 4-11　装料斗上升油路

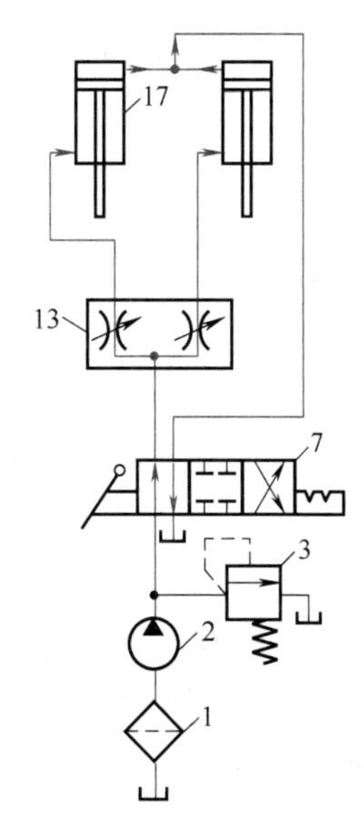

图 4-12　装料斗下降油路

进油路：油箱→过滤器 1→液压泵 2→三位四通 O 型手动换向阀 7（左位）→分流集流阀 13→液压缸 17 下腔；

回油路：液压缸 17 上腔→三位四通 O 型手动换向阀 7（左位）→油箱。

第5章
注塑机液压系统

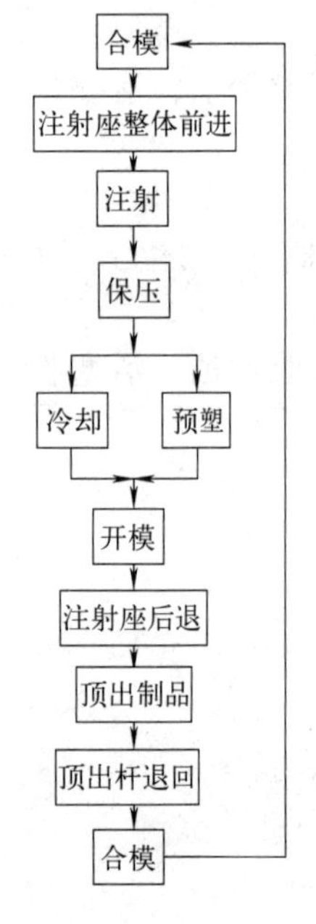

图 5-1　注塑的工艺过程

塑料注射成型机是一种将颗粒状塑料经加热熔化呈流动状态后，高压、快速注入模腔，并保压和冷却而使之凝固成型为塑料制品的加工设备，简称注塑机。

注塑机是一种通用设备，通过它与不同专用注塑模具配套使用，能够生产出多种类型的注塑制品。注塑机主要由机架，动静模板，合模保压部件，预塑、注射部件，液压系统，电气控制系统等部件组成，注塑机的动模板和静模板用来成对安装不同类型的专用注塑模具。合模保压部件有两种结构形式，一种是用液压缸直接推动动模板工作，另一种是用液压缸推动机械机构，通过机械机构再驱动动模板工作（机液联合式）。注塑的工艺过程如图 5-1 所示。

根据注塑机的实际工作需求，工程上对于注塑机液压系统的要求如下。

① 具有足够的合模力。在注射过程中，常以高压注入模腔，为防止塑料制品产生溢边或脱模困难等现象发生，要求具有足够的合模力。为了减小合模缸的尺寸或降低压力，常采用连杆扩力机构来实现合模与锁模。

② 保证开模和合模的速度可调。由于既要考虑缩短空程时间以提高生产率，又要考虑合模过程中的缓冲要求以保证制品质量，并避免产生冲击，因此在启、合模过程中，要求移模缸具有慢、快、慢的速度变化。

③ 保证注塑机在注射时具有足够的推力，除了使喷嘴与模具浇口紧密接触外，还应按固定加料、前加料和后加料三种不同的预塑形式调节移动速度。为缩短空程时间，注射座移动也应具有慢、快的速度变化调节功能。

④ 注射的压力和速度可调节。根据原料、制品的几何形状和模具浇口的布局不同，在注射成型过程中要求注射的压力和速度可调节。

⑤ 冷却熔体注入型腔后，要保压和冷却。冷却凝固时会有收缩，因此在型腔内要补充熔体，否则，会因充料不足而出现残品。因此，要求液压系统可以保压，并根据制品要求，可

调节保压的压力。

⑥ 顶出制品时速度保持平稳。塑料制品在冷却成型后被顶出，当脱模顶出时，为了防止制品受损，运动要平稳，并能按不同制品形状对顶出缸的速度进行调节。

注塑机主要通过液压驱动实现工作。图 5-2 所示为注塑机液压系统原理图。该注塑机各执行元件的动作循环主要依靠行程开关切换电磁换向阀来实现。电磁铁动作顺序如表 5-1 所示。为保证安全生产，注塑机设置了安全门，并在安全门下装设一个行程阀 21 加以控制，只有在安全门关闭、行程阀 21 上位接入系统的情况下，才能进行合模运动。

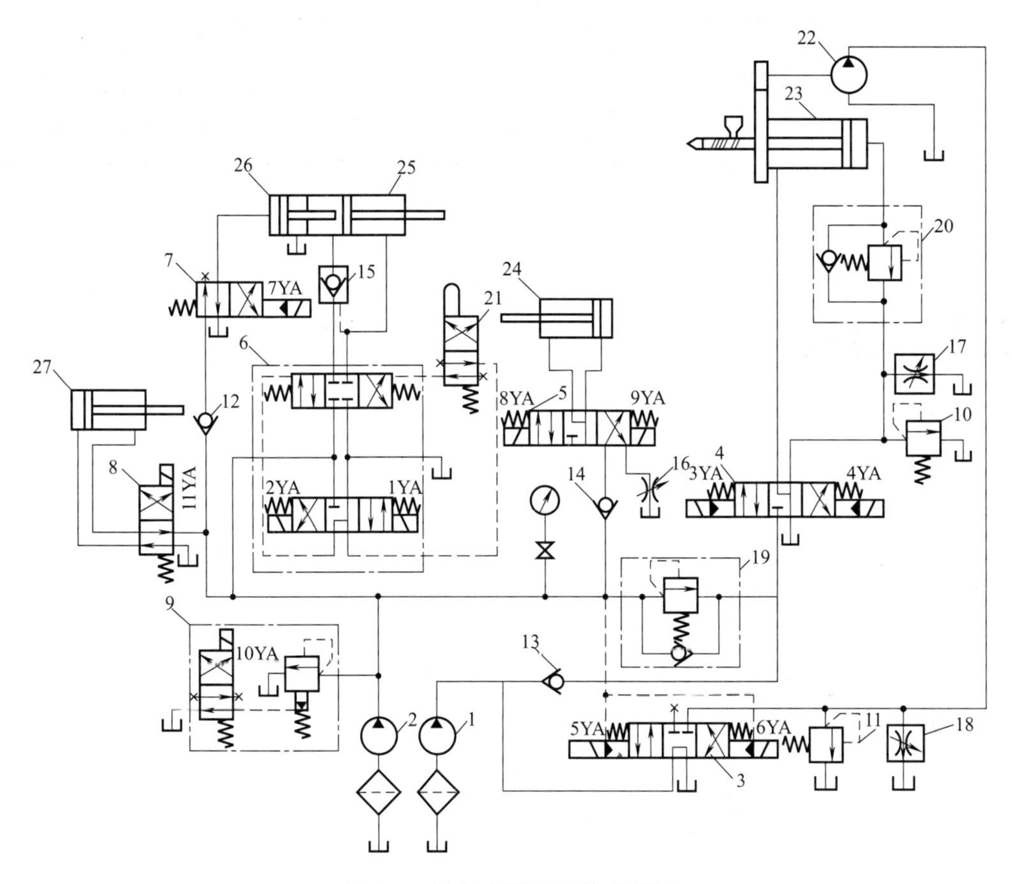

图 5-2　注塑机液压系统原理图

1—低压大流量液压泵；2—高压小流量液压泵；3，4，6，7—电液换向阀；5，8—电磁换向阀；9—电磁卸荷阀；10，11—直动溢流阀；12 ～ 14—普通单向阀；15—液控单向阀；16—节流阀；17，18—调速阀；19，20—单向顺序阀；21—行程阀；22—液压马达；23—注射缸；24—注射座移动缸；25—合模缸；26—增压缸；27—推料缸

表 5-1　注塑机液压系统电磁铁动作顺序表

动作		电磁铁										
		1YA	2YA	3YA	4YA	5YA	6YA	7YA	8YA	9YA	10YA	11YA
合模	慢速合模	+	−	−	−	−	−	−	−	−	+	−
	快速合模	+	−	−	−	+	−	−	−	−	+	−
	增压锁模	+	−	−	−	−	−	+	−	−	+	−
注射座整体快移		−	−	−	−	−	−	+	−	+	+	−
注射		−	−	−	+	+	−	+	−	+	+	−
注射保压		−	−	−	+	−	−	+	−	+	+	−

续表

动作		电磁铁										
		1YA	2YA	3YA	4YA	5YA	6YA	7YA	8YA	9YA	10YA	11YA
减压排气		−	+	−	−	−	−	−	−	+	+	−
再增压		+	−	−	−	−	−	+	−	+	+	−
预塑进料		−	−	−	−	−	+	+	−	+	+	−
注射座后移		−	−	−	−	−	−	−	+	−	+	−
开模	慢速开模	−	+	−	−	−	−	−	−	−	+	−
	快速开模	−	+	−	−	+	−	−	−	−	+	−
推料	顶出缸伸出	−	−	−	−	−	−	−	−	−	+	+
	顶出缸缩回	−	−	−	−	−	−	−	−	−	+	−
系统卸荷		−	−	−	−	−	−	−	−	−	−	−

注：“+”表示电磁铁通电；“−”表示电磁铁断电。

5.1 合模

合模是动模板向定模板靠拢并实现最终合拢的过程，如图 5-3 所示，动模板由合模液压缸或机液组合机构驱动，合模速度一般按照慢→快→慢的顺序进行。

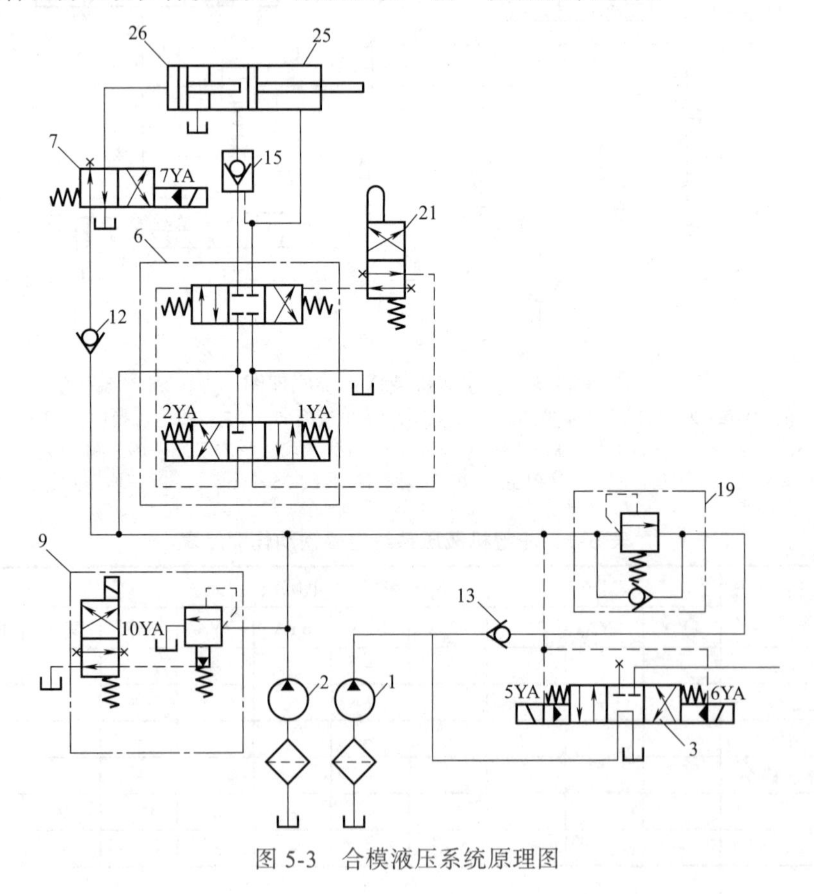

图 5-3　合模液压系统原理图

5.1.1 回路元件组成

① 液压源 注塑机液压系统的动力元件是液压泵 1 和液压泵 2，是将机械能转换成液压能的元件。液压泵 1 为低压大流量泵，液压泵 2 为高压小流量泵。压力油被液压泵从油箱经过滤器运送至液压系统，为液压系统提供动力源。

② 电磁卸荷阀 9 压力控制元件，并联于液压泵 2 的出口处，通过二位四通电磁换向阀切换，实现调定系统压力或卸荷，起溢流稳压或卸荷作用。

③ 电液换向阀 6、7 方向控制元件，电液换向阀 6 用于控制执行元件液压缸 25 的换向动作，电液换向阀 7 用于控制增压缸 26 进油。

④ 行程阀 21 串接在电液换向阀 6 的控制油路上，控制合模缸的动作。只有当操作者离开模具，将安全门关闭时压下行程阀后，电液换向阀 6 才有控制油进入，合模缸才能实现合模运动，以确保操作者的人身安全。

⑤ 液控单向阀 15 方向控制元件，用于控制执行元件液压缸 25 的锁紧。

⑥ 普通单向阀 12、13 方向控制元件，用于实现单向控制。

⑦ 单向顺序阀 19 压力控制元件，实现平衡作用，液压泵 1 通过其单向阀与液压泵 2 实现双泵供油。

⑧ 电液换向阀 3 方向控制元件，用于控制液压泵 1 的供油。

⑨ 合模缸 25 执行元件，将液压能转换成机械能的机构。采用单杆活塞液压缸，带动动模板实现合模。

⑩ 增压缸 26 增压元件，用于增大液压系统压力。

5.1.2 涉及的基本回路

（1）换向回路

换向回路基本内容见 1.1.2 节。

（2）卸荷回路

卸荷回路基本内容见 3.2.2 节。

（3）快速回路

快速回路又称增速回路，其功能在于使执行元件获得必要的（如空行程）高速，以提高系统的工作效率或充分利用功率。以下介绍三种机床上常用的快速运动回路。

1）差动连接回路

这是在不通过增加元件方式增加液压泵输出流量的情况下，提高工作部件运动速度的一种快速回路，其实质是改变了液压缸的有效作用面积。

图 5-4 是用于快、慢速速度换接，其中快速运动采用差动连接的回路。当换向阀 3 左端的电磁铁通电时，阀 3 左位进入系统，液压泵 1 输出的压力油经换向阀 3 左位与液压缸右腔经换向阀 5 左位流出的油液汇合一起进入液压缸 6 的左腔，实现了差动连接，使活塞快速向右运动。当快速运动结束，换向阀 5 通电时，液压缸 6 右腔的回油只能经单向节流阀 4 流回油箱，这时是工作进给。当换向阀 3 右端的电磁铁通电时，活塞向左快速退回（非差动连接）。采用差动连接的快速回路方法简单，较经济，但快、慢速度的换接不够平稳。必须注意，差动油路的换向阀和油管通道应按差动时的流量选择，不然流动液阻过大，会使液压泵的部分油从溢流阀流回油箱，速度减慢，甚至不起差动作用。

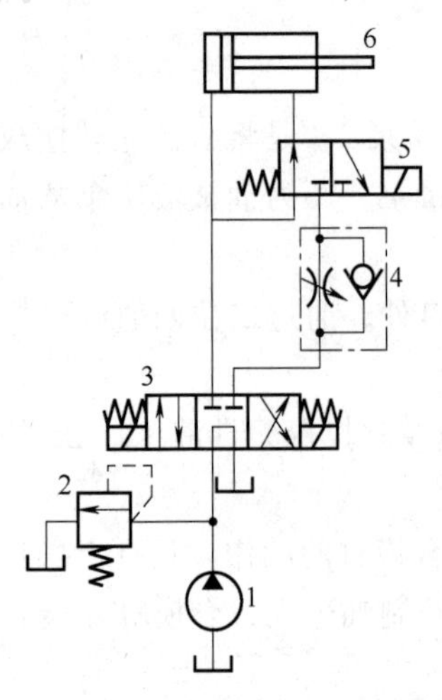

图 5-4　差动连接快速回路图

1—液压泵；2—溢流阀；3—三位四通换向阀；4—单向节流阀；5—二位三通换向阀；6—液压缸

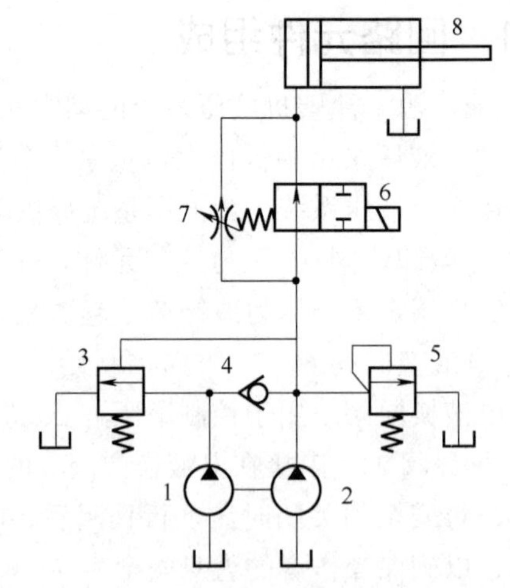

图 5-5　双泵供油快速回路

1，2—液压泵；3—卸荷阀；4—单向阀；5—溢流阀；6—二位二通换向阀；7—节流阀；8—液压缸

液压缸的差动连接也可采用中位机能为 P 型的三位四通换向阀实现。

2）双泵供油的快速回路

这种回路是利用低压大流量泵和高压小流量泵并联为系统供油，具体回路见图 5-5。

图 5-5 中泵 1 为低压大流量泵，用以实现快速运动。泵 2 为高压小流量泵，用以实现工作进给运动。在快速运动时，液压泵 1 输出的压力油经单向阀 4 和液压泵 2 输出的油共同向系统供油。在工作进给时，系统压力升高，打开卸荷阀 3（顺序阀）使液压泵 1 卸荷，此时单向阀 4 关闭，由液压泵 2 单独向系统供油。溢流阀 5 控制液压泵 2 的供油压力（是根据系统所需最大工作压力来调节的），而卸荷阀 3 使液压泵 1 在快速运动时供油，在工作进给时卸荷，因此它的调整压力应比快速运动时系统所需的压力要高，但比溢流阀 5 的调整压力低。

双泵供油回路的优点是功率损耗小、效率高，并且速度换接较平稳，在快、慢速度相差较大的机床中应用很广泛，缺点是要用双泵，油路系统也稍复杂。

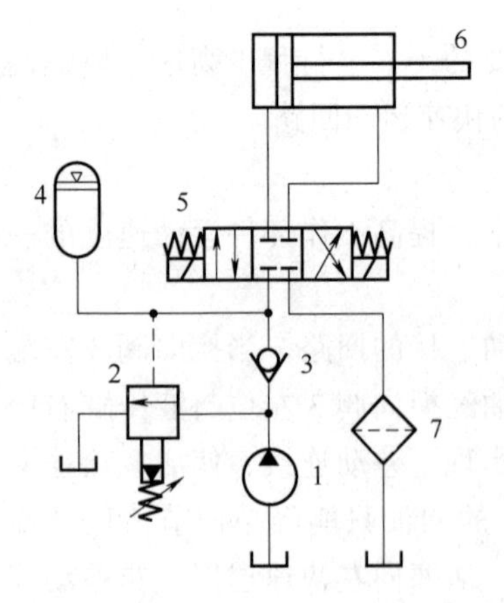

图 5-6　采用蓄能器的快速回路

1—液压泵；2—卸荷阀；3—单向阀；4—蓄能器；5—三位四通换向阀；6—液压缸；7—过滤器

3）采用蓄能器的快速回路

对于间歇运转的液压机械，当执行元件间歇或低速运动时，泵向蓄能器充油。而在工作循环中某一工作阶段执行元件需要快速运动时，蓄能器作为泵的辅助动力源，可与泵同时向系统提供压力油。这样，系统中可选用流量较小的油泵及功率较小的电动机，可节约能源并降低油温。如图 5-6 所示，采用蓄能器的目的就是可以选用流量较小的液压泵，当系统中短期需要大流量时，换向阀 5 的阀芯处于左端或右端位置，就由液压泵 1 和蓄能器 4 共同向液压缸 6 供油。当系统停止工作时，换向阀 5 处于中间位置，这时泵便经单向阀 3 向蓄能器供油，蓄能器压力升高后，达到卸荷阀 2（顺序阀）调定压力，打开阀口，使液压泵卸荷。

5.1.3　回路解析

（1）动模板慢速合模运动

当按下合模按钮，电磁铁 1YA、10YA 通电，电液换向阀 6 主阀左位接入系统，电磁卸荷阀 9 上位接入系统。低压大流量液压泵 1 通过电液换向阀 3 的 M 型中位机能卸荷，高压小流量液压泵 2 输出的压力油经电液换向阀 6、液控单向阀 15 进入合模缸左腔，右腔油液经电液换向阀 6 回油箱。合模缸推动动模板开始慢速向右运动。如图 5-7 所示，此时系统油液流动情况为：

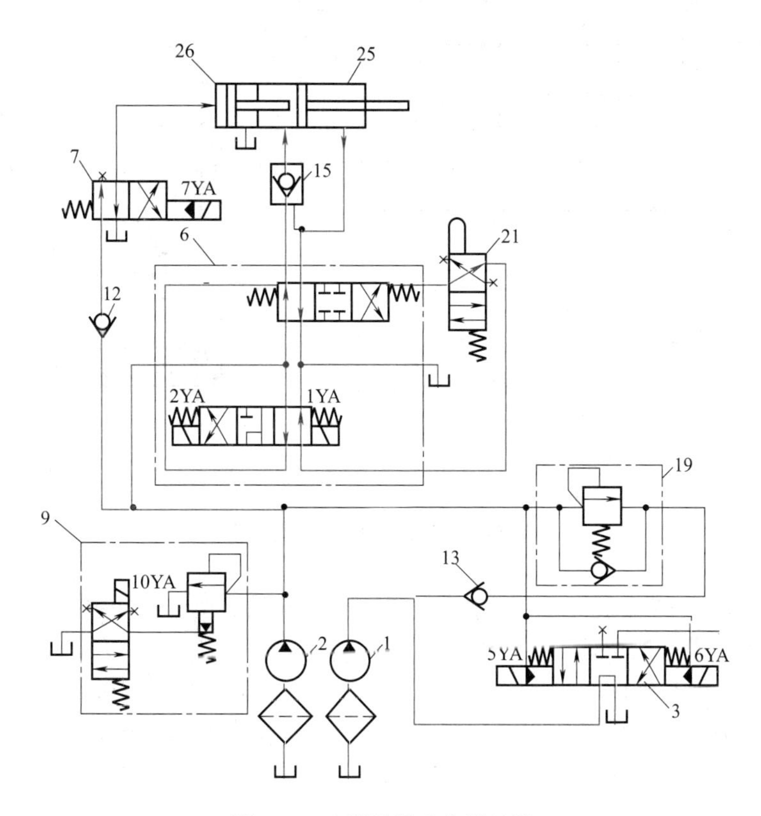

图 5-7　动模板慢速合模油路

进油路：油箱→过滤器→液压泵 2 →电液换向阀 6（电磁先导阀右位，液动主阀左位）→液控单向阀 15 →合模缸 25 左腔；

回油路：合模缸 25 右腔→电液换向阀 6（电磁先导阀右位，液动主阀左位）→油箱。

（2）动模板快速合模运动

当慢速合模切换为快速合模时，动模板上的行程挡块压一下行程开关，使电磁铁 5YA 通电，电液换向阀 3 左位接入系统，大流量泵 1 不再卸荷，其压力油经普通单向阀 13、单向顺序阀 19 与液压泵 2 的压力油汇合，共同向合模缸供油，实现动模板快速合模运动。如图 5-8 所示，此时系统油液流动情况为：

进油路 1：油箱→过滤器→液压泵 1 →普通单向阀 13 →单向顺序阀 19（单向阀）→电液换向阀 6（电磁先导阀右位，液动主阀左位）→液控单向阀 15 →合模缸 25 左腔；

进油路 2：油箱→过滤器→液压泵 2 →电液换向阀 6（电磁先导阀右位，液动主阀左位）→液控单向阀 15 →合模缸 25 左腔；

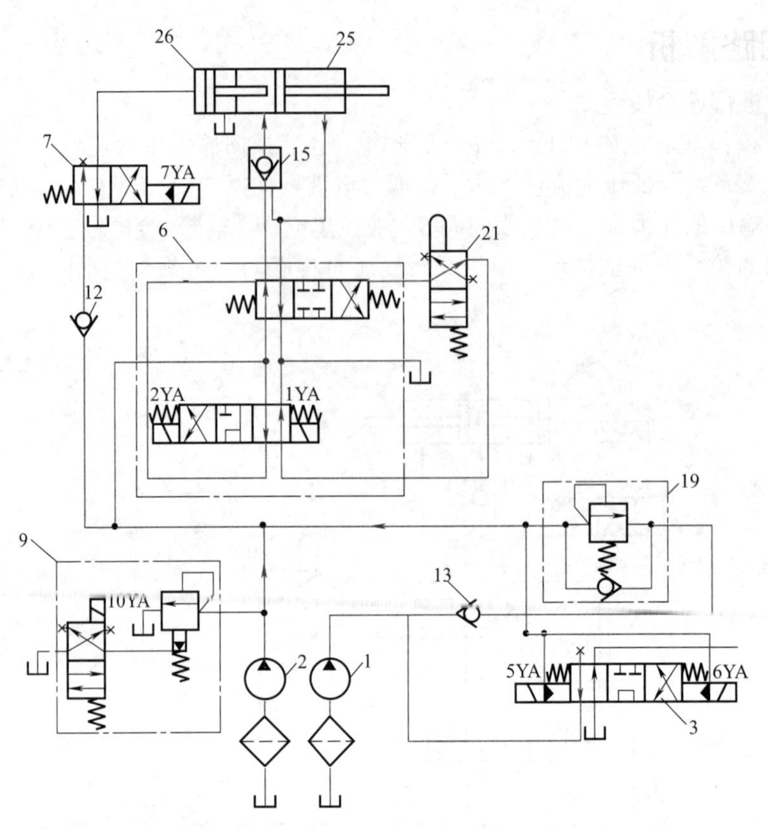

图 5-8　动模板快速合模油路

回油路：合模缸 25 右腔→电液换向阀 6（电磁先导阀右位，液动主阀左位）→油箱。

（3）合模前动模板的慢速运动

当动模快速靠近静模板时，另一行程挡块将压下其对应的行程开关，使 5YA 断电、电液换向阀 3 复位到中位，液压泵 1 卸荷，油路又恢复到动模板慢速合模运动的状况，使快速合模运动又转为慢速合模运动，直至将模具完全合拢。其油路也如图 5-7 所示，此时系统油液流动情况为：

进油路：油箱→过滤器→液压泵 2→电液换向阀 6（电磁先导阀右位，液动主阀左位）→液控单向阀 15→合模缸 25 左腔；

回油路：合模缸 25 右腔→电液换向阀 6（电磁先导阀右位，液动主阀左位）→油箱。

5.2 增压锁模

5.2.1 回路元件组成

① 液压源　如图 5-3 所示，注塑机液压系统的动力元件是液压泵 2，是将机械能转换成液压能的元件。液压泵 1 此时卸荷。压力油被液压泵 2 从油箱经过滤器运送至液压系统，为液压系统提供动力源。

② 电磁卸荷阀 9　压力控制元件，并联于液压泵 2 的出口处，通过 10YA 切换，实现调定系统压力或卸荷，起溢流稳压或卸荷作用。

③ 电液换向阀 7　方向控制元件，用于控制执行元件增压缸 26 的换向动作。

④ 普通单向阀 12　方向控制元件，用于实现单向控制。

⑤ 增压缸 26　采用单杆活塞液压缸，为合模缸增压。

5.2.2 涉及的基本回路

（1）换向回路

换向回路基本知识见 1.1.2 节。

（2）卸荷回路

卸荷回路基本知识见 3.2.2 节。

5.2.3 回路解析

当动模板合拢到位后又压下一行程开关，使电磁铁 7YA 通电、5YA 失电，液压泵 1 卸荷、液压泵 2 工作，电液换向阀 7 右位接入系统，增压缸 26 开始工作，将其活塞输出的推力传给合模缸的活塞以增加其输出推力。此时，电磁卸荷阀 9 中的先导溢流阀开始溢流，调定液压泵 2 输出的最高压力，该压力也是最大合模力下对应的系统最高工作压力。因此，系统的锁模力由电磁卸荷阀 9 调定，动模板的锁紧由普通单向阀 12 保证。如图 5-9 所示，此时系统油液流动情况为：

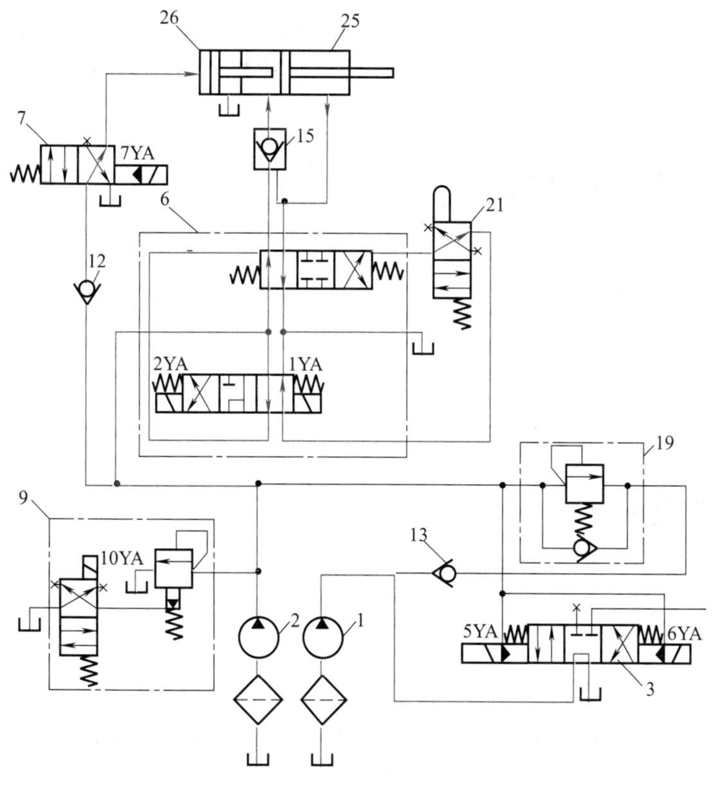

图 5-9　增压锁模油路

进油路 1：油箱→过滤器→液压泵 2 →普通单向阀 12 →电磁换向阀 7（右位）→增压缸 26 左腔；

回油路 1：增压缸 26 右腔→油箱。

进油路 2：油箱→过滤器→液压泵 2 →电液换向阀 6（电磁先导阀右位，液动主阀左位）→液控单向阀 15 →合模缸 25 左腔；

回油路 2：合模缸 25 右腔→电液换向阀 6（电磁先导阀右位，液动主阀左位）→油箱。

5.3 注射座整体快进

5.3.1 回路元件组成

① 液压源　如图 5-10 所示，注塑机液压系统的动力元件是液压泵 2，是将机械能转换成液压能的元件。液压泵 1 此时卸荷。压力油被液压泵 2 从油箱经过滤器运送至液压系统，为液压系统提供动力源。

② 电磁卸荷阀 9　压力控制元件，并联于液压泵 2 的出口处，通过 10YA 切换，实现调定系统压力或卸荷，起溢流稳压或卸荷作用。

③ 电磁换向阀 5　方向控制元件，用于控制执行元件注射座移动缸 24 的换向动作。

④ 普通单向阀 14　方向控制元件，用于实现单向控制。

⑤ 节流阀 16　流量控制元件，调节注射座移动速度。

⑥ 注射座移动缸 24　执行元件，将液压能转换成机械能，采用单杆活塞液压缸，推动注射座移动。

5.3.2 涉及的基本回路

（1）换向回路

换向回路基本知识见 1.1.2 节。

（2）卸荷回路

卸荷回路基本知识见 3.2.2 节。

（3）节流调速回路

节流调速回路基本知识见 1.2.2 节。

5.3.3 回路解析

注射座的整体运动由注射座移动液压缸 24 驱动。当电磁铁 9YA 通电时，电磁阀 5 右位接入系统，液压泵 2 的压力油经阀 14、电磁换向阀 5 右位进入注射座移动缸 24 右腔，左腔油液经节流阀 16 回油箱。此时注射座整体向左移动，使注射嘴与模具浇口接触。注射座的保压顶紧由普通单向阀 14 实现。如图 5-10 所示，此时系统油液流动情况为：

进油路：油箱→过滤器→液压泵 2 →普通单向阀 14 →电磁换向阀 5（右位）→注射座移动缸 24 右腔；

回油路：注射座移动缸 24 左腔→电磁换向阀 5（右位）→节流阀 16 →油箱。

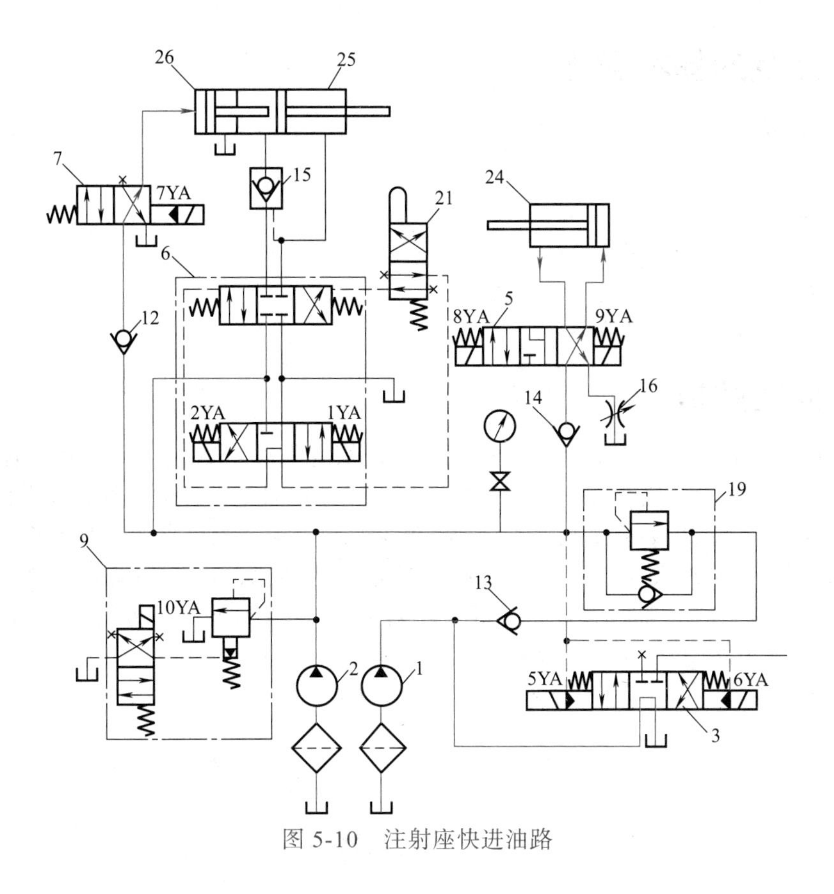

图 5-10　注射座快进油路

5.4 注射

5.4.1 回路元件组成

① 液压源　如图 5-2 所示，注塑机液压系统的动力元件是液压泵 1 和液压泵 2，是将机械能转换成液压能的元件。液压泵 1 为低压大流量泵，液压泵 2 为高压小流量泵。压力油被液压泵从油箱经过滤器运送至液压系统，为液压系统提供动力源。

② 电磁卸荷阀 9　压力控制元件，并联于液压泵 2 的出口处，通过 10YA 切换，实现调定系统压力或卸荷，起溢流稳压或卸荷作用。

③ 直动溢流阀 10　压力控制元件，起调定螺杆注射压力的作用。

④ 电液换向阀 4　方向控制元件，用于控制执行元件注射缸 23 的换向动作。

⑤ 普通单向阀 13　方向控制元件，用于实现单向控制。

⑥ 单向顺序阀 19　压力控制元件，实现平衡作用，液压泵 1 通过其单向阀与液压泵 2 实现双泵供油。

⑦ 单向顺序阀 20　压力控制元件，实现背压作用。

⑧ 调速阀 17　流量控制元件，调节注射缸 23 的运动速度。

⑨ 注射缸 23　执行元件，将液压能转换成机械能，采用单杆活塞液压缸，推动熔料经注射嘴快速注入模腔。

5.4.2 涉及的基本回路

（1）换向回路

换向回路基本内容见 1.1.2 节。

（2）卸荷回路

卸荷回路基本内容见 3.2.2 节。

（3）快速回路

快速回路基本内容见 5.1.2 节。

5.4.3 回路解析

当注射座到达预定位置后，压下一行程开关，使电磁铁 4YA、5YA 通电，电液换向阀 4 右位接入系统，电液换向阀 3 左位接入系统。于是，液压泵 1 的压力油经普通单向阀 13，与经单向顺序阀 19 而来的液压泵 2 的压力油汇合，一起经电液换向阀 4、单向顺序阀 20 进入注射缸 23 右腔，左腔油液经电液换向阀 4 回油箱。注射缸 23 活塞带动注射螺杆将料筒前端已经预塑好的熔料经注射嘴快速注入模腔。注射缸 23 的注射速度由旁路节流调速的调速阀 17 调节。单向顺序阀 20 在预塑时能够产生一定背压，确保螺杆有一定的推力。直动溢流阀 10 起调定螺杆注射压力的作用。如图 5-11 所示，此时系统油液流动情况为：

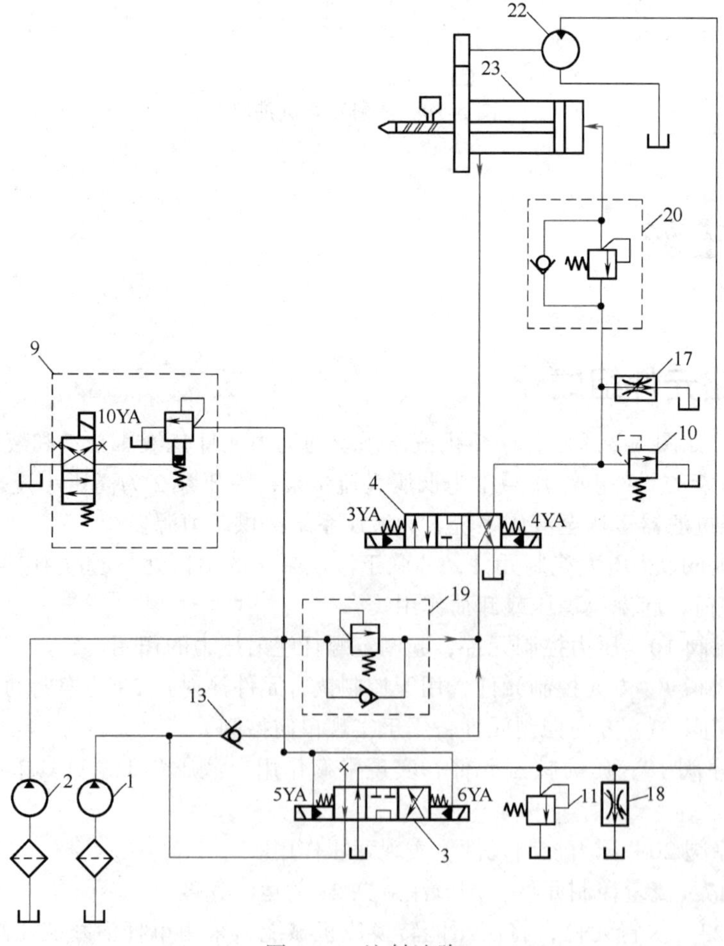

图 5-11 注射油路

进油路 1：油箱→过滤器→液压泵 1→普通单向阀 13→电液换向阀 4（右位）→单向顺序阀 20（单向阀）→注射缸 23 右腔；

进油路 2：油箱→过滤器→液压泵 2→单向顺序阀 19（顺序阀）→电液换向阀 4（右位）→单向顺序阀 20（单向阀）→注射缸 23 右腔；

回油路：注射缸 23 左腔→电液换向阀 4（右位）→油箱。

5.5 注射保压

如图 5-12 所示，当注射缸 23 对模腔内的熔料实行保压并补塑时，注射液压缸活塞工作位移量较小，只需少量油液即可。所以，电磁铁 5YA 断电，电液换向阀 3 处于中位，使大流量液压泵 1 卸荷，小流量液压泵 2 继续单独供油，以实现保压，多余的油液经电磁卸荷阀 9 的先导溢流阀溢流回油箱。

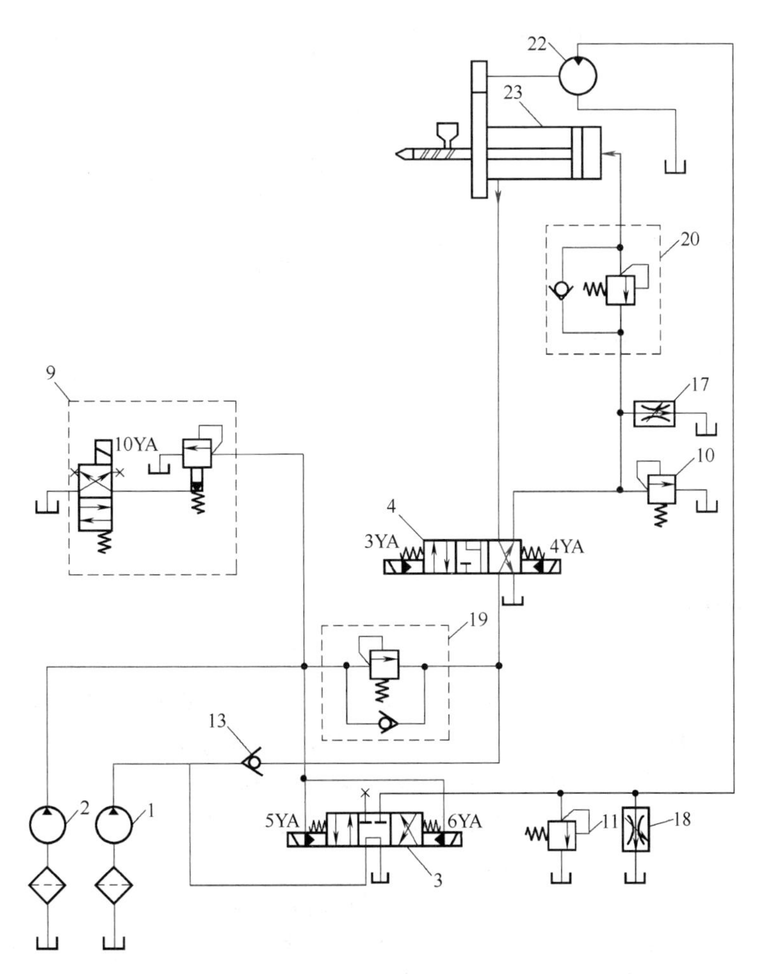

图 5-12　注射保压油路

5.6 减压（放气）、再增压

先让电磁铁 1YA、7YA 失电，电磁铁 2YA 通电；后让 1YA、7YA 通电，2YA 失电，使动模板略松一下后，再继续压紧，以排尽模腔中的气体，保证制品质量。

5.7 预塑进料

5.7.1 回路元件组成

① 液压源　如图 5-2 所示，注塑机液压系统的动力元件是液压泵 1，是将机械能转换成液压能的元件。液压泵 1 为低压大流量泵。压力油被液压泵从油箱经过滤器运送至液压系统，为液压系统提供动力源。

② 直动溢流阀 11　压力控制元件，起调定液压马达供油系统压力的作用。

③ 电液换向阀 3　方向控制元件，用于控制执行元件液压马达 22 的换向动作。

④ 单向顺序阀 20　压力控制元件，实现背压作用。

⑤ 调速阀 18　流量控制元件，调节液压马达旋转速度。

⑥ 注射缸 23　执行元件，将液压能转换成机械能的机构，采用单杆活塞液压缸，推动熔料经注射嘴快速注入模腔。

⑦ 液压马达 22　执行元件，将液压能转换成机械能的机构，带动预塑螺杆工作。

5.7.2 涉及的基本回路

（1）换向回路

换向回路基本内容见 1.1.2 节。

（2）节流调速回路

节流调速回路基本内容见 1.2.2 节。

5.7.3 回路解析

保压完毕后，从料斗加入的塑料原料随着裹在机筒外壳上的电加热器对其加热和螺杆的旋转进入料筒前端（此时塑料经加热熔化混炼），并在螺杆头部逐渐建立起一定压力。当此压力足以克服注射液压缸 23 活塞退回的背压阻力时，螺杆逐步开始后退，并不断将预塑好的塑料送至机筒前端。当螺杆后退到预定位置，即螺杆头部熔料达到所需注射量时，螺杆停止后退和转动，为下一次向模腔注射熔料做好准备。与此同时，已经注射到模腔内的制品冷却成型过程完成。

预塑螺杆的转动由液压马达 22 通过一对减速齿轮驱动实现。这时，电磁铁 6YA 通电，电液换向阀 3 右位接入系统，液压泵 1 的压力油经电液换向阀 3 进入液压马达 22，液压马达 22 回油直通油箱。马达转速由旁路调速回路的调速阀 18 调节，电磁卸荷阀 9 为安全阀。螺杆后退时，电液换向阀 4 处于中位，注射缸 23 右腔油液经单向顺序阀 20 和电液换向阀 4 回油箱，其背压由单向顺序阀 20 调节。同时活塞后退时，注射缸 23 左腔会形成真空，此时依靠电液换向阀 4 的 Y 型中位机能进行补油。如图 5-13 所示，此时系统油液流动情况为：

（1）液压马达回路

进油路：油箱→过滤器→液压泵 1 →电液换向阀 3（右位）→液压马达 22 进油口；

回油路：液压马达 22 出油口→油箱。

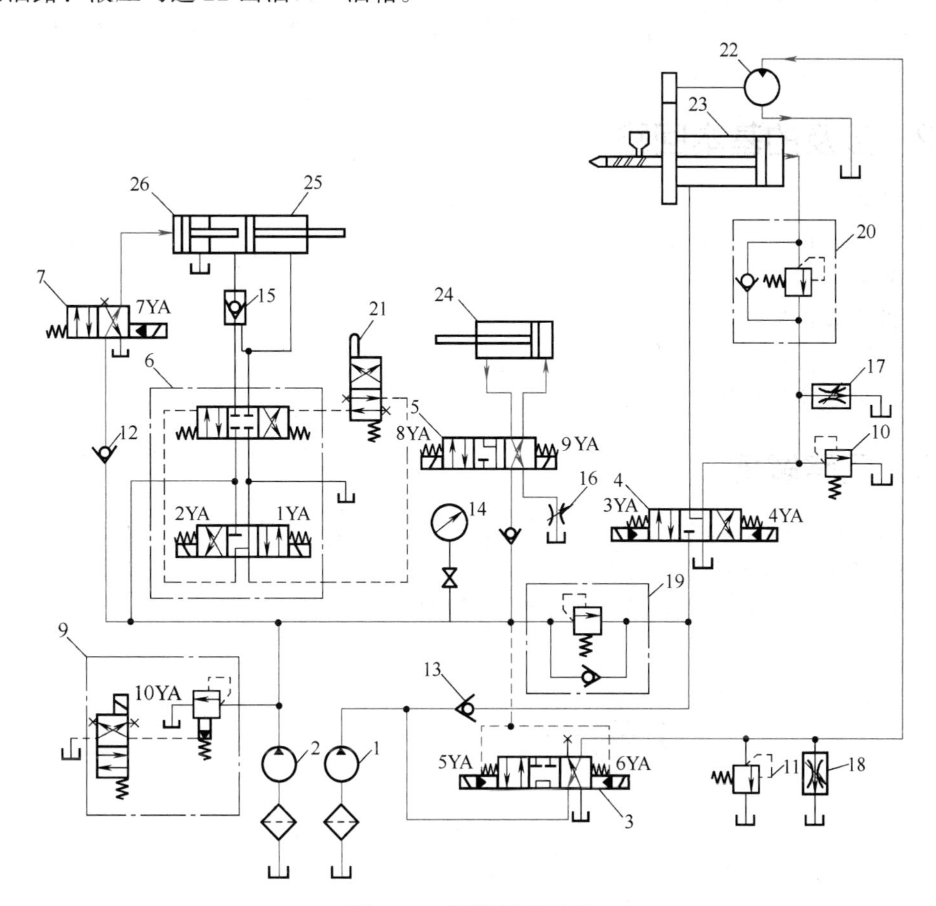

图 5-13　预塑进料油路

（2）液压缸背压回路

注射缸 23 右腔→单向顺序阀 20（顺序阀）→电液换向阀 4（中位）→油箱。

5.8　注射座后退

5.8.1　回路元件组成

① 液压源　如图 5-2 所示，注塑机液压系统的动力元件是液压泵 2，是将机械能转换成液压能的元件。液压泵 2 为高压小流量泵。压力油被液压泵从油箱经过滤器运送至液压系统，为液压系统提供动力源。

② 电磁卸荷阀 9　压力控制元件，并联于液压泵 2 的出口处，通过 10YA 切换，实现调定系统压力或卸荷，起溢流稳压或卸荷作用。

③ 电磁换向阀 5　方向控制元件，用于控制执行元件移动缸 24 的换向动作。

④ 普通单向阀 14　方向控制元件，用于实现单向控制。

⑤ 节流阀 16　流量控制元件，调节注射座移动速度。

⑥ 注射座移动缸 24　执行元件，将液压能转换成机械能，采用单杆活塞液压缸，推动注射座移动。

5.8.2　涉及的基本回路

（1）换向回路

换向回路基本内容见 1.1.2 节。

（2）卸荷回路

卸荷回路基本内容见 3.2.2 节。

（3）节流调速回路

节流调速回路基本内容见 1.2.2 节。

5.8.3　回路解析

当保压结束，电磁铁 8YA 通电，电磁换向阀 5 左位接入系统，液压泵 2 的压力油经普通单向阀 14、电磁换向阀 5 进入注射座移动液压缸 24 左腔，右腔油液经电磁换向阀 5、节流阀 16 回油箱，使注射座后退。液压泵 1 经电液换向阀 3 卸荷。如图 5-14 所示，此时系统油液流动情况为：

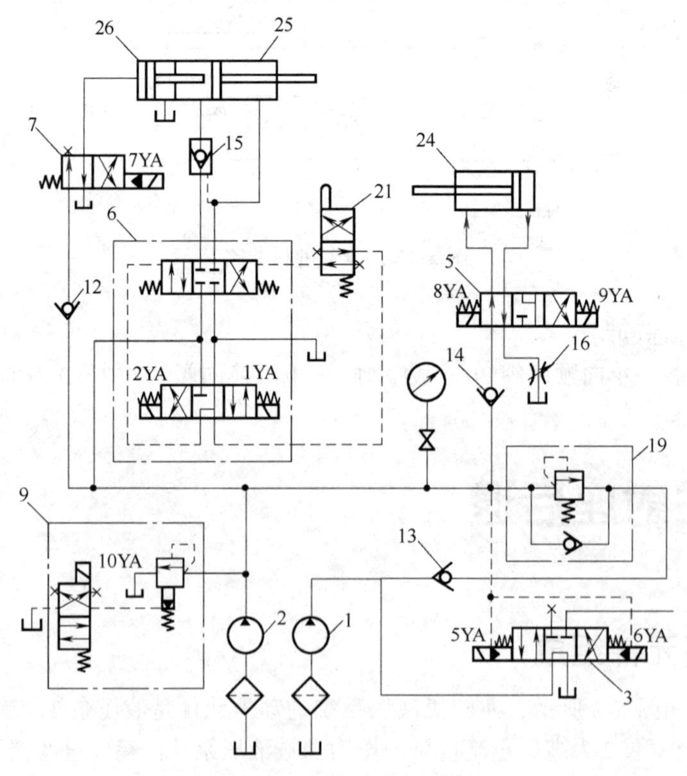

图 5-14　注射座后退油路

进油路：油箱→过滤器→液压泵 2 →普通单向阀 14 →三位四通电磁换向阀 5（左位）→注射座移动缸 24 左腔；

回油路：注射座移动缸 24 右腔→三位四通电磁换向阀 5（左位）→节流阀 16 →油箱。

5.9 开模

5.9.1 回路元件组成

① 液压源　如图 5-2 所示，注塑机液压系统的动力元件是液压泵 1 和液压泵 2，是将机械能转换成液压能的元件。液压泵 1 为低压大流量泵，液压泵 2 为高压小流量泵。压力油被液压泵从油箱经过滤器运送至液压系统，为液压系统提供动力源。

② 电磁卸荷阀 9　压力控制元件，并联于液压泵 2 的出口处，通过 10YA 切换，实现调定系统压力或卸荷，起溢流稳压或卸荷作用。

③ 电液换向阀 6　方向控制元件，用于控制执行元件合模缸 25 的换向动作。

④ 液控单向阀 15　方向控制元件，用于控制执行元件合模缸 25 的锁紧。

⑤ 普通单向阀 13　方向控制元件，用于实现单向控制。

⑥ 单向顺序阀 19　压力控制元件，实现平衡作用，液压泵 1 通过其单向阀与液压泵 2 实现双泵供油。

⑦ 电液换向阀 3　方向控制元件，用于控制液压泵 1 的供油。

⑧ 合模缸 25　执行元件，将液压能转换成机械能，采用单杆活塞液压缸，带动动模板实现合模。

5.9.2 涉及的基本回路

（1）换向回路

换向回路基本内容见 1.1.2 节。

（2）卸荷回路

卸荷回路基本内容见 3.2.2 节。

（3）快速回路

快速回路基本内容见 5.1.2 节。

5.9.3 回路解析

开模过程与合模过程相似，开模速度一般历经慢→快→慢的过程。

（1）慢速开模

电磁铁 2YA 通电，电液换向阀 6 左位接入系统，液压泵 2 的压力油经电液换向阀 6 进入合模液压缸 25 右腔，左腔的油经液控单向阀 15、电液换向阀 6 回油箱。液压泵 1 经电液换向阀 3 中位卸荷。其油路如图 5-15 所示：

进油路：油箱→过滤器→液压泵 2 →电液换向阀 6（电磁先导阀左位，液动主阀右位）→合模液压缸 25 右腔；

回油路：合模缸 25 左腔→液控单向阀 15 →电液换向阀 6（电磁先导阀左位，液动主阀右位）→油箱。

（2）快速开模

此时电磁铁 2YA 和 5YA 都通电，液压泵 1 和液压泵 2 油液汇合流向合模液压缸 25 右腔供油，开模速度提高。其油路如图 5-16 所示。

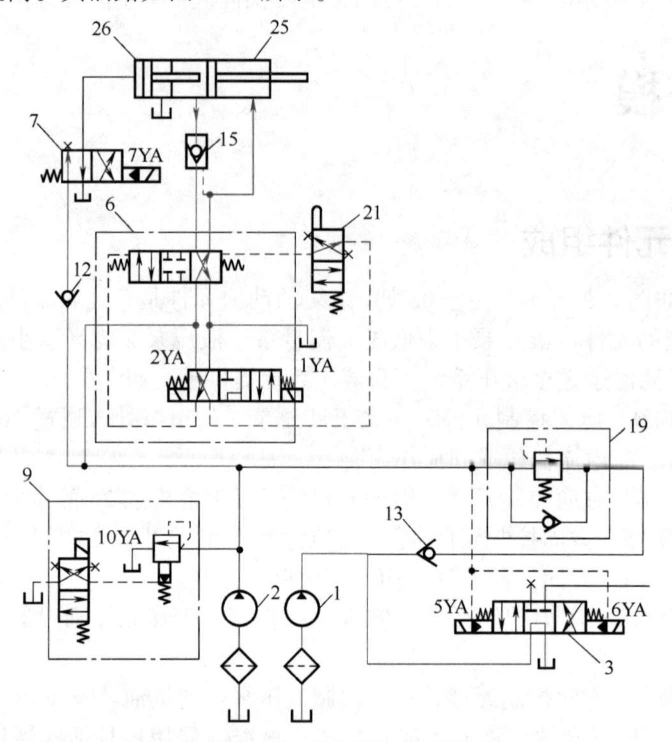

图 5-15 慢速开模油路

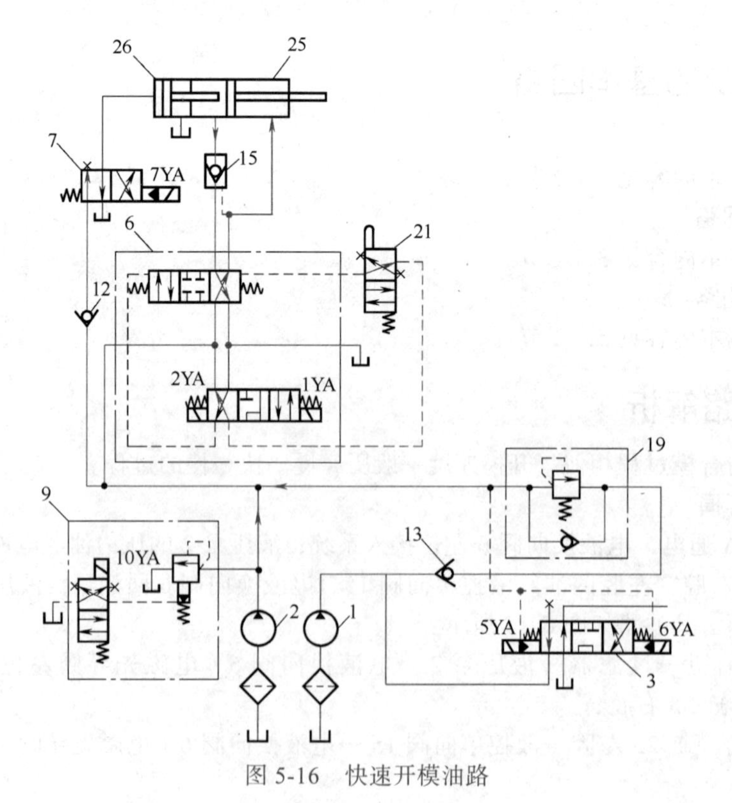

图 5-16 快速开模油路

进油路 1：油箱→过滤器→液压泵 1 →普通单向阀 13 →单向顺序阀 19（单向阀）→电液换向阀 6（电磁先导阀左位，液动主阀右位）→合模缸 25 右腔；

进油路 2：油箱→过滤器→液压泵 2 →电液换向阀 6（电磁先导阀左位，液动主阀右位）→合模缸 25 右腔；

回油路：合模缸 25 左腔→液控单向阀 15 →电液换向阀 6（电磁先导阀左位，液动主阀右位）→油箱。

5.10　推料缸顶出、退回

5.10.1　回路元件组成

① 液压源　如图 5-2 所示，注塑机液压系统的动力元件是液压泵 2，是将机械能转换成液压能的元件。液压泵 2 为高压小流量泵。压力油被液压泵从油箱经过滤器运送至液压系统，为液压系统提供动力源。

② 电磁卸荷阀 9　压力控制元件，并联于液压泵 2 的出口处，通过 10YA 切换，实现调定系统压力或卸荷，起溢流稳压或卸荷作用。

③ 电磁换向阀 8　方向控制元件，用于控制执行元件推料缸 27 的换向动作。

④ 普通单向阀 12　方向控制元件，用于实现单向控制。

⑤ 推料缸 27　执行元件，将液压能转换成机械能，采用单杆活塞液压缸，通过顶杆将已经注射成型好的塑料制品从模腔中推出和退回。

5.10.2　涉及的基本回路

（1）换向回路

换向回路基本内容见 1.1.2 节。

（2）卸荷回路

卸荷回路基本内容见 3.2.2 节。

5.10.3　回路解析

（1）推料缸顶出

模具开模完成后，压下一行程开关，使电磁铁 11YA 得电，从液压泵 2 来的压力油，经过电磁换向阀 8 上位，进入推料缸 27 的左腔，右腔回油经电磁换向阀 8 的上位回油箱。推料顶出缸 27 通过顶杆将已经注射成型好的塑料制品从模腔中推出。其油路如图 5-17 所示。

进油路：油箱→过滤器→液压泵 2 →二位四通电磁换向阀 8（上位）→推料缸 27 左腔；

回油路：推料缸 27 右腔→二位四通电磁换向阀 8（上位）→油箱。

（2）推料缸退回

推料完成后，电磁阀 11YA 失电，电磁换向阀 8 复位，如图 5-18 所示，从液压泵 2 来的压力油经电磁换向阀 8 下位进入推料缸 27 右腔，左腔回油经过电磁换向阀 8 下位后回油箱。其油路如图 5-18 所示。

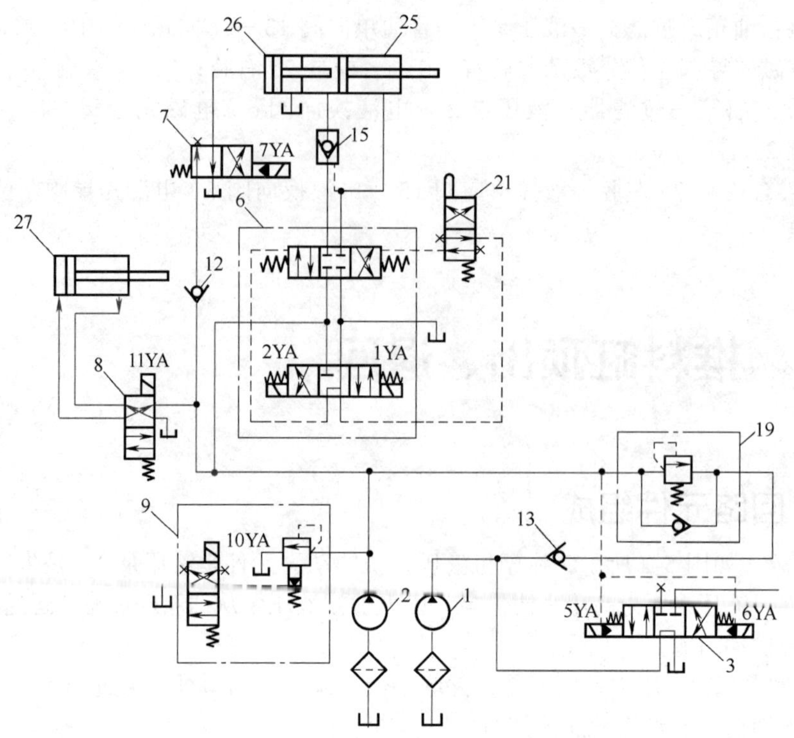

图 5-17　推料缸顶出油路

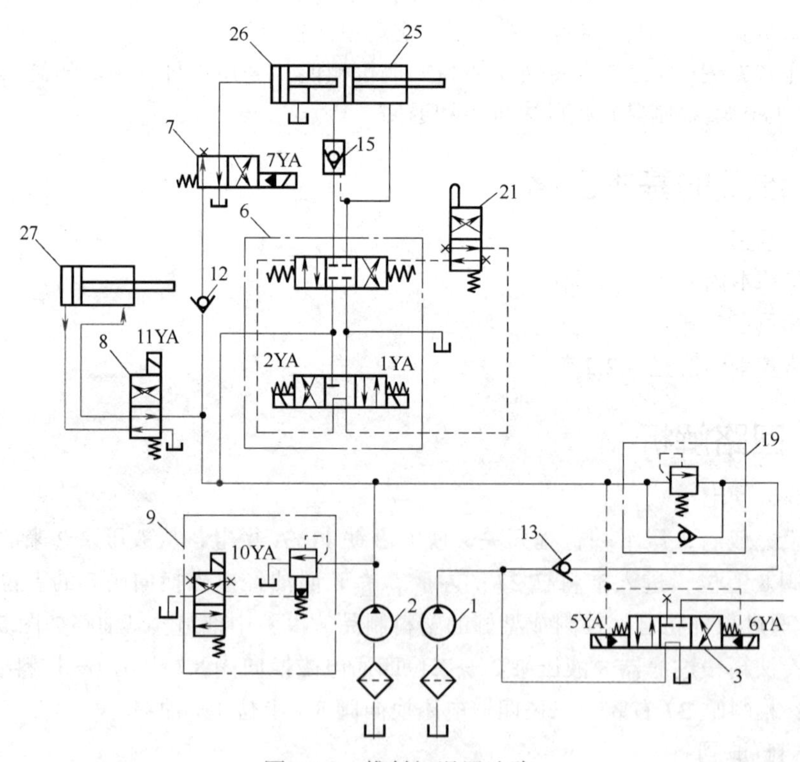

图 5-18　推料缸退回油路

进油路：油箱→过滤器→液压泵 2→二位四通电磁换向阀 8（下位）→推料缸 27 右腔；回油路：推料缸 27 左腔→二位四通电磁换向阀 8（下位）→油箱。

5.11 系统卸荷

上述循环动作完成后，如图 5-19 所示，系统所有电磁铁都失电。液压泵 1 经电液换向阀 3 卸荷，液压泵 2 经电磁卸荷阀 9 卸荷。到此，注塑机一次完整的工作循环完成。

油路：油箱→过滤器→液压泵 1 →三位四通电液换向阀 3（中位）→油箱。

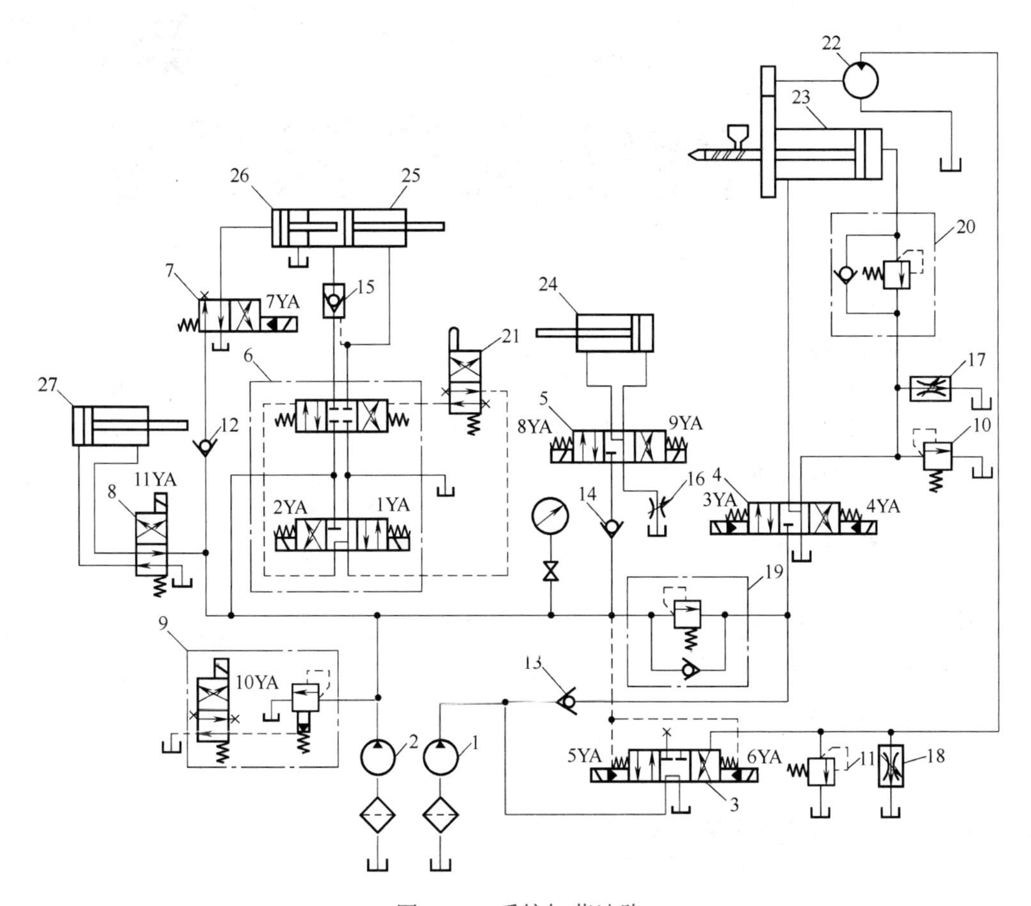

图 5-19　系统卸荷油路

第6章 液压叉车液压系统

液压叉车是物流运输行业的重要设备，是一种高起升装卸和短距离运输两用车，由于不产生火花和电磁场，因此特别适用于汽车装卸及车间、仓库、码头、车站、货场等场所的易燃、易爆和禁火物品的装卸和运输。该产品具有体积小、质量轻、升降稳定、转动灵活、操作方便等特点，可以在场地狭小空间安全作业。

叉车液压系统是叉车的核心控制系统之一，其原理是利用液体的压力进行动力传输，以实现叉车的起重、移动和转向等功能。叉车液压系统主要由液压泵、液压阀、液压缸、液压油箱和油管等组成。

叉车液压系统的工作装置、助力转向系统甚至行走传动系统等都由液压系统驱动完成，因此，叉车液压系统的质量直接影响着叉车的性能。下面分别就工作装置、行走驱动、助力转向的液压系统逐一说明。

6.1 工作装置液压系统

如图 6-1 所示为叉车工作装置的液压系统。该液压系统有倾斜液压缸 6、属具液压缸 7 和起升液压缸 8 三个执行元件，由液压泵 10 供油，多路换向阀 2（由属具缸换向阀 1、起升缸换向阀 3、倾斜缸换向阀 4 组成）控制各执行元件的动作，单向节流阀 5 和 11 调节执行元件动作速度，从而驱动工作装置完成相应的工作任务。液压泵 10 是液压系统的动力来源，它将液体从油箱中抽出，通过高压泵将液体压缩并推送到液压阀中。液压阀控制液体的流向和压力，它可以调节液体的流量和压力，从而实现叉车的运动控制。液压缸是液压系统的执行机构，它将液体的压力能转化为机械能，从而实现叉车的起重和移动等功能。

6.1.1 回路元件组成

① 属具缸换向阀（三位三通手动换向阀）1　方向控制元件，用于控制执行元件属具液压缸 7 的换向动作。

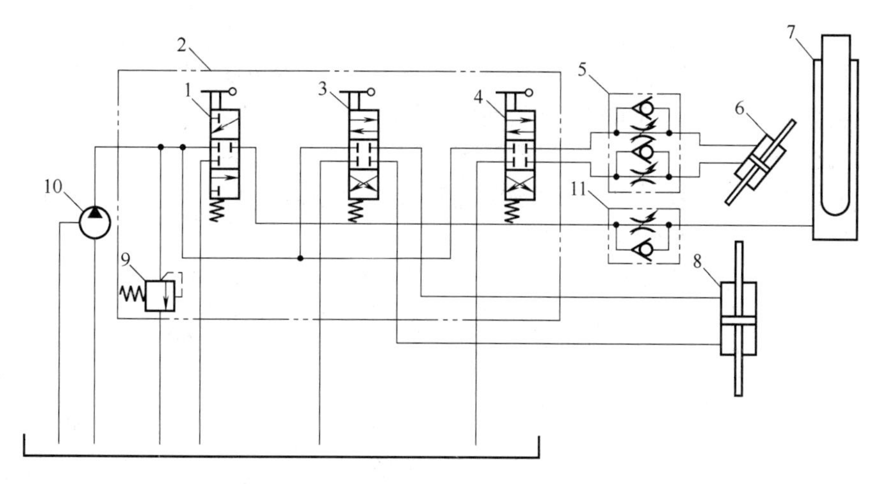

图 6-1　叉车工作装置液压系统

1—属具缸换向阀；2—多路换向阀；3—起升缸换向阀；4—倾斜缸换向阀；5，11—单向节流阀；6—倾斜液压缸；7—属具液压缸；8—起升液压缸；9—溢流阀；10—液压泵

② 多路换向阀 2　方向控制元件的组合，包含属具缸换向阀 1、起升缸换向阀 3 和倾斜缸换向阀 4。用于控制多个执行元件的换向动作。

③ 起升缸换向阀（三位四通中位机能为 O 型的手动换向阀）3　方向控制元件，用于控制执行元件起升液压缸 8 的换向动作。

④ 倾斜缸换向阀（三位四通中位机能为 O 型的手动换向阀）4　方向控制元件，用于控制执行元件倾斜液压缸 6 的换向动作。

⑤ 单向节流阀 5　流量控制元件，由两个单向节流阀组成，用于控制执行元件倾斜液压缸 6 的往返速度。

⑥ 倾斜液压缸 6　执行元件，双杆活塞缸，实现叉车的倾斜动作控制。

⑦ 属具液压缸 7　执行元件，柱塞缸，实现叉车的属具动作控制。

⑧ 起升液压缸 8　执行元件，双杆活塞缸，实现叉车的起升动作控制。

⑨ 溢流阀 9　压力控制元件，并联于液压泵 10 的出口处，液压泵 10 的压力由直动溢流阀 9 调定。

⑩ 液压泵 10　动力元件，经电机带动，将机械能转换为压力能，为液压系统提供液压油。

⑪ 单向节流阀 11　流量控制元件，用于控制执行元件属具液压缸 7 的单向速度。

6.1.2　涉及的基本回路

（1）换向回路

换向回路基本内容见 1.1.2 节。

（2）节流调速回路

节流调速回路基本内容见 1.2.2 节。

6.1.3　回路解析

（1）属具缸动作

属具液压缸 7 为柱塞缸，带动叉车属具运动，由属具缸换向阀（三位三通手动阀）1 控制其换向和停止，由单向节流阀 11 调节其速度。伸出时操纵属具缸换向阀（三位三通手动阀）1，使其处于下位，缩回时操纵属具缸换向阀（三位三通手动阀）1，使其处于上位，停止时属具缸换向阀（三位三通手动阀）1 处于中位。

1）属具缸伸出

操纵属具缸换向阀 1 换位至下位，液压油经属具缸换向阀 1、单向节流阀 11 的单向阀进入属具液压缸 7 下腔，属具缸伸出。其油路如图 6-2 所示。

进油路：油箱→液压泵 10→属具缸换向阀（三位三通手动阀）1（下位）→单向节流阀 11（单向阀）→属具液压缸 7 下腔。

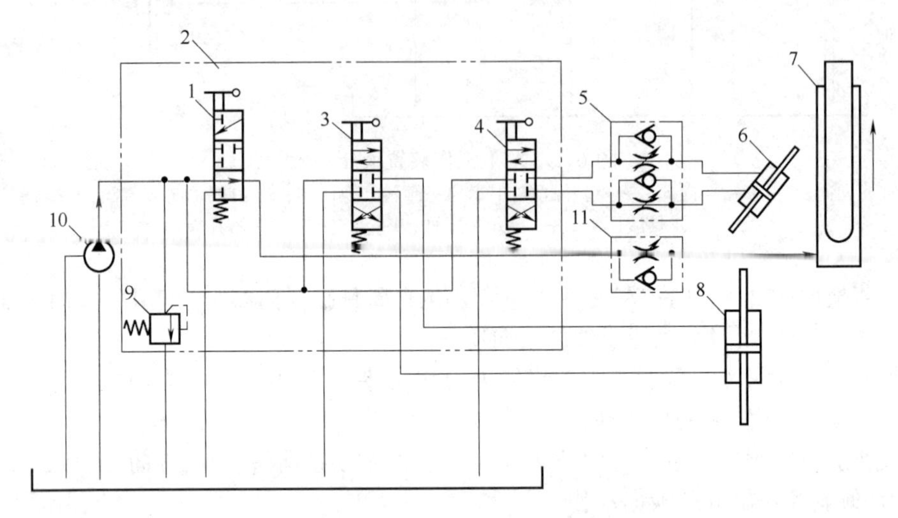

图 6-2　属具缸伸出油路

2）属具缸缩回

操纵属具缸换向阀 1 换位至上位，属具液压缸 7 下腔液压油经单向节流阀 11 的节流阀排入油箱，属具液压缸 7 缩回。其油路如图 6-3 所示。

回油路：属具液压缸 7 下腔→单向节流阀 11（节流阀）→属具缸换向阀（三位三通手动阀）1（上位）→油箱。

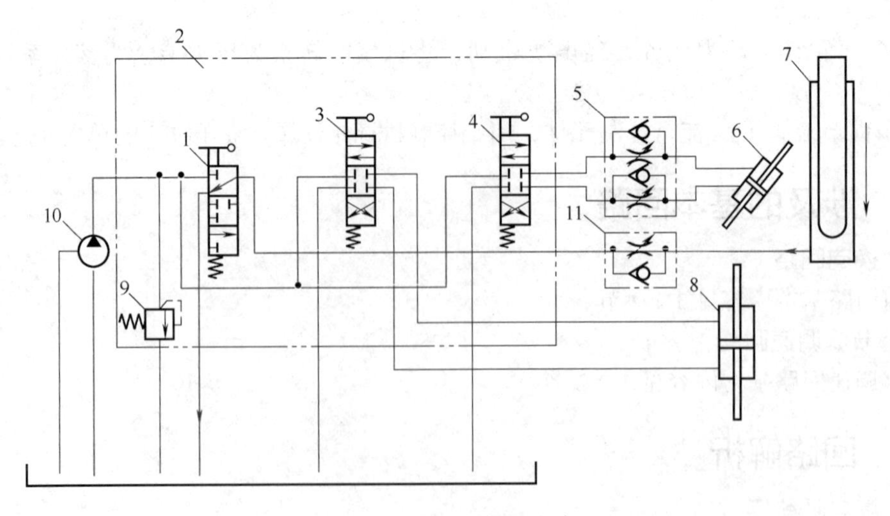

图 6-3　属具缸缩回油路

（2）起升缸动作

当推动起升缸换向阀 3 手柄时，起升缸换向阀 3 处于下位，压力油进入起升缸 8，起升缸 8 带动内门架及链轮升起，便可使链条带动货叉架、货叉及货物上升。松开起升缸换向阀 3 起升手柄后，其阀芯自动回到中位，油路被切断并闭锁，货叉及货物停止上升。当拉动起升缸换向阀手柄时，起升缸换向阀 3 处于上位，可操作货叉及货物下降。

1）起升缸伸出

操纵起升缸换向阀 3 换位至下位，液压油进入起升缸 8 下腔，上腔的液压油经起升缸换向阀 3 流回油箱，起升缸伸出。其油路如图 6-4 所示。

进油路：油箱→液压泵 10 →起升缸三位四通手动换向阀 3（下位）→起升液压缸 8 下腔；

回油路：起升液压缸 8 上腔→起升缸三位四通手动换向阀 3（下位）→油箱。

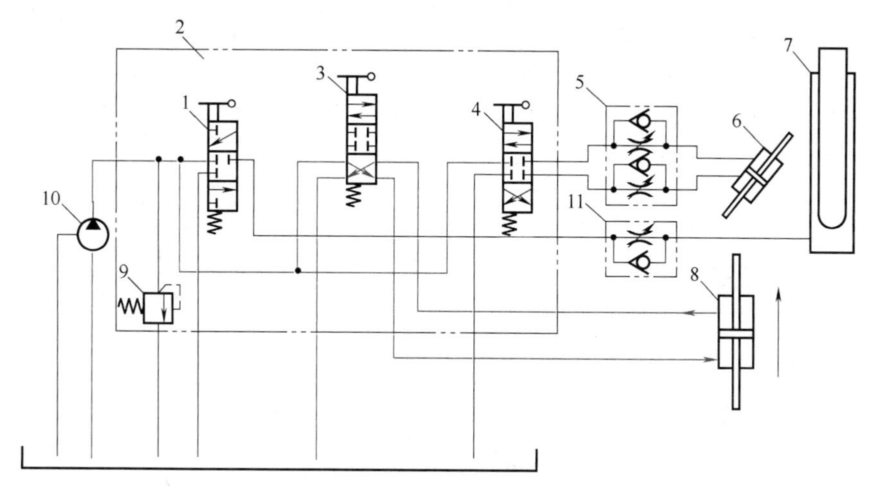

图 6-4　起升缸伸出油路

2）起升缸缩回

操纵起升缸换向阀 3 换位至上位，液压油进入起升缸 8 上腔，下腔的液压油经起升缸换向阀 3 流回油箱，起升缸缩回。其油路如图 6-5 所示。

进油路：油箱→液压泵 10 →起升缸三位四通手动换向阀 3（上位）→起升液压缸 8 上腔；

回油路：起升液压缸 8 下腔→起升缸三位四通手动换向阀 3（上位）→油箱。

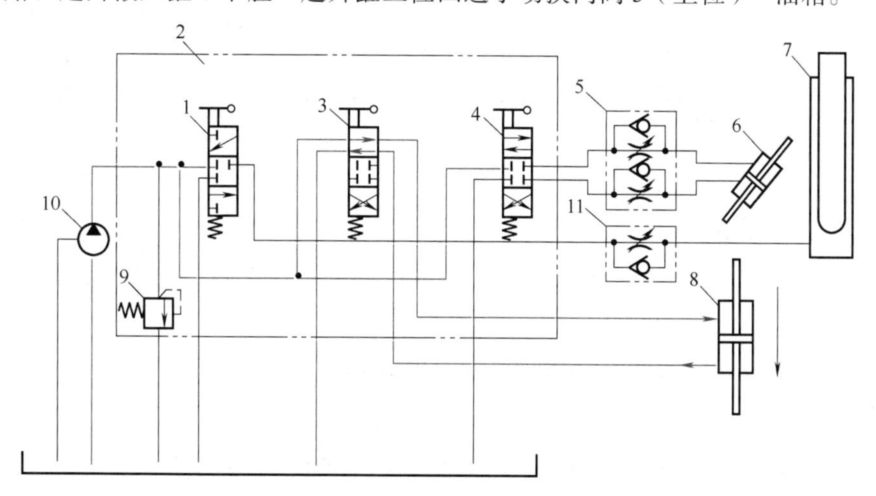

图 6-5　起升缸缩回油路

（3）倾斜缸动作

当操纵倾斜缸换向阀 4 手柄时，可实现控制门架前倾或后倾。

1）倾斜缸伸出

操纵倾斜缸换向阀 4 换位至下位，液压油进入倾斜缸 6 下腔，上腔的液压油经单向节流阀 5 和倾斜缸换向阀 4 流回油箱，倾斜缸伸出。其油路如图 6-6 所示。

进油路：油箱→液压泵 10→倾斜缸三位四通手动换向阀 4（下位）→单向节流阀 5（单向阀）→倾斜液压缸 6 下腔；

回油路：倾斜液压缸 6 上腔→单向节流阀 5（节流阀）→倾斜缸三位四通手动换向阀 4（下位）→油箱。

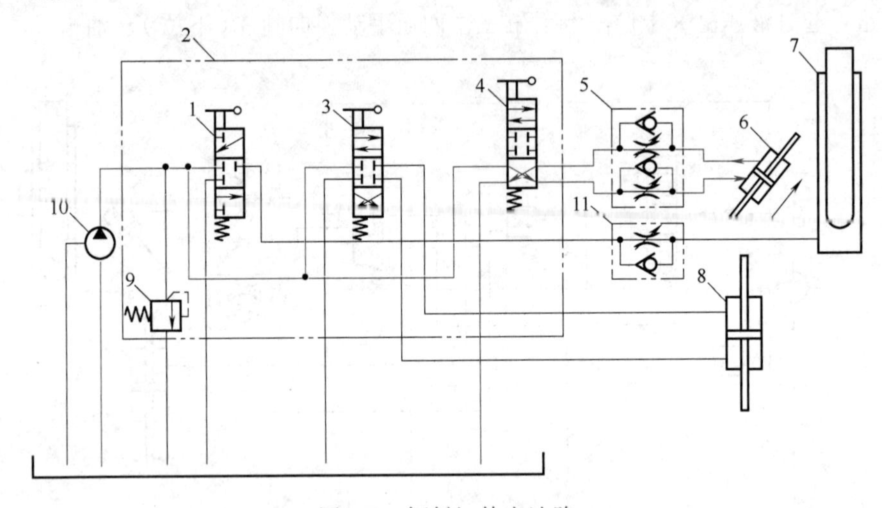

图 6-6 倾斜缸伸出油路

2）倾斜缸缩回

操纵倾斜缸换向阀 4 换位至上位，液压油进入倾斜缸 6 上腔，下腔的液压油经单向节流阀 5 的节流阀和倾斜缸换向阀 4 流回油箱，倾斜缸 6 缩回。其油路如图 6-7 所示。

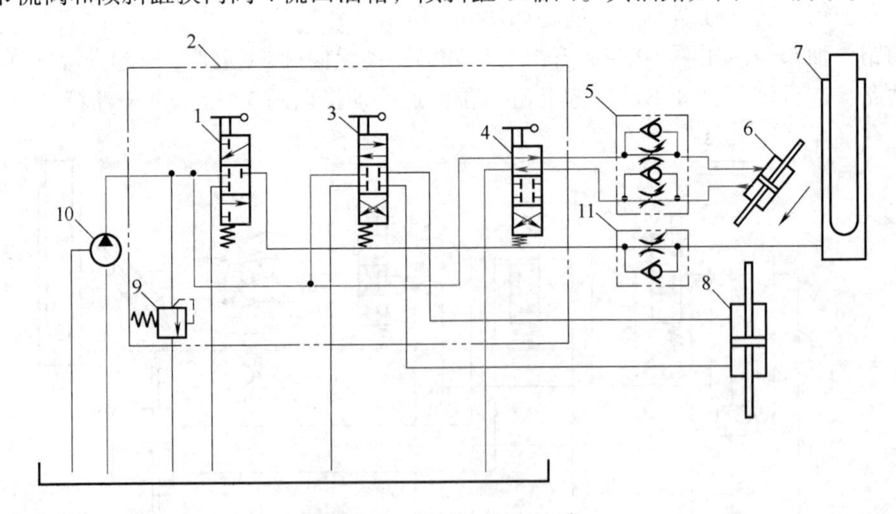

图 6-7 倾斜缸缩回油路

进油路：油箱→液压泵 10→倾斜缸三位四通手动换向阀 4（上位）→单向节流阀 5（单向阀）→液压缸 6 上腔；

回油路：液压缸 6 下腔→单向节流阀 5（节流阀）→倾斜缸三位四通手动换向阀 4（上位）→油箱。

6.2　行走驱动装置

叉车行走驱动液压系统原理如图 6-8 所示。该液压系统由变量主液压泵 1 供油，执行元件为液压马达 5，主液压泵 1 的吸油和供油路与液压马达 5 的排油路和进油路相连，形成闭式回路。

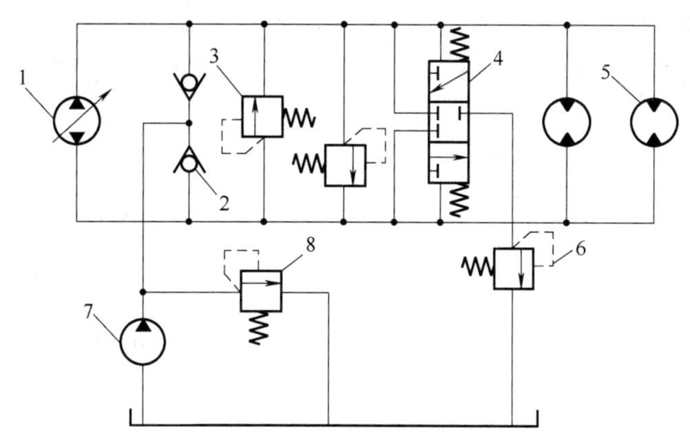

图 6-8　叉车行走驱动液压系统

1—主液压泵；2—单向阀；3—双向安全阀；4—三位三通液动换向阀；5—液压马达；6—换油溢流阀；7—辅助液压泵；8—补换油溢流阀

6.2.1　回路元件组成

① 主液压泵 1　如图 6-8 所示，动力元件，采用变量液压泵，为系统提供液压油。

② 单向阀 2　方向控制元件，用于控制油液单向流通。

③ 双向安全阀 3　压力控制元件，实现主液压泵 1 的双向溢流保压作用。

④ 三位三通液动换向阀 4　方向控制元件，用于控制低压热油流回油箱。

⑤ 液压马达 5　执行元件，实现正转反转，用于带动叉车的行走装置。

⑥ 换油溢流阀 6　压力控制元件，并联于主液压泵 1 的出口处，主液压泵 1 的换油压力由换油溢流阀 6 调定。

⑦ 辅助液压泵 7　动力元件，用于实现换油，保证油液清洁和油液温度。

⑧ 补换油溢流阀 8　压力控制元件，并联于辅助液压泵 7 的出口处，辅助液压泵 7 的换油压力由补换油溢流阀 8 调定。

6.2.2　涉及的基本回路

（1）换向回路

换向回路基本内容见 1.1.2 节。

（2）调压回路

调压回路基本内容见 2.1.2 节。

6.2.3 回路解析

主液压泵 1 的吸油和供油路与液压马达 5 的排油路和进油路相连，形成闭式回路。安全阀 3 用于双向限定系统压力。

换向阀 4 和溢流阀 6 使低压的热油排回油箱，辅助液压泵 7 把油箱中经过冷却的液压油补充到系统中，起到补充系统泄漏和换油的作用，溢流阀 8 限定补油压力，单向阀 2 保证补油到低压油路中。

如图 6-9 和图 6-10 所示，通过操纵三位三通液动换向阀 4，实现控制液压马达 5 正反转。

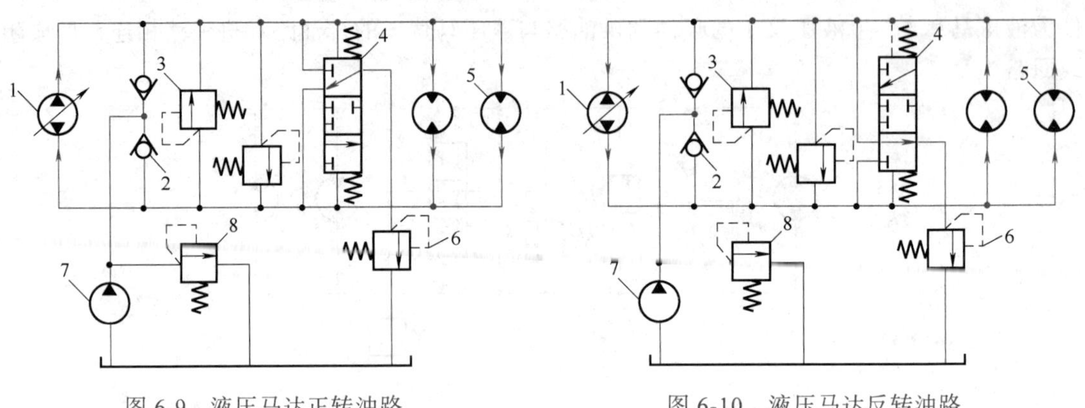

图 6-9 液压马达正转油路　　图 6-10 液压马达反转油路

6.3 助力转向装置

叉车转向频繁，为减轻驾驶员劳动强度，现在起重量 2t 以上的叉车多采用助力转向，分为液压助力转向和全液压转向。叉车液压助力转向系统原理如图 6-11 所示。该转向液压系统和叉车工作装置液压系统分属独立的液压系统，分别由单独的液压泵供油。系统中流量调节阀 2 可保证转向助力器稳定供油，并使系统流量限制在发动机怠速运转时液压泵流量的 1.5 倍。随动阀 3 与普通三位四通换向阀基本相同，但该阀的阀体与转向液压缸缸筒连为一体，随液压缸缸筒的动作而动作。

6.3.1 回路元件组成

① 液压泵 1　如图 6-11 所示，动力元件，采用定量液压泵，为系统提供液压油。

② 调速阀 2　流量控制元件，用于控制液压缸运动速度。

③ 随动阀 3　方向控制元件，阀体与转向液压缸缸筒连为一体，随液压缸缸筒的动作而动作，随液压缸 4 运动而改变位置，从而控制油液方向，实现换向。

④ 转向液压缸 4　执行元件，用于控制转向。

⑤ 过滤器 5　辅助元件，通过过滤油液中的杂质，保护液压元件，保证液压系统正常工作。

⑥ 单向阀 6　方向控制元件，实现单向控制。

⑦ 溢流阀 7　压力控制元件，并联于液压泵 1 的出口处，起溢流保压作用，调定系统压力。

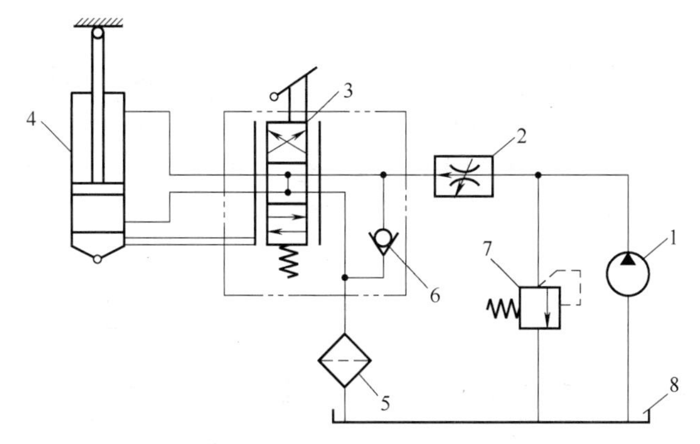

图 6-11　叉车液压助力转向系统

1—液压泵；2—调速阀；3—随动阀；4—转向液压缸；5—过滤器；6—单向阀；7—溢流阀；8—油箱

6.3.2　涉及的基本回路

（1）换向回路

换向回路基本内容见 1.1.2 节。

（2）调压回路

调压回路基本内容见 2.1.2 节。

（3）调速回路

调速回路基本内容见 1.2.2 节。

6.3.3　回路解析

（1）直线行驶

叉车直线行驶时，方向盘位于中间位置，随动阀 3 的阀芯也处于中间位置，液压泵卸荷，转向液压缸 4 不动作，叉车直线行驶。如图 6-12 所示油路。

油路：油箱→液压泵 1 →调速阀 2 →随动阀 3（中位）→过滤器 5 →油箱。

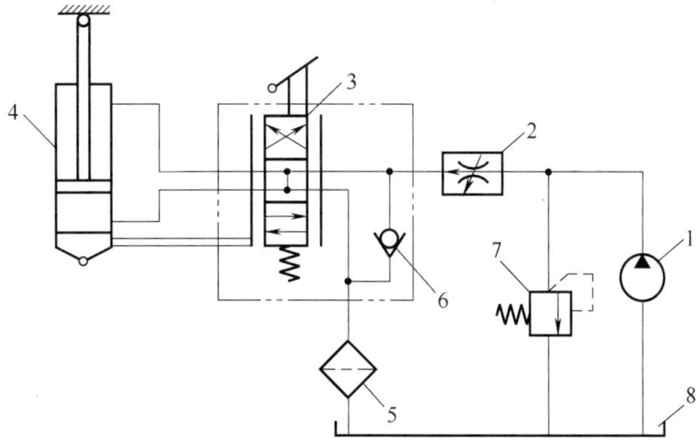

图 6-12　直线行驶油路

（2）转向动作

当叉车转弯时，驾驶员转动方向盘，联动机构带动随动阀 3 的阀芯运动，使转向液压缸的两腔分别与液压泵或油箱相通，液压缸动作，驱动转向轮旋转，叉车转向，直到液压缸缸筒的移动距离与阀芯的移动距离相同时，阀芯复位，转向停止。

1）转向缸伸出

当联动机构带动随动阀 3 的阀芯运动，随动阀切换为上位时，转向缸下腔进油，上腔回油，转向缸伸出。其油路如图 6-13 所示。

进油路：油箱→液压泵 1 →调速阀 2 →随动阀 3（上位）→液压缸 4 下腔；

回油路：液压缸 4 上腔→随动阀 3（上位）→过滤器 5 →油箱。

2）转向缸缩回

当联动机构带动随动阀 3 的阀芯运动，随动阀切换为下位时，转向缸上腔进油，下腔回油，转向缸缩回。其油路如图 6-14 所示。

进油路：油箱→液压泵 1→调速阀 2→随动阀 3（下位）→液压缸 4 上腔；

回油路：液压缸 4 下腔→随动阀 3（下位）→过滤器 5→油箱。

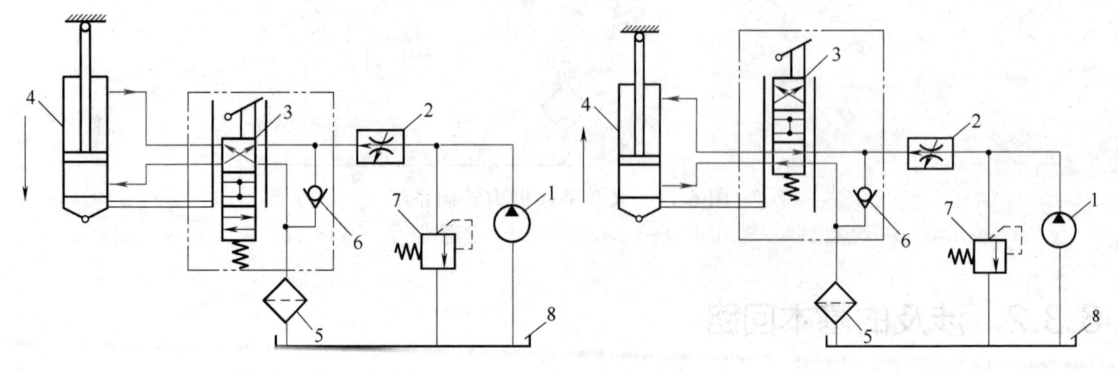

图 6-13　转向缸伸出油路　　图 6-14　转向缸缩回油路

第7章 多缸顺序专用铣床液压系统

随着现代装备制造业的快速发展，机械加工装备的改进显得尤为重要，尤其是金属切削机床的升级是提高生产力的一项重要因素。专用铣床的液压系统，除了满足主机在动作和性能方面规定的要求外，还必须具备体积小、质量轻、成本低、效率高、结构简单、工作可靠、使用和维修方便等优点。铣床液压系统主要应用于液压夹紧和液压进给中，使其在生产过程中降低成本、工作可靠平稳，易于实现过载保护。

以下内容介绍专用铣床的多缸顺序动作。

图7-1所示为多缸顺序专用铣床的液压传动系统。铣床工作时，铣刀只作回转运动，工件被夹紧在工作台上，工作台的水平和垂直两个方向的进给运动由液压传动系统的液压缸9、11带动执行。

如图7-2所示，多缸顺序专用铣床液压系统的动作顺序为：液压缸9的活塞水平向左快进→液压缸9的活塞水平向左慢进（工进）→液压缸11的活塞垂直向上慢进（工进）→液压缸11的活塞垂直向下快退→液压缸9的活塞水平向右快退。

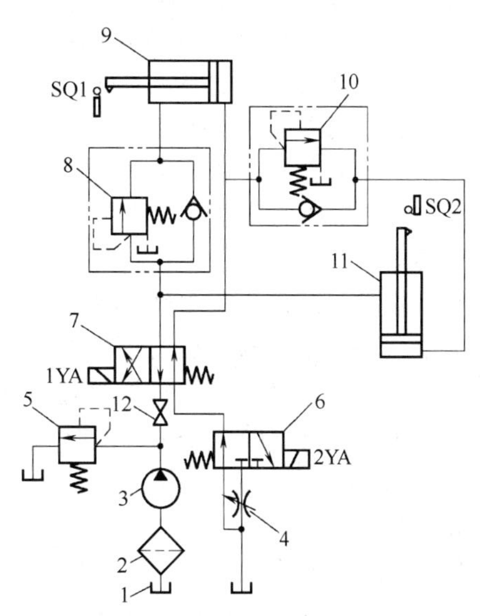

图7-1 多缸顺序专用铣床的液压传动系统

1—油箱；2—过滤器；3—液压泵；4—节流阀；5—溢流阀；6—二位三通电磁换向阀；7—二位四通电磁换向阀；8，10—单向顺序阀；9，11—液压缸；12—截止阀

1. 回路元件组成

① 液压源 如图7-1所示，专用铣床顺序动作液压系统的动力元件是液压泵3，是将发动机的机械能转换成液压能的元件。压力油被液压泵从油箱1经过滤器2运送至液压系统，为液压系统提供动力源。

② 节流阀4 流量控制元件，用于实现液压缸速度调节，保证工进速度。

③ 溢流阀5 压力控制元件，并联于液压泵3的出口处，调定系统压力，起溢流稳压作用。

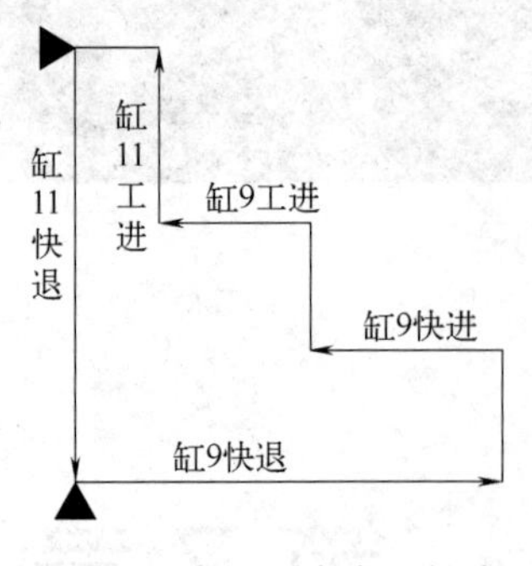

图 7-2　多缸顺序专用铣床的动作顺序

④ 二位三通电磁换向阀 6　方向控制元件，用于控制执行元件液压缸 9 的快进和工进切换。

⑤ 二位四通电磁换向阀 7　方向控制元件，用于实现执行元件液压缸 9 和液压缸 11 的运动方向切换。

⑥ 单向顺序阀 8　压力控制元件，实现对液压缸 9 和液压缸 11 的顺序动作控制。

⑦ 液压缸 9　执行元件，将液压能转换成机械能，采用单杆活塞液压缸，实现水平进给和退回。

⑧ 单向顺序阀 10　压力控制元件，实现对液压缸 9 和液压缸 11 的顺序动作控制。

⑨ 液压缸 11　执行元件，将液压能转换成机械能，采用单杆活塞液压缸，实现竖直进给和退回。

⑩ 截止阀 12　方向控制元件，用于控制液压系统油液开关，从而控制液压系统两液压缸停止或运动。

2. 涉及的基本回路

（1）换向回路

换向回路基本内容见 1.1.2 节。

（2）节流调速回路

节流调速回路基本内容见 1.2.2 节。

（3）顺序动作回路

顺序动作回路的功用是使多缸液压系统中的各个液压缸严格地按规定的顺序动作。例如，自动车床中刀架的纵横向运动，夹紧机构的定位和夹紧等。顺序动作回路按其控制方式不同，分为压力控制、行程控制和时间控制三类，其中前两类控制方式用得较多。

1）用压力控制的顺序动作回路

压力控制就是利用油路本身的压力变化来控制液压缸的先后动作顺序，它主要利用压力继电器和顺序阀来控制顺序动作。

a. 用压力继电器控制的顺序动作回路。

图 7-3 是机床的夹紧、进给系统，要求的动作顺序是：先将工件夹紧，然后利用动力滑台进行切削加工。动作循环开始时，二位四通电磁换向阀处于图示位置，压力油进入夹紧缸的右腔，左腔回油，活塞左移，将工件夹紧。夹紧后，液压缸右腔的压力升高，当油压超过压力继电器的调定值时，压力继电器发出信号，控制电磁换向阀的电磁铁 2YA、4YA 通电，进给液压缸动作（其动作原理详见速度换接回路）。油路中要求先夹紧后进给，工件没有夹紧则不能进给，这一顺序是由压力继电器严格保证的。压力继电器的调整压力应比减压阀的调整压力低 $3\times10^5\sim5\times10^5$Pa。

b. 用顺序阀控制的顺序动作回路。

图 7-4 是采用两个单向顺序阀的压力控制顺序动作回路。当三位四通电磁换向阀左位接入回路且顺序阀 4 的调定压力大于液压缸 1 的最大前进工作压力时，压力油先进入液压缸 1 的左腔，实现动作①；当液压缸 1 行至终点后，压力上升，压力油打开顺序阀 4 进入液压缸 2 的左腔，实现动作②；同样地，当三位四通电磁换向阀右位接入回路且顺序阀 3 的调定压力大于液压缸 2 的最大返回工作压力时，两液压缸则按③和④的顺序返回。显然这种回路动

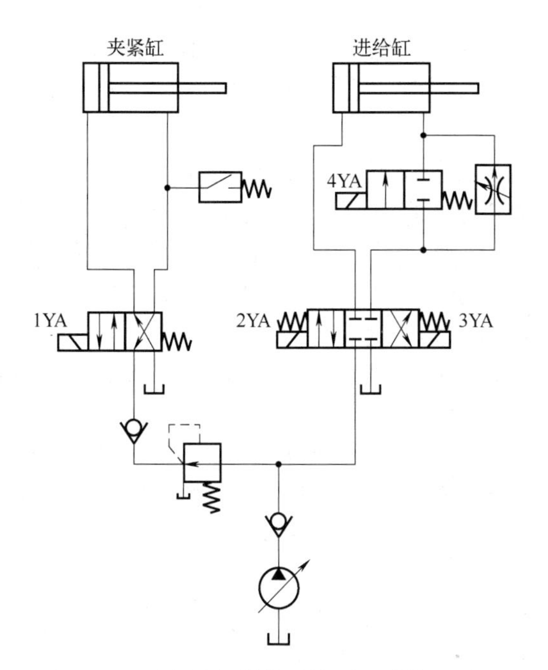

图 7-3　压力继电器控制的顺序动作回路

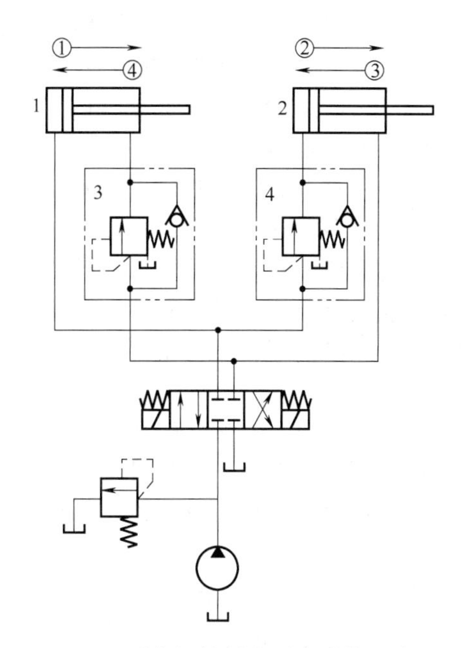

图 7-4　顺序阀控制的顺序动作回路

1，2—液压缸；3，4—单向顺序阀

作的可靠性取决于顺序阀的性能及其压力调定值，即它的调定压力应比前一个动作的压力高出 0.8 ～ 1.0MPa，否则顺序阀易在系统压力脉冲中造成误动作，由此可见，这种回路适用于液压缸数目不多、负载变化不大的场合。其优点是动作灵敏，安装连接较方便；缺点是可靠性不高，位置精度低。

2）用行程控制的顺序动作回路

行程控制顺序动作回路是利用工作部件到达一定位置时，发出信号来控制液压缸的先后动作顺序，它可以利用行程开关、行程阀或顺序缸来实现。

图 7-5 是利用电气行程开关发出信号来控制电磁阀先后换向的顺序动作回路。其动作顺序是：按启动按钮，使电磁铁 1YA 通电，缸 1 活塞右行；当挡铁触发行程开关 SQ2，使电磁铁 2YA 通电，缸 2 活塞右行；缸 2 活塞右行至行程终点，触发行程开关 SQ3，使电磁铁 1YA 断电，缸 1 活塞左行；而后触发 SQ1，使 2YA 断电，缸 2 活塞左行。至此完成了缸 1、缸 2 的全部顺序动作的自动循环。采用电气行程开关控制的顺序回路，调整行程长度和改变动作顺序十分方便，且可利用电气互锁使动作顺序可靠完成。

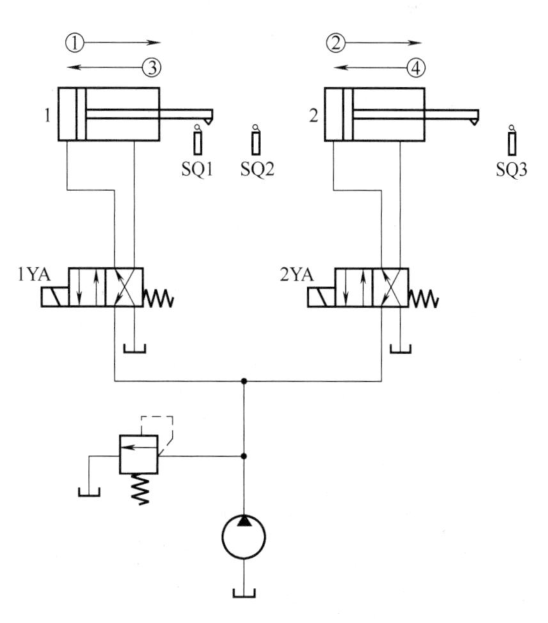

图 7-5　电气行程开关控制的顺序动作回路

（4）速度换接回路

速度换接回路用来在自动循环的工作过程中实现运动速度的变换，即在原来设计或调节好的几种运动速度中，从一种速度切换成另一种速度。对这种回路的要求是速度换接要平稳，即不允许在速度切换的过程中有前冲现象。下面介绍几种回路的换接方法及特点。

1）快速运动和工作进给运动的换接回路

图 7-6 是用单向节流阀与行程阀形成的快慢速度换接回路。实现在运动循环中的快速运动（简称快进）和工作进给或慢速运动（简称工进）的切换。在图示位置液压缸 3 右腔的回油可经行程阀 4 和换向阀 2 流回油箱，使活塞快速向右运动。当快速运动到达所需位置时，活塞上挡块压下行程阀 4，使行程阀切换为上位，油路关闭，这时液压缸 3 右腔的回油就必须经过节流阀 6 流回油箱，活塞的运动转换为工作进给运动（简称工进）。当操纵换向阀 2 使活塞换向后，压力油可经换向阀 2 和单向阀 5 进入液压缸 3 右腔，使活塞快速向左退回。

在该回路中，因为行程阀的通油路是由液压缸活塞的行程控制阀芯移动而逐渐关闭的，所以换接时的位置精度高，冲出量小，运动速度的变换也比较平稳。这种回路在机床液压系统中应用较多，它的缺点是行程阀的安装位置受一定限制（要由挡铁压下），管路连接较复杂。

若将行程阀改为电磁阀，如图 7-7 所示，安装连接比较方便，但速度换接的平稳性、可靠性以及换向精度都较差。

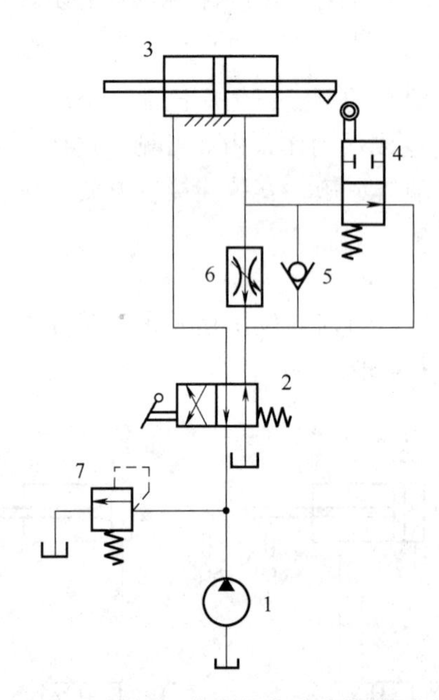

图 7-6　用行程节流阀的速度换接回路

1—液压泵；2—换向阀；3—液压缸；
4—行程阀；5—单向阀；6—节流阀；
7—溢流阀

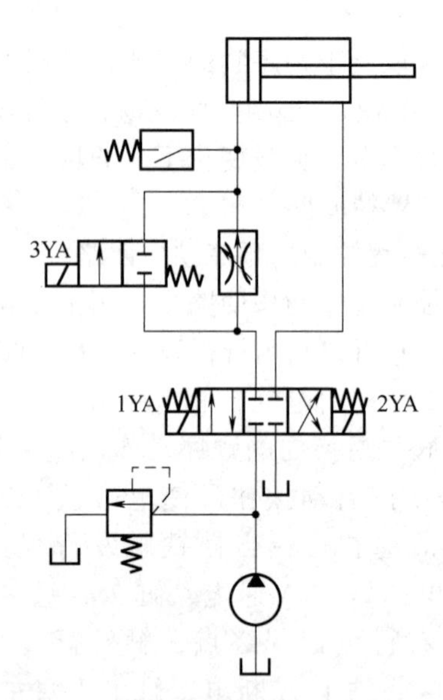

图 7-7　采用电磁阀的速度换接回路

2）两种工作进给速度的换接回路

对于某些自动机床、注塑机等，需要在自动工作循环中变换两种以上的工作进给速度，这时需要采用两种（或多种）工作进给速度的换接回路。

图 7-8 所示是两个调速阀并联以实现两种工作进给速度换接的回路。在图 7-8（a）中，

当三位四通电磁换向阀在左位工作时，同时使二位二通电磁换向阀电磁铁通电，根据二位三通电磁换向阀的不同工作位置，压力油则需经过调速阀 A 或 B 进入液压缸内，切换二位三通电磁换向阀即可实现两种工进速度的切换。两个调速阀可单独调节，两种速度互不限制。但当一个调速阀工作时，另一个调速阀无油液流过，即处于非工作状态，一旦换接，油液大量通过此调速阀，液压缸易出现前冲现象。若将两个调速阀以如图 7-8（b）的方式并联，则可避免前冲现象，速度换接平稳。

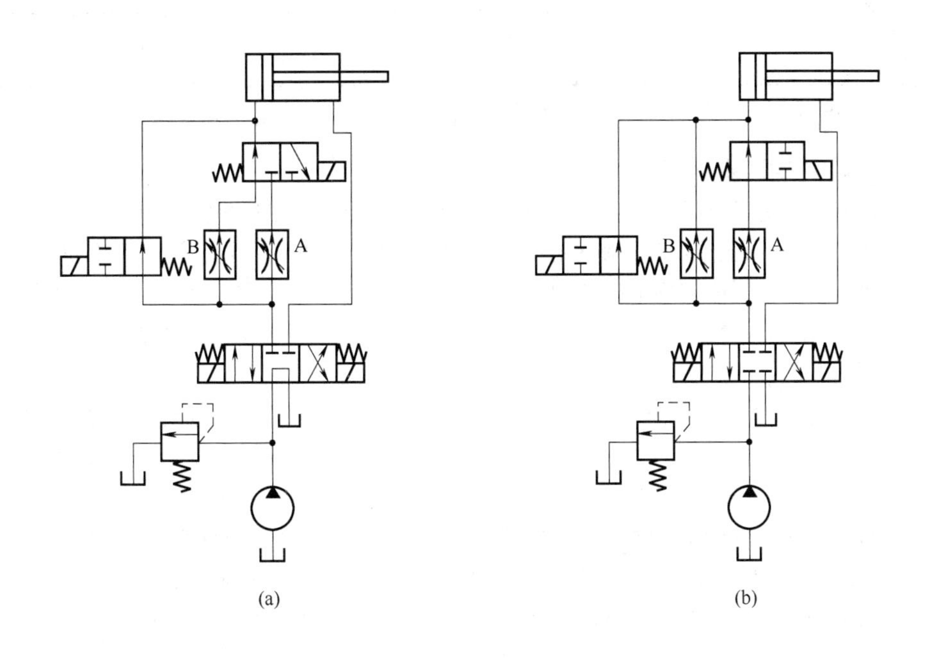

图 7-8　两个调速阀并联的速度换接回路

图 7-9 是两个调速阀串联的速度换接回路。图中当三位四通阀 D 处于左位且二位二通阀 C 断电时，液压泵输出的压力油经调速阀 A 和电磁阀 C 进入液压缸，这时的流量由调速阀 A 控制。当需要第二种工作进给速度时，阀 C 通电，其左位接入回路，则液压泵输出的压力油先经调速阀 A，再经调速阀 B 进入液压缸，这时的流量应由调速阀 B 控制，所以在这种图 7-9 所示的两个调速阀串联式回路中，调速阀 B 的节流口应调得比调速阀 A 小，否则调速阀 B 速度换接回路将不起作用。这种回路在工作过程中调速阀 A 一直工作，它限制着进入液压缸或调速阀 B 的流量，因此在速度换接时不会使液压缸产生前冲现象，换接平稳性较好。在调速阀 B 也工作时，油液需经两个调速阀，故能量损失较大，系统发热也较大。

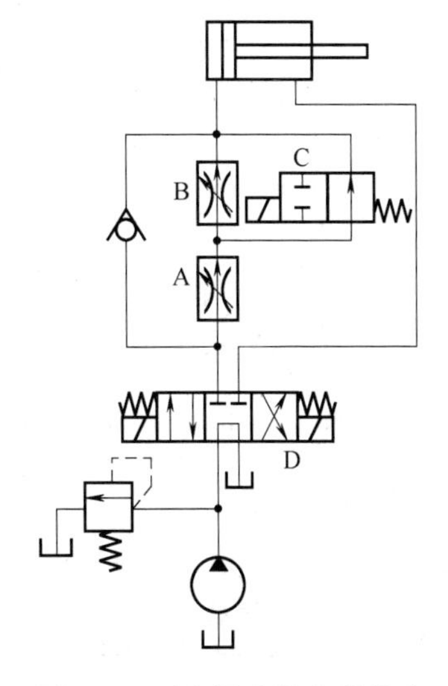

图 7-9　两个调速阀串联的速度换接回路

3. 回路解析

根据分析系统共有 5 个工作状态和 1 个停止状态，各状态由电磁阀和顺序阀进行控制。具体控制见表 7-1。

表 7-1　电磁铁动作表

动作	电磁铁和顺序阀的工作状态			
	1YA	2YA	单向顺序阀 8	单向顺序阀 10
液压缸 9 快进	+	−	−	−
液压缸 9 工进	+	+	−	−
液压缸 11 工进	+	+	−	+
液压缸 11 快退	−	−	−	−
液压缸 9 快退	−	−	+	−
停止	−	−	−	−

注：“+”表示电磁铁通电；“−”表示电磁铁断电。

（1）液压缸 9 的活塞水平向左快进

如图 7-10 所示，启动液压泵 3，按下电钮，1YA 得电，使二位四通电磁换向阀 7 电磁铁通电，左位接入系统。压力油液进入液压缸 9 的右腔；左腔的油液经单向顺序阀 8 的单向阀、二位四通电磁换向阀 7 左位和二位三通电磁换向阀 6 左位直接流回油箱，实现水平向左快进运动。

进油路：油箱 1→过滤器 2→液压泵 3→截止阀 12（导通）→二位四通电磁换向阀 7（左位）→液压缸 9 右腔；

回油路：液压缸 9 左腔→单向顺序阀 8（单向阀）→二位四通电磁换向阀 7（左位）→二位三通电磁换向阀 6（左位）→油箱 1。

（2）液压缸 9 的活塞水平向左慢进

如图 7-11 所示，当液压缸 9 的活塞快进至一定位置时，活塞杆上的撞块触动位置开关 SQ1，使二位三通电磁换向阀 6 的电磁铁 2YA 通电，其右位接入系统。此时液压缸 9 左腔的油液经单向顺序阀 8 的单向阀、二位四通电磁换向阀 7 左位和二位三通电磁换向阀 6 右位、节流阀 4 流回油箱，从而实现液压缸 9 的活塞水平向左慢进。慢进的速度由可调节流阀 4 调节。

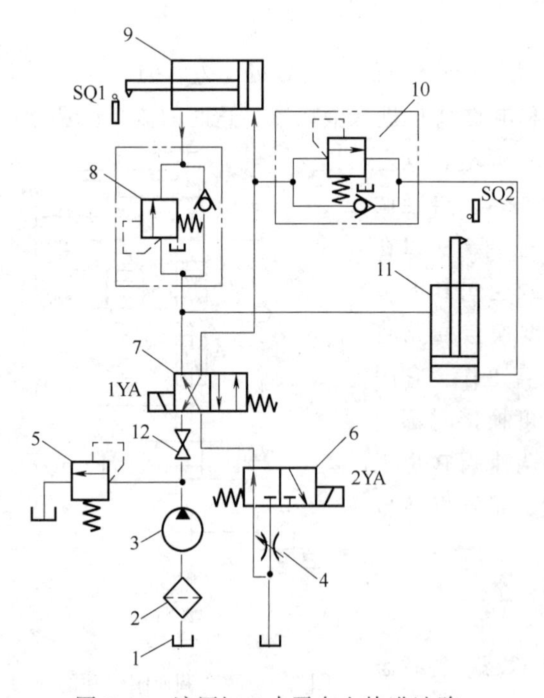

图 7-10　液压缸 9 水平向左快进油路

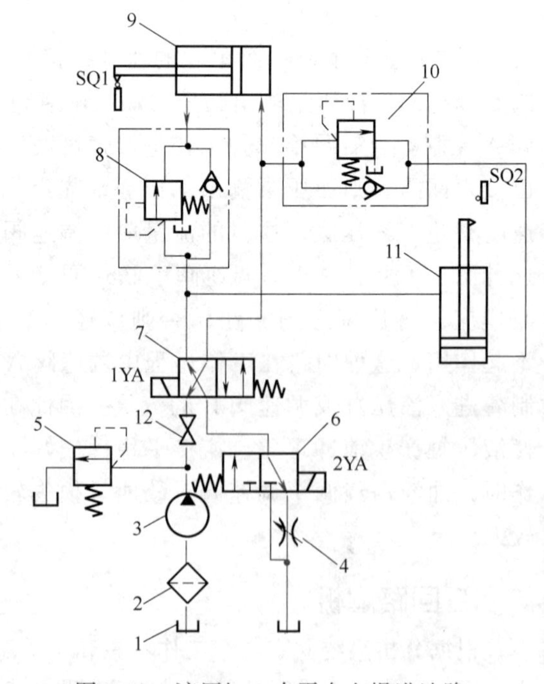

图 7-11　液压缸 9 水平向左慢进油路

进油路：油箱 1 →过滤器 2 →液压泵 3 →截止阀 12（导通）→二位四通电磁换向阀 7 左位→液压缸 9 右腔；

回油路：液压缸 9 左腔→单向顺序阀 8（单向阀）→二位四通电磁换向阀 7（左位）→二位三通换向阀 6（右位）→节流阀 4 →油箱 1。

（3）液压缸 11 的活塞垂直向上慢进

如图 7-12，液压缸 9 的活塞水平向左慢进一定行程后碰到固定挡铁时停止运动，系统压力迅速升高。当压力值超过单向顺序阀 10 预先调定的压力值后，阀 10 打开，压力油液进入液压缸 11 的下腔，上腔的油液经换向阀 7 左位、换向阀 6 右位和节流阀 4 流回油箱，实现垂直向上慢进。

进油路：油箱 1 →过滤器 2 →液压泵 3 →截止阀 12（导通）→二位四通电磁换向阀 7（左位）→单向顺序阀 10（顺序阀）→液压缸 11 下腔；

回油路：液压缸 11 上腔→二位四通电磁换向阀 7（左位）→二位三通电磁换向阀 6（右位）→节流阀 4 →油箱 1。

（4）液压缸 11 的活塞垂直向下快退

如图 7-13 所示，液压缸 11 的活塞垂直向上慢进至一定位置时，活塞杆上的撞块触动位置开关 SQ2，二位四通电磁换向阀 7 和二位三通电磁换向阀 6 的电磁铁均断电，复位到常态位置。压力油液经二位四通电磁换向阀 7 右位进入液压缸 11 的上腔，下腔的油经单向顺序阀 10 的单向阀、二位四通电磁换向阀 7 右位和二位三通电磁换向阀 6 左位直接流回油箱，实现垂直向下快退。

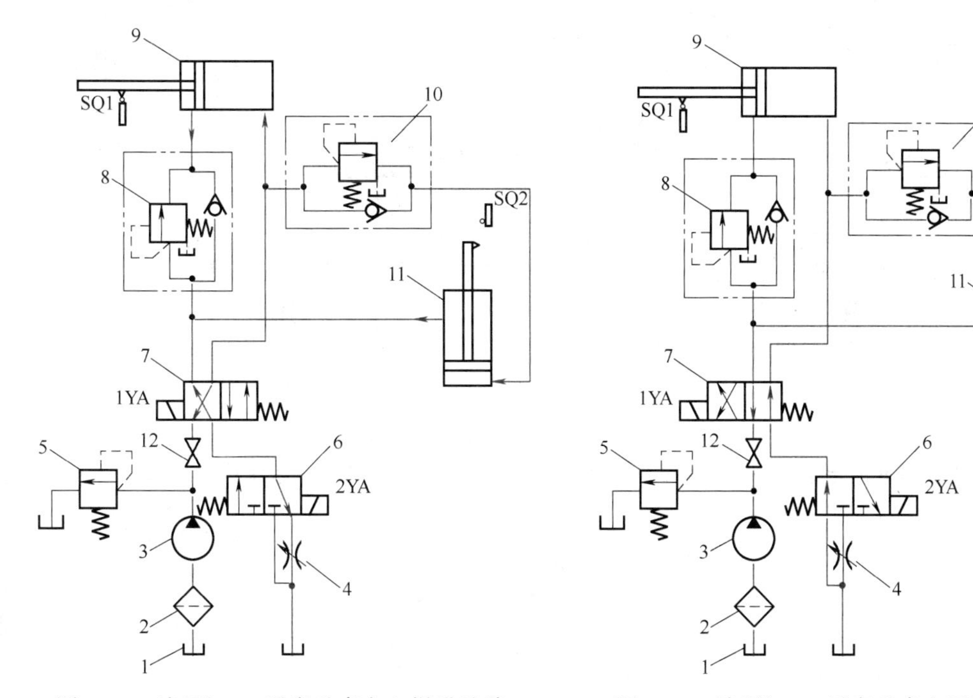

图 7-12　液压缸 11 活塞垂直向上慢进油路　　图 7-13　液压缸 11 活塞垂直向下快退油路

进油路：油箱 1 →过滤器 2 →液压泵 3 →截止阀 12（导通）→二位四通电磁换向阀 7（右位）→液压缸 11 上腔；

回油路：液压缸 11 下腔→单向顺序阀 10（单向阀）→二位四通电磁换向阀 7（右位）→二位三通电磁换向阀 6（左位）→油箱 1。

（5）液压缸 9 的活塞水平向右快退

如图 7-14 所示，液压缸 11 的活塞垂直向下快退到底，活动塞停止运动，系统压力升高，打开单向顺序阀 8，压力油液进入液压缸 9 的左腔，右腔的油液经二位四通电磁换向阀 7 右位、二位三通电磁换向阀 6 左位直接流回油箱，实现水平向右快退。若再次按下电钮，使换向阀 7 电磁铁通电，则系统便可重复上述工作循环。换向阀电磁铁和单向顺序阀的工状态如表 7-1 所示。

进油路：油箱 1→过滤器 2→液压泵 3→截止阀 12（导通）→二位四通电磁换向阀 7（右位）→单向顺序阀 8（顺序阀）→液压缸 9 左腔；

回油路：液压缸 9 右腔→二位四通电磁换向阀 7（右位）→二位三通电磁换向阀 6（左位）→油箱 1。

（6）系统停止状态

如图 7-15 所示，当截止阀 12 处于关闭状态时液压系统溢流保压，液压油从油箱 1 经过滤器 2、液压泵 3 和溢流阀 5 流回油箱，不再为液压缸供油。

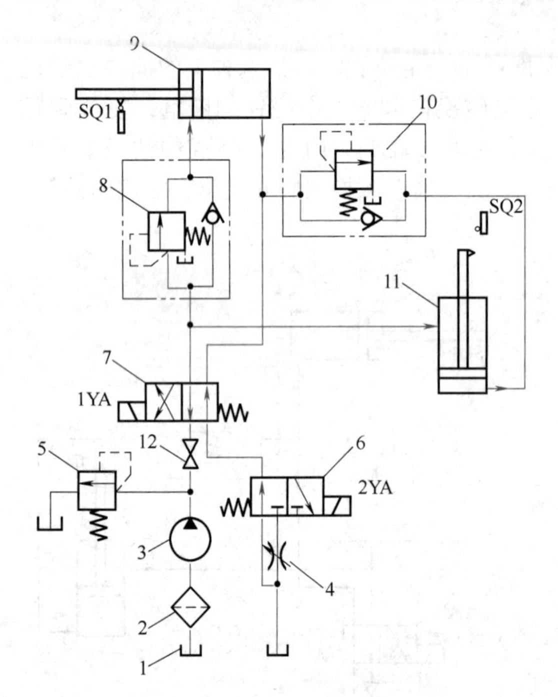

图 7-14　液压缸 9 活塞水平向右快退油路

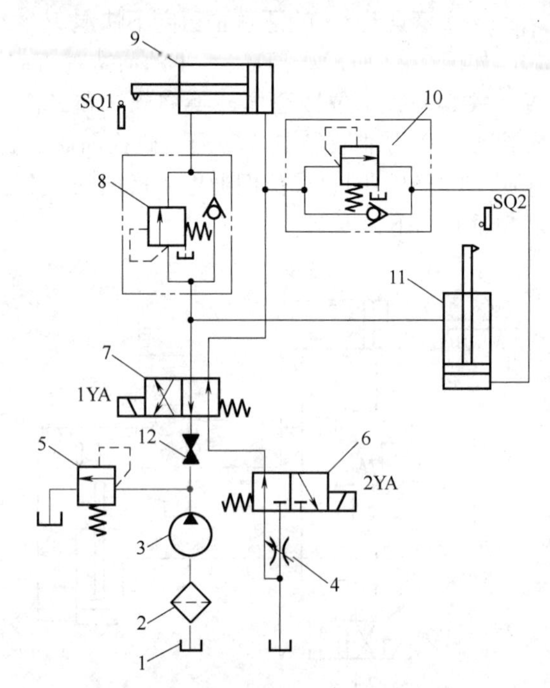

图 7-15　系统停止油路

第8章 乐池升降平台液压系统

随着我国经济建设的迅速发展，人民生活水平不断提高，液压乐池升降平台作为众多起重机械中的一员，在越来越多的行业和各种不同的场合得到了广泛应用。事实上，由于液压乐池升降平台具有的独特性能，因此在某些行业和作业场所它已经成为必不可少的起重机械。

乐池是乐队演奏、文艺表演和商业表演的场所，利用乐池升降机可以实现扩大观众厅、扩大舞台、延伸表演区等目的，升降台应保证升降平稳、速度可调，并且升降台的驱动装置要求工作可靠。乐池升降台工作时产生的冲击、振动和噪声应该小，不会影响正常演出，同时乐池升降动作应控制灵活方便。

乐池升降台的液压系统能使演出平台保持一定的精度，同步且平稳地上升、下降，并可在行程范围内任意高度停留。系统结构紧凑，质量轻反应迅速，安全可靠。舞台质量一般在3000kg以上，舞台的同步采用分流集流阀。

该液压系统如图8-1所示，它是由过滤器1、液压泵2、溢流阀3、压力表4、调速阀5、三位四通电液换向阀6、分流集流阀7、液压锁8、液压缸9组成的。

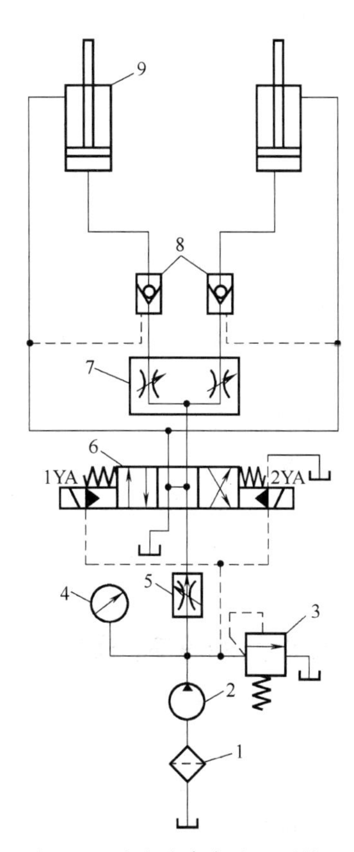

图8-1 乐池升降台液压系统图
1—过滤器；2—液压泵；3—溢流阀；4—压力表；5—调速阀；6—三位四通电液换向阀；7—分流集流阀；8—液压锁；9—液压缸

该液压系统电磁铁动作表如表8-1所示。乐池升降台动作循环为：舞台上升→舞台保持→舞台下降→停止。

表 8-1　乐池升降台液压系统电磁铁动作表

动作	电磁铁	
	1YA	2YA
升降台上升	+	–
升降台保持	–	–
升降台下降	–	+
升降台原位停止	–	–

注：表格中，“+”表示得电，“–”表示失电。

1. 回路元件组成

① 液压源　由动力元件液压泵 2 为执行元件提供液压油，液压油由油箱经过滤器 1 到液压泵 2，液压泵由电机带动，为液压回路提供有压流体。

② 溢流阀 3　压力控制元件，通过溢流阀弹簧力调节，调定液压系统的压力，起稳压、限压作用。

③ 压力表 4　连接于液压回路中，用于显示压力表连接处工作压力变化。此处显示系统压力值。

④ 调速阀 5　流量控制元件，通过调节调速阀 5 的流量大小从而控制液压缸的速度。

⑤ 三位四通电液换向阀 6　方向控制元件，通过三位四通电液换向阀 6 换向，可实现舞台升降和舞台停止切换。

⑥ 分流集流阀 7　流量控制元件，液压系统速度控制元件。分流集流阀兼有分流阀和集流阀的功能。分流集流阀也称速度同步阀，主要应用于双缸及多缸同步控制液压系统中。分流集流阀的同步是速度同步，当两液压缸或多个液压缸分别承受不同的负载时，分流集流阀仍能保证其同步运动。

⑦ 液压锁 8　方向控制元件，由两个液控单向阀联合组成，在液压回路中实现换向阀中位停止时，液压缸的锁紧。

⑧ 液压缸 9　系统执行元件，两个液压缸同步工作，用于带动乐池舞台实现上升、下降以及停止动作。

2. 涉及的基本回路

（1）换向回路

换向回路基本内容见 1.1.2 节。

（2）节流调速回路

节流调速回路基本内容见 1.2.2 节。

（3）同步回路

同步回路基本内容见 4.1.2 节。

（4）锁紧回路

液压锁紧回路的作用是防止执行元件在停止运动时，因外力作用而发生窜动或位移。例如汽车起重机的液压支腿，为防止由于油液泄漏而造成的“软腿”现象，需要采用锁紧回路。其原理就是在执行元件停止运动时，将进出油路封闭。

如果采用 O 型或 M 型机能的三位四通换向阀，当阀芯处于中位时，液压缸的进、出油口都被封闭，可以实现液压缸锁紧，但这种锁紧回路由于受到换向阀泄漏的影响，锁紧效果较差。

图 8-2 是采用液控单向阀实现的锁紧回路。在液压缸的进、回油路中都串接液控单向阀（又称液压锁），活塞可以在行程的任何位置锁紧。其锁紧精度只受液压缸内微小内泄漏的影响，因此，锁紧精度较高。

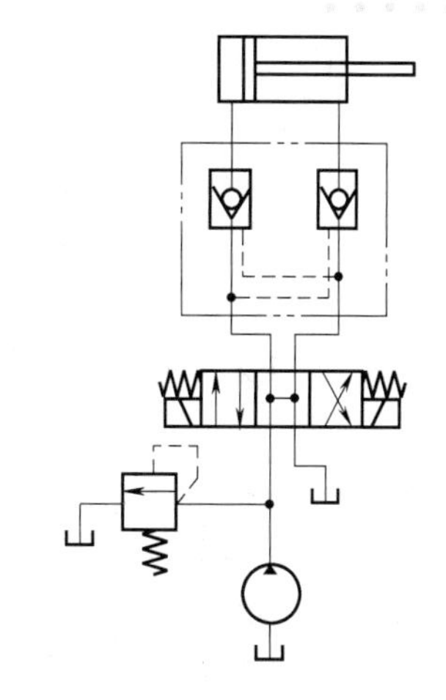

图 8-2　采用液控单向阀的锁紧回路

采用液控单向阀的锁紧回路，所选取的换向阀的中位机能应使液控单向阀的控制口压力油卸压（即换向阀应采用 H 型或 Y 型），即换向阀处于中位时，液控单向阀会立即关闭，活塞停止运动。假如采用 O 型机能，在换向阀中位时，由于液控单向阀的控制口压力油被封住而不能使液控单向阀立即关闭，直至由于换向阀的内泄漏使控制口压力油泄压后，液控单向阀才能关闭，因此影响其锁紧精度。

3. 回路解析

当启动液压泵 2 为液压系统供油、溢流阀 3 调定液压系统的系统压力时，随着三位四通电液换向阀 6 切换，调速阀 5 用于调节液压缸 9 的运动速度，分流集流阀 7 控制两液压缸 9 同步升降，则两液压缸 9 活塞杆同步上升或者下降或者停止，从而带动乐池升降台有控制的上升、停止或下降。

（1）乐池升降台上升

如图 8-3 所示，当三位四通电液换向阀 6 的 1YA 得电、2YA 断电，换向阀处于左位时，两液压缸 9 下腔进油，上腔回油。活塞伸出，带动乐池升降台上升。

进油路：油箱→过滤器 1→液压泵 2→调速阀 5→三位四通 H 型电液换向阀 6（左位）→分流集流阀 7→液压锁 8→液压缸下腔；

回油路：液压缸上腔→三位四通 H 型电液换向阀 6（左位）→油箱。

（2）乐池升降台停止（保持）

如图 8-4 所示，当三位四通电液换向阀 6 的 1YA 断电、2YA 也断电，换向阀处于中位时，由于换向阀中位机能为 H 型，此时液压泵卸荷，两液压缸 9 被液压锁锁定，此时两液控单向阀控制油口均与油箱相连，因此作用等同于普通单向阀，保持液压缸闭锁不动，从而保证乐池升降台稳定停止在需要的位置，确保升降固定不下滑。

油路：油箱→过滤器 1→液压泵 2→调速阀 5→三位四通 H 型电液换向阀 6（中位）→油箱。

（3）乐池升降台下降

如图 8-5 所示，当三位四通电液换向阀 6 的 1YA 断电、2YA 得电，换向阀处于右位时，两液压缸 9 上腔进油，下腔回油，活塞缩回，带动乐池升降台下降。

进油路：油箱→过滤器 1→液压泵 2→调速阀 5→三位四通 H 型电液换向阀 6（右位）→液压缸上腔；

回油路：液压缸下腔→液压锁 8→分流集流阀 7→三位四通 H 型电液换向阀 6（右位）→油箱。

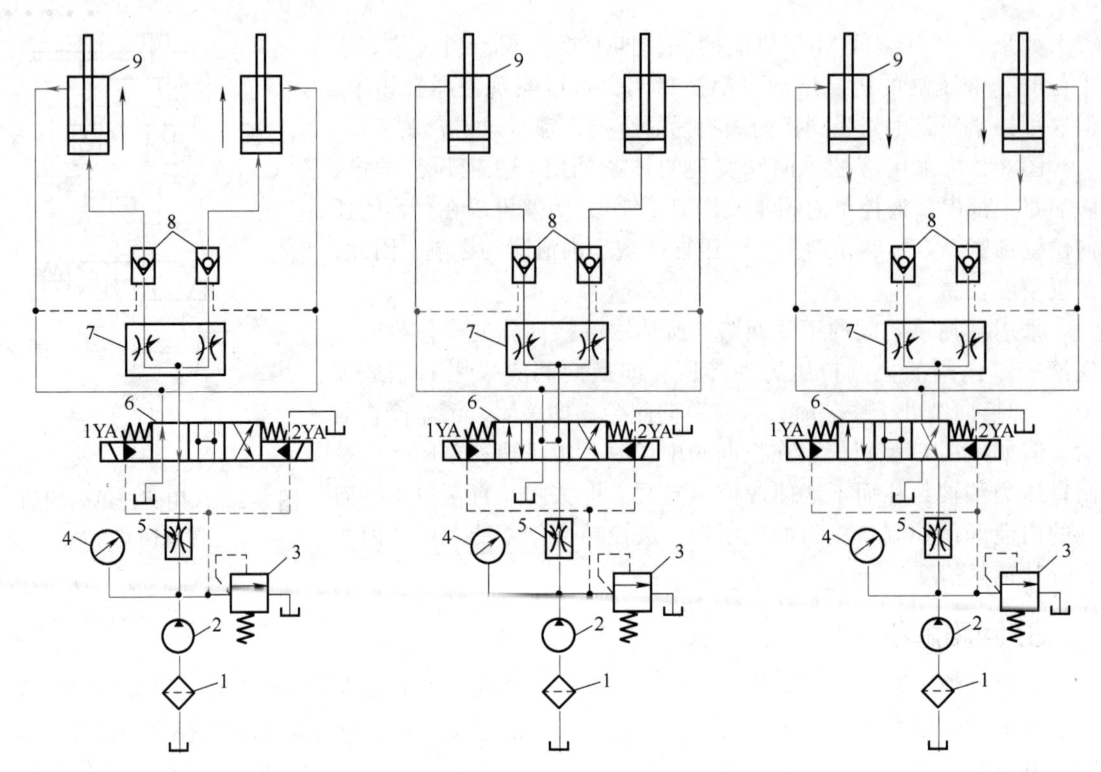

图 8-3　乐池升降台上升油路　　图 8-4　乐池升降台停止油路　　图 8-5　乐池升降台下降油路

第9章 卧式镗铣加工中心液压系统

卧式镗铣数控加工中心是由计算机数字控制，可在一次装夹中完成镗、铣等多道工序的高效自动化机床，是集机、电、液、气、计算机于一体的自动化设备。机床各部分的动作均由计算机的指令控制，具有加工精度高、尺寸稳定性好、生产周期短、自动化程度高等优点，特别适合于加工形状复杂、精度要求高的多品种成批、中小批量及单件产品。目前，在卧式镗铣加工中心中大多采用了液压传动技术，主要完成如下的机床各种辅助动作。

① 刀库、机械手自动进行刀具交换及选刀的动作。

② 加工中心主轴箱、刀库机械手的平衡。

③ 加工中心主轴箱的齿轮拨叉变速。

④ 主轴松夹刀动作。

⑤ 交换工作台的松开、夹紧及其自动保护。

⑥ 丝杆等的液压过载保护等。

卧式镗铣加工中心质量性能稳定可靠，适合多种加工需要，应用广泛。该机床既可加工较大零件，又可分度回转加工，适合于零件多工作面的铣、钻、镗、铰、攻丝、两维曲面、三维曲面等多工序加工，具有在一次装夹中完成箱体孔系和平面加工的能力，还特别适合于箱体孔的调头镗孔加工，广泛应用于汽车、内燃机、航空航天、家电、通用机械等行业。本章将简要介绍卧式镗铣加工中心的液压系统。图9-1所示为卧式镗铣加工中心液压系统原理图。

该液压系统采用变量叶片泵和蓄能器联合供油方式，液压泵为限压式变量叶片泵，限压式变量叶片泵是单作用叶片泵，根据单作用叶片泵的工作原理，改变定子和转子间的偏心距 e，就能改变泵的输出流量，限压式变量叶片泵能借助输出压力的大小自动调整偏心距 e 的大小来改变输出流量。当压力低于某一可调节的限定压力时，泵的输出流量最大；压力高于限定压力时，随着压力的增加，泵的输出流量减少。

本系统选用的液压泵最高工作压力为7MPa。溢流阀4作为安全阀用，其调整压力为8MPa，只有系统过载时才起作用。手动换向阀5用于系统卸荷，过滤器6用于对系统回油进行过滤，起到保证油液清洁、保护元件的作用。

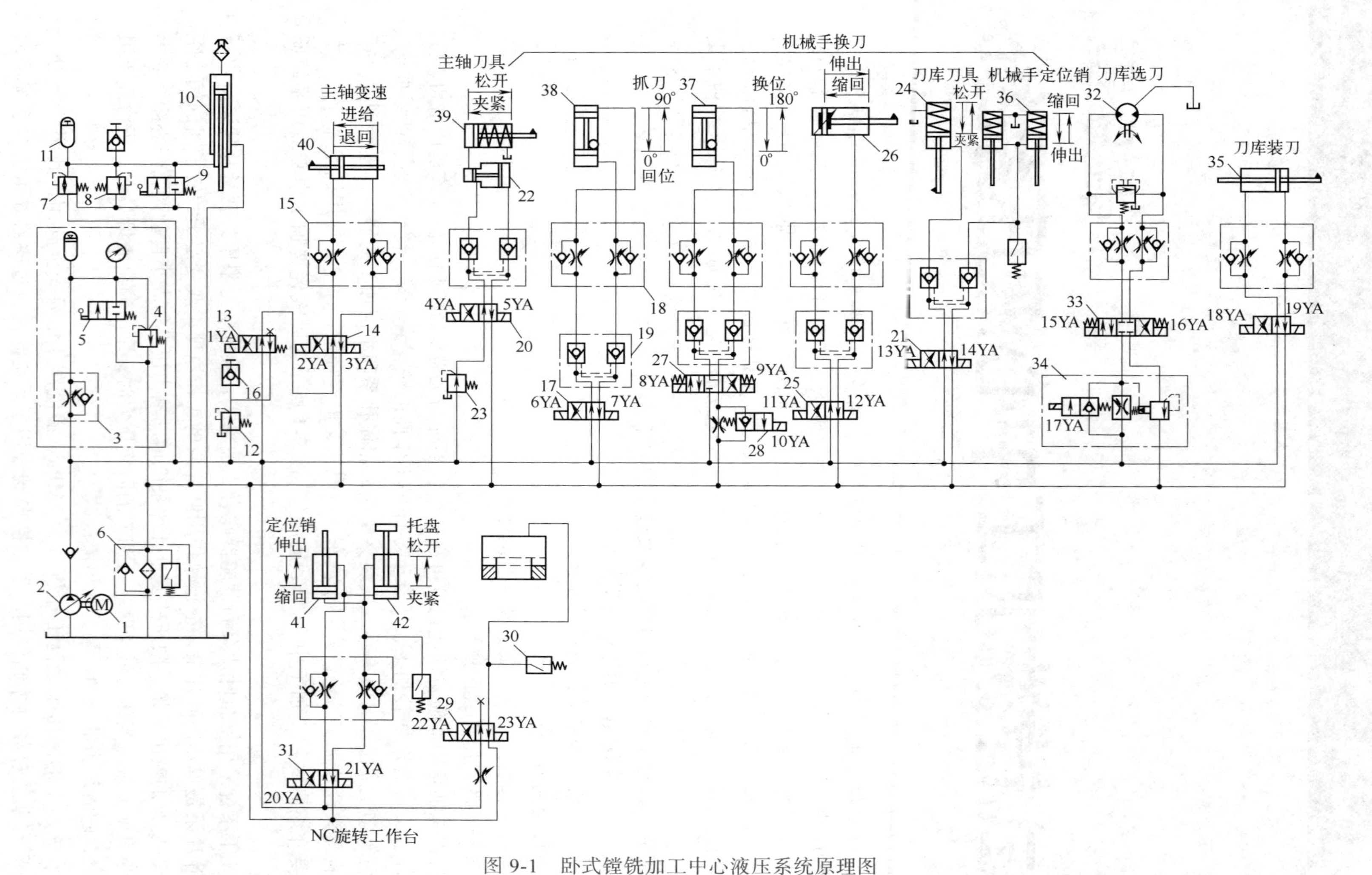

图 9-1　卧式镗铣加工中心液压系统原理图

1—电机；2—液压泵；3, 15, 18—单向节流阀；4, 8—溢流阀；5, 9—二位二通手动换向阀；6—过滤器组件；7, 12, 23—减压阀；10, 24, 26, 35 ～ 42—液压缸；11—蓄能器；13, 14, 17, 20, 21, 25, 29, 31—二位四通电磁换向阀；16—测压接头；19—液压锁；22—增压缸；27, 33—三位四通电磁换向阀；28—二位二通电磁换向阀；30—压力继电器；32—液压马达；34—控制单元

由减压阀 7、溢流阀 8、手动换向阀 9、液压缸 10 组成平衡装置，蓄能器 11 用于吸收液压冲击。液压缸 10 为支撑加工中心立柱丝杠的液压缸。其作用是减小丝杠与螺母间的摩擦，并保持摩擦力均衡，保证主轴精度，用减压阀 7 维持液压缸 10 下腔的压力，起背压作用，使丝杠在正、反向工作状态下处于稳定的受力状态。当液压缸上行时，压力油和蓄能器向液压缸下腔供油，当液压缸在滚珠丝杠带动下而下行时，液压缸下腔的油又被挤回蓄能器或经过减压阀 7 回油箱，因而起到平衡作用。调节减压阀 7 可使液压缸 10 处于最佳受力工作状态，其受力的大小可通过测量 *Y* 轴伺服电动机的负载电流来判断。手动换向阀 9 用于使液压缸卸载。

当液压系统接通机床电源，启动电机 1 时，变量液压泵 2 运转，调节单向节流阀 3，构成容积节流调速系统。调节变量液压泵 2，使其输出压力达到 7MPa，并把安全阀由 4MPa 调至 8MPa。回油过滤器过滤精度 10μm，过滤器两端压力差超过 0.3MPa 时，过滤器组件 6 启动系统报警，此时应更换滤芯。

9.1　主轴变速回路

主轴通过交流变频电动机实现无级调速。为了得到最佳的转矩性能，将主轴的无级调速分成高速和低速两个区域，并通过一对双联齿轮变速来实现。主轴的这种换挡变速由液压缸 40 带动完成，其液压控制回路如图 9-2 所示，通过液压系统控制，可实现主轴高低速切换。主轴变速回路液压系统电磁铁动作表如表 9-1 所示。

表 9-1　主轴变速电磁铁动作表

动作	电磁铁		
	1YA	2YA	3YA
高速进给	−	+	−
低速进给	+	+	−
高速退回	−	−	+

注：上面表格中，“+”表示得电，“−”表示失电。

9.1.1　回路元件组成

① 液压源　动力元件液压泵 2 由电机 1 带动为多个执行元件提供液压油，为各个液压回路提供有压流体。

② 过滤器组件 6　辅助元件，由单向阀、过滤器和压力继电器组成。用于回油过滤，保证油液清洁，保护液压元件。

③ 减压阀 12　压力控制元件，安装于主轴变速回路，用于减小支路压力，为支路提供合适的压力。

④ 二位四通电磁换向阀 13、14　方向控制元件，通过二位四通电磁换向阀 13 换向，可实现主轴高速和低速切换，通过二位四通电磁换向阀 14 换向，可实现控制液压缸 40 换向。

⑤ 双单向节流阀 15　流量控制元件，用于控制液压缸 40 的伸缩速度。

⑥ 液压缸 40　系统执行元件，用于带动主轴高低速运行。

9.1.2　涉及的基本回路

（1）换向回路

换向回路基本内容见 1.1.2 节。

（2）节流调速回路

节流调速回路基本内容见 1.2.2 节。

（3）减压回路

减压回路基本内容见 1.1.2 节。

9.1.3 回路解析

当主轴变速箱需换挡变速时，主轴处于低转速状态。调节减压阀 12 至所需压力（由测压接头 16 测得）。压力油直接经电磁换向阀 13 右位、电磁换向阀 14 左位进入缸 40 右腔，完成由低速向高速的换挡。当电磁换向阀 13 切换至左位时，压力油经减压阀 12、电磁换向阀 13、14 进入缸 40 右腔，完成由高速向低速的换挡。当电磁换向阀 13 处于右位，电磁换向阀 14 切换为右位时，主轴高速退回。换挡过程中缸 40 的运动速度由双单向节流阀 15 来调节。

（1）高速进给

如图 9-3 所示，1YA 断电，2YA 得电，二位四通电磁换向阀 13 右位，二位四通电磁换向阀 14 切换为左位，液压缸 40 右腔进油，左腔回油。主轴高速进给。

进油路：油箱→液压泵 2→单向阀→二位四通电磁换向阀 13（右位）→二位四通电磁换向阀 14（左位）→双单向节流阀 15（单向阀）→液压缸 40 右腔；

回油路：液压缸 40 左腔→双单向节流阀 15（节流阀）→二位四通电磁换向阀 14（左位）→过滤器组件 6→油箱。

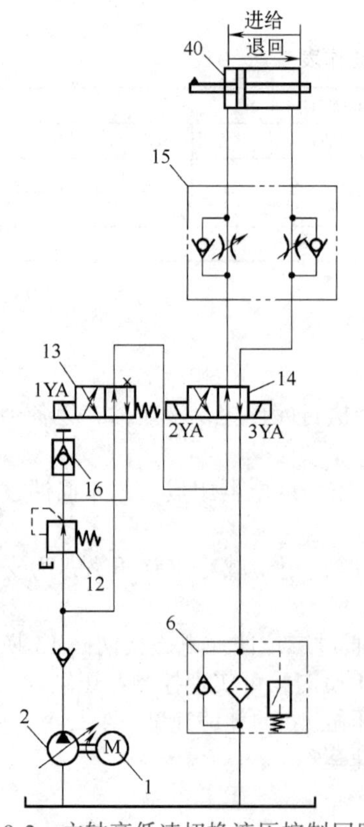

图 9-2 主轴高低速切换液压控制回路

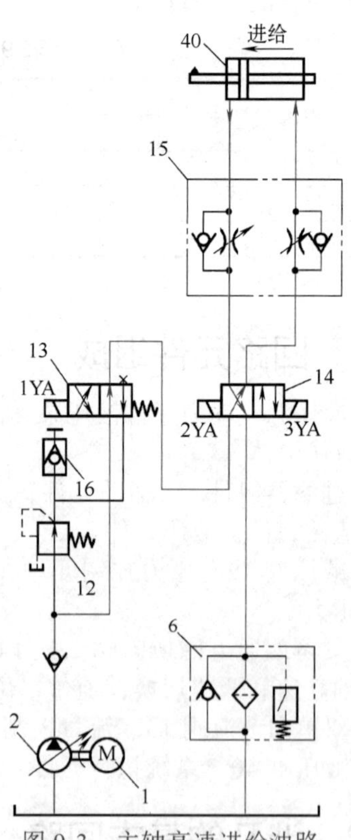

图 9-3 主轴高速进给油路

（2）低速进给

如图 9-4 所示，1YA 得电，2YA 得电，二位四通电磁换向阀 13 切换为左位，二位四通电磁换向阀 14 左位，液压缸 40 右腔进油，左腔回油，主轴低速进给。

进油路：油箱→液压泵 2 →单向阀→减压阀 12 →二位四通电磁换向阀 13（左位）→二位四通电磁换向阀 14（左位）→双单向节流阀 15（单向阀）→液压缸 40 右腔；

回油路：液压缸 40 左腔→双单向节流阀 15（节流阀）→二位四通电磁换向阀 14（左位）→过滤器组件 6 →油箱。

（3）高速退回

如图 9-5 所示，1YA 断电，3YA 得电，二位四通电磁换向阀 13 切换为右位，二位四通电磁换向阀 14 切换为右位，液压缸 40 左腔进油，右腔回油，主轴高速退回。

进油路：油箱→液压泵 2 →单向阀→二位四通电磁换向阀 13（右位）→二位四通电磁换向阀 14（右位）→双单向节流阀 15（单向阀）→液压缸 40 左腔；

回油路：液压缸 40 右腔→双单向节流阀 15（节流阀）→二位四通电磁换向阀 14（右位）→过滤器组件 6 →油箱。

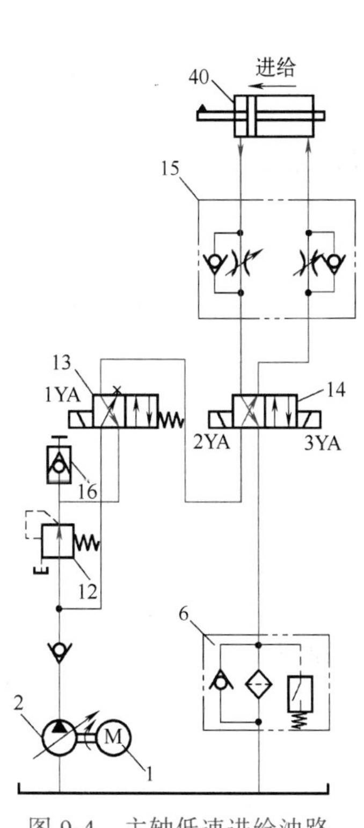

图 9-4　主轴低速进给油路

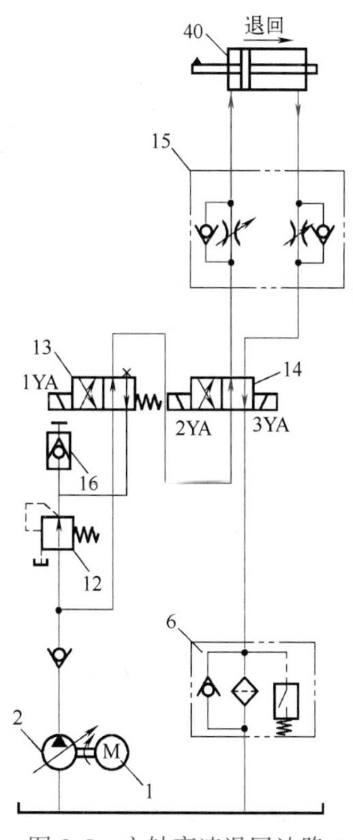

图 9-5　主轴高速退回油路

9.2　换刀回路及动作

加工中心在加工零件过程中，当前道工序完成后就需换刀，此时机床主轴退至换刀点，且处在准停状态，所需置换的刀具已处在刀库预定换刀位置。换刀动作由机械手完成，其换刀过程为：机械手抓刀→刀具松开和定位→拔刀→换刀→插刀→刀具夹紧和松开→机械手复位。其液压控制系统如图 9-6 所示。液压系统电磁铁动作表如表 9-2 所示。

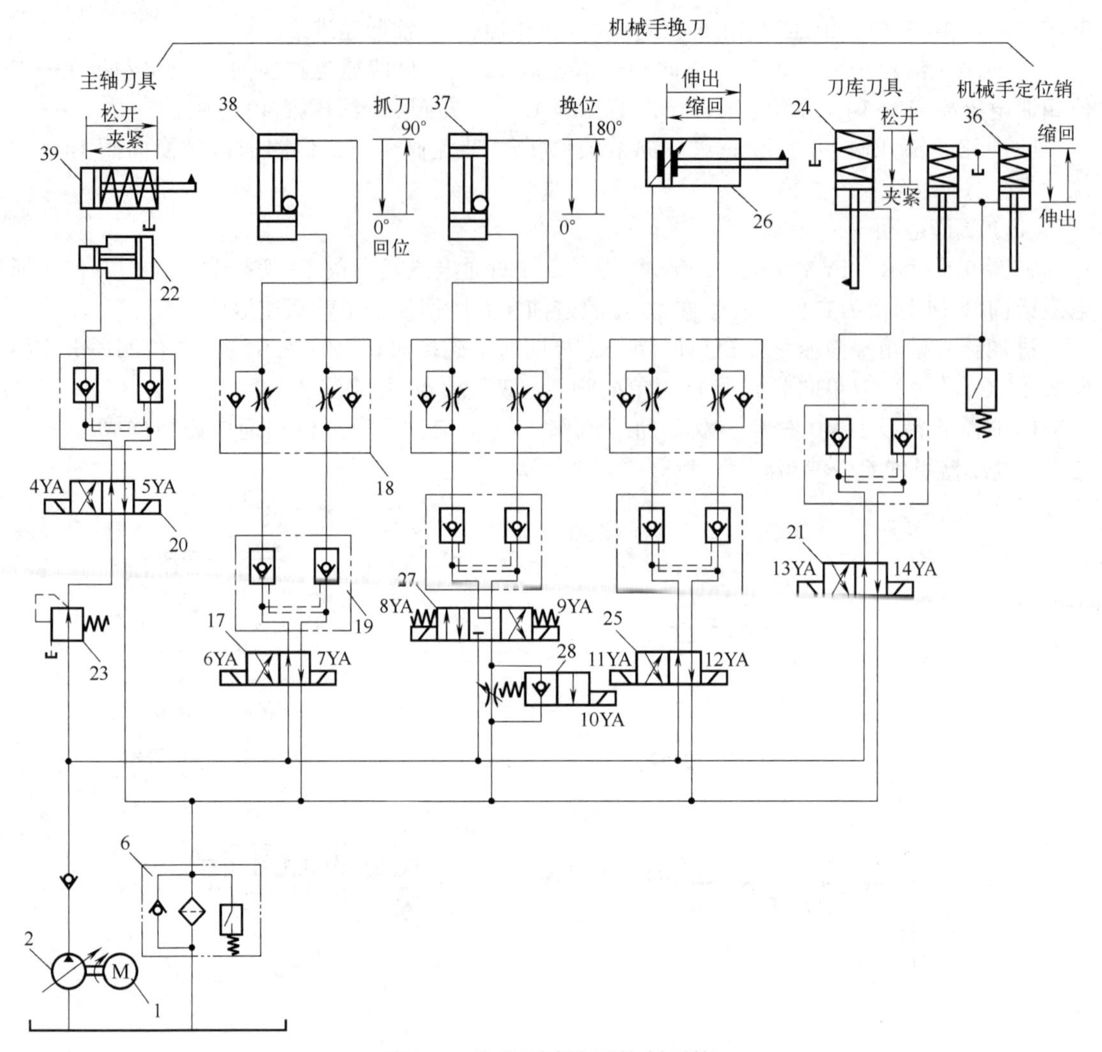

图 9-6 换刀回路液压控制系统

表 9-2 换刀回路液压系统电磁铁动作表

动作	电磁铁									
	6YA	7YA	4YA	5YA	13YA	14YA	11YA	12YA	8YA	9YA
机械手抓刀	+	−	−	−	−	−	−	−	−	−
刀具松开和定位	−	−	+	−	−	+	−	−	−	−
机械手伸出	−	−	−	−	−	−	−	+	−	−
机械手换刀	−	−	−	−	−	−	−	−	−	+
机械手缩回	−	−	−	−	−	−	+	−	−	−
刀具夹紧和松销	−	−	−	+	+	−	−	−	−	−
机械手回位	−	+	−	−	−	−	−	−	−	−

9.2.1 回路元件组成

① 液压源 动力元件液压泵 2 由电机 1 带动为多个执行元件提供液压油，为各个液压回路提供有压流体。

② 过滤器组件 6　辅助元件，由单向阀、过滤器和压力继电器组成。用于回油过滤，保证油液清洁，保护液压元件。

③ 减压阀 23　压力控制元件，安装于主轴变速回路，用于减小支路压力，为支路提供合适的压力。

④ 二位四通电磁换向阀 20、17、25、21　方向控制元件，通过二位四通电磁换向阀 20 换向，可控制主轴刀具液压缸 39 松开与夹紧切换；通过二位四通电磁换向阀 17 换向，可实现控制液压缸 38 换向，实现抓刀与回位；通过二位四通电磁换向阀 25 换向，可实现控制液压缸 26 伸缩；通过二位四通电磁换向阀 21 换向，可实现控制液压缸 24 和 36 换向，实现刀具松开与夹紧以及定位销伸缩。

⑤ 二位二通电磁换向阀 28　方向控制元件，可实现回油速度切换，通过控制换向阀 28 控制液压缸 37 的速度切换。

⑥ 三位四通中位机能为 Y 型的电磁换向阀 27　方向控制元件，可实现控制液压缸 37 换向，实现换位。

⑦ 双单向节流阀 18　流量控制元件，用于控制液压缸 38 的伸缩速度。

⑧ 液压锁 19　方向控制元件，通过两个液控单向阀联用，实现液压缸锁紧。

⑨ 液压缸 39、38、37、26、24、36　系统执行元件，液压缸 39 用于带动主轴刀具松开与夹紧，液压缸 38 用于控制抓刀与回位，液压缸 37 用于带动换位，液压缸 26 用于控制伸缩，液压缸 24 用于带动刀库刀具松开与夹紧，液压缸 36 用于带动定位销伸缩。

⑩ 增压缸 22　增压元件，用于增加液压缸系统压力。

9.2.2　涉及的基本回路

（1）换向回路

换向回路基本内容见 1.1.2 节。

（2）节流调速回路

节流调速回路基本内容见 1.2.2 节。

（3）减压回路

减压回路基本内容见 1.1.2 节。

（4）锁紧回路

锁紧回路基本内容见 8.1.2 节。

9.2.3　回路解析

（1）机械手抓刀

当系统收到换刀信号时，6YA 通电，7YA 断电，二位四通电磁换向阀 17 切换至左位，压力油进入齿条液压缸 38 下腔，推动活塞上移，使机械手同时抓住主轴锥孔中的刀具和刀库上预选的刀具。双单向节流阀 18 控制抓刀和回位的速度，双液控制单向阀液压锁 19 保证系统失压时机械手位置不变。其油路如图 9-7 所示。

进油路：油箱→液压泵 2→单向阀→二位四通电磁换向阀 17（左位）→液压锁 19→双单向节流阀 18（单向阀）→液压缸 38 下腔；

回油路：液压缸 38 上腔→双单向节流阀 18（节流阀）→液压锁 19→二位四通电磁换向阀 17（左位）→过滤器组件 6→油箱。

（2）刀具松开和定位

当抓刀动作完成后，系统发出信号，使 4YA 和 14YA 通电，此时二位四通电磁换向阀 20 切换至左位，二位四通电磁换向阀 21 处于右位，从而使增压缸 22 的高压油进入液压缸 39 左腔，活塞杆将主轴锥孔中的刀具松开；同时，液压缸 24 的活塞杆上移，松开刀库中预选的刀具；此时，液压缸 36 的活塞杆在弹簧力作用下将机械手上两个定位销伸出，卡住机械手上的刀具。松开主轴锥孔中刀具的压力可由减压阀 23 来调节。其油路如图 9-8 所示。

进油路 1：油箱→液压泵 2→单向阀→减压阀 23→二位四通电磁换向阀 20（左位）→液压锁→增压缸 22 右腔（增压缸 22 左腔→液压缸 39 左腔）；

进油路 2：油箱→液压泵 2→单向阀→二位四通电磁换向阀 21（右位）→液压锁→液压缸 24 下腔；

回油路 1：增压缸 22 中间腔→液压锁→二位四通电磁换向阀 20（左位）→过滤器组件 6→油箱；

回油路 2：液压缸 36 下腔→液压锁→二位四通电磁换向阀 21（右位）→过滤器组件 6→油箱。

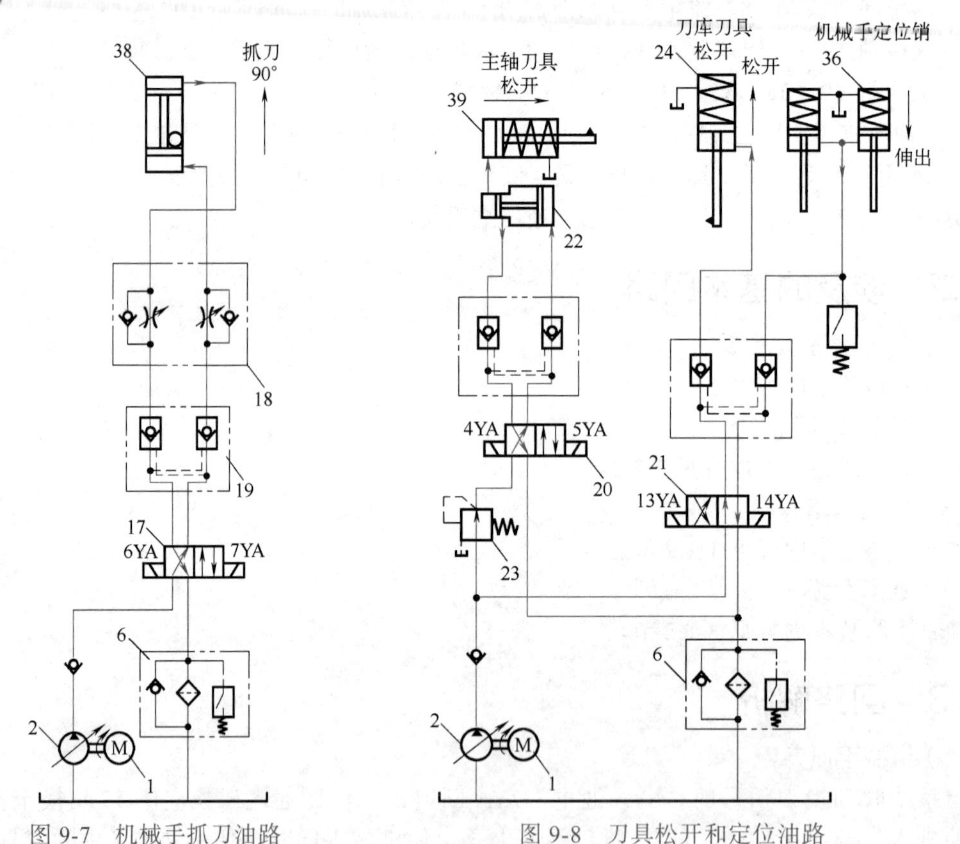

图 9-7　机械手抓刀油路　　　图 9-8　刀具松开和定位油路

（3）机械手拔刀

当主轴、刀库上的刀具松开后，无触点开关发出信号，12YA 通电，电磁换向阀 25 处于右位，液压缸 26 左腔进油，右腔回油，带动机械手伸出，使刀具从主轴锥孔和刀库链节中拔出。液压缸 26 带有缓冲装置，以防止行程终点发生撞击和发出噪声，影响精度。其油路如图 9-9 所示。

进油路：油箱→液压泵 2→单向阀→二位四通电磁换向阀 25（右位）→液压锁→双单向节流阀→液压缸 26 左腔；

回油路：液压缸 26 右腔→双单向节流阀→液压锁→二位四通电磁换向阀 25（右位）→过滤器组件 6 →油箱。

（4）机械手换刀

机械手伸出后发出信号，9YA 得电，使三位四通电磁换向阀 27 换向至右位。齿条液压缸 37 的活塞向上移动，使机械手旋转 180°，转位速度由双单向节流阀调节，并可根据刀具的质量，由电磁换向阀 28 的切换来确定两种换刀速度。其油路如图 9-10 所示。

进油路：油箱→液压泵 2 →单向阀→三位四通电磁换向阀 27（右位）→液压锁→双单向节流阀→液压缸 37 下腔；

回油路：液压缸 37 上腔→双单向节流阀→液压锁→三位四通电磁换向阀 27（右位）→节流阀（或电磁换向阀 28）→过滤器组件 6 →油箱。

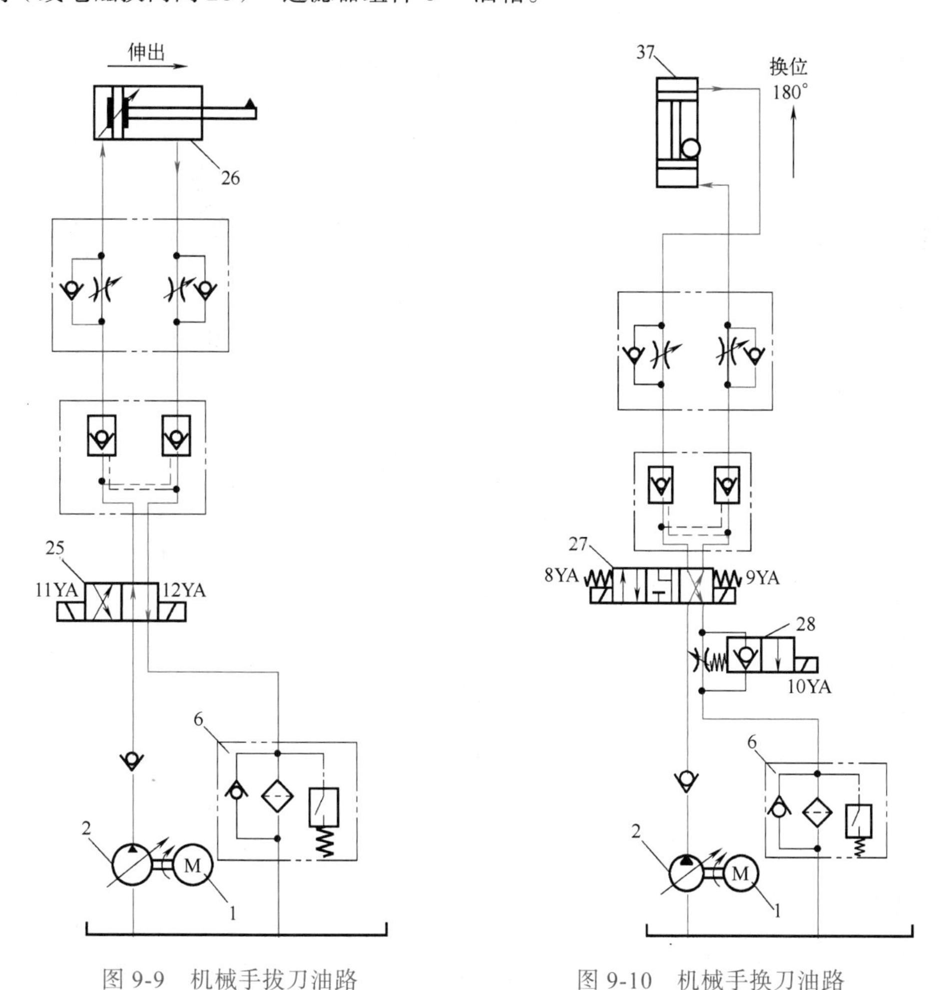

图 9-9　机械手拔刀油路　　图 9-10　机械手换刀油路

（5）机械手缩回

机械手旋转 180°后发出信号，11YA 得电，使电磁换向阀 25 换向至左位，液压缸 26 右腔进油，使机械手缩回，刀具分别插入主轴锥孔和刀库链节中。其油路如图 9-11 所示。

进油路：油箱→液压泵 2 →单向阀→二位四通电磁换向阀 25（左位）→液压锁→双单向节流阀→液压缸 26 右腔；

回油路：液压缸 26 左腔→双单向节流阀→液压锁→二位四通电磁换向阀 25（左位）→

过滤器组件 6 →油箱。

（6）刀具夹紧和松销

机械手插刀后，5YA 得电，13YA 得电，电磁换向阀 20 切换为右位、电磁换向阀 21 换向至左位。液压缸 39 使主轴中的刀具夹紧；液压缸 24 使刀库链节中的刀具夹紧；液压缸 36 使机械手上定位销缩回，以便机械手复位。其油路如图 9-12 所示。

进油路：油箱→液压泵 2 →单向阀→减压阀 23 →二位四通电磁换向阀 20（右位）→液压锁→增压缸 22 中间腔；

回油路：增压缸 22 右腔→液压锁→二位四通电磁换向阀 20（右位）→过滤器组件 6 →油箱；

回油路：液压缸 39 左腔→增压缸 22 左腔；

进油路：油箱→液压泵 2 →单向阀→二位四通电磁换向阀 21（左位）→液压锁→液压缸 36 下腔；

回油路：液压缸 24 下腔→液压锁→二位四通电磁换向阀 21（左位）→过滤器组件 6 →油箱。

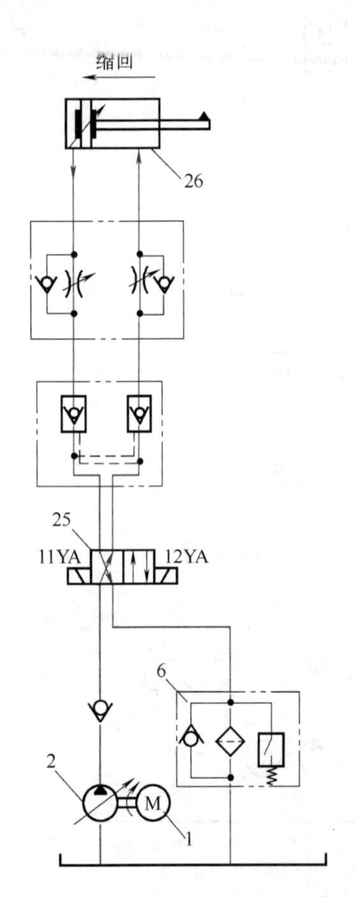

图 9-11　机械手缩回油路

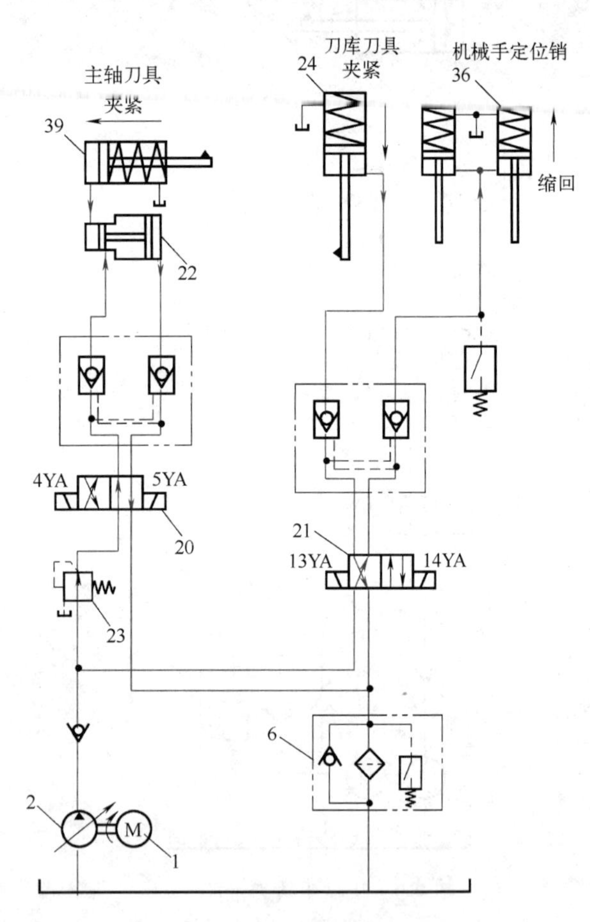

图 9-12　刀具夹紧和松销油路

（7）机械手复位

刀具夹紧后发出信号，7YA 得电，电磁换向阀 17 换向至右位，液压缸 38 使机械手旋转 90° 回到起始位置，如图 9-13 所示。到此，整个换刀动作结束，主轴启动进入零件加工状态。

进油路：油箱→液压泵 2 →单向阀→二位四通电磁换向阀 17（右位）→液压锁 19 →双单向节流阀 18（单向阀）→液压缸 38 上腔；

回油路：液压缸 38 下腔→双单向节流阀 18（节流阀）→液压锁 19→二位四通电磁换向阀 17（右位）→过滤器组件 6→油箱。

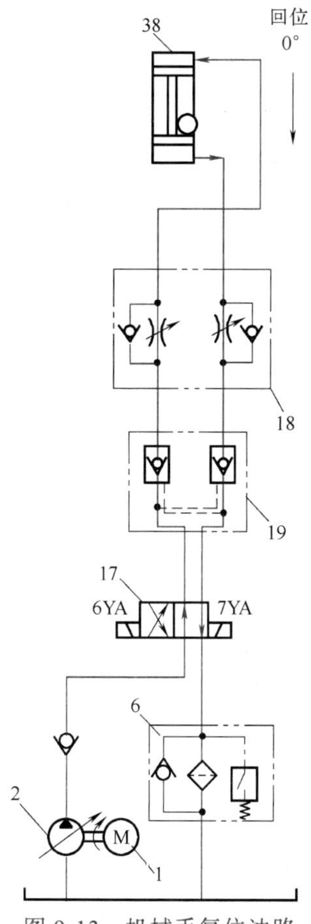

图 9-13　机械手复位油路

9.3　数控旋转工作台回路

加工中心的 NC 旋转工作台夹紧后，由交换工作台交换工件，交换结束后电磁换向阀 31 换向，定位销伸出，托盘夹紧，即可进入加工状态。在零件加工过程中，刀库把下道工序所需的刀具预选列位。控制单元 34 控制液压马达启动、中间状态、到位和旋转速度，刀具到位后由闭环系统发出信号。液压缸 35 用于刀库装卸刀具。

其液压控制系统如图 9-14 所示。液压系统电磁铁动作表如表 9-3 所示。

表 9-3　NC 旋转工作台液压系统电磁铁动作表

动作	电磁铁					
	22YA	23YA	20YA	21YA	15YA	16YA
NC 工作台夹紧	+	−	−	−	−	−
托盘交换	−	−	−	+	−	−
刀库选刀、装刀	−	−	−	−	+	−

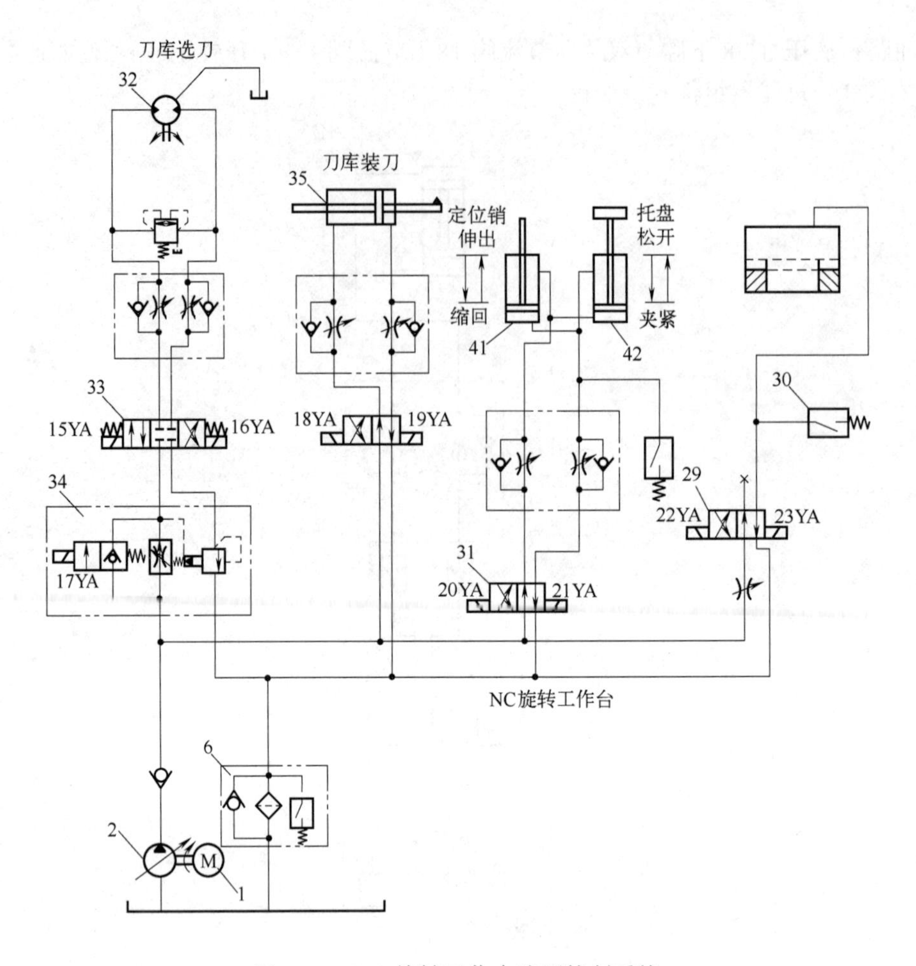

图 9-14　NC 旋转工作台液压控制系统

9.3.1　回路元件组成

① 液压源　动力元件液压泵 2 由电机 1 带动为多个执行元件提供液压油，为各个液压回路提供有压流体。

② 过滤器组件 6　辅助元件，由单向阀、过滤器和压力继电器组成。用于回油过滤，保证油液清洁，保护液压元件。

③ 二位四通电磁换向阀 29、31　方向控制元件，通过二位四通电磁换向阀 29 换向，可控制油路通断；通过二位四通电磁换向阀 31 换向，可实现控制液压缸 41 和 42 换向，实现控制托盘松开和夹紧、定位销伸缩。

④ 三位四通 O 型电磁换向阀 33　方向控制元件，可实现控制液压马达 32 的换向。

⑤ 控制单元 34　由换向阀、调速阀和先导溢流阀组成。控制液压马达启动、中间状态、到位、旋转速度，刀具到位后由旋转编码器组成的闭环系统发出信号。

⑥ 液压缸 35、41、42　系统执行元件，液压缸 35 用于带动刀库装刀装置，液压缸 41 用于控制定位销伸缩，液压缸 42 用于带动托盘松开和夹紧。

⑦ 压力继电器 30　压力控制元件，将压力信号转换为电信号。

⑧ 液压马达 32　系统执行元件，液压马达 32 通过正反转带动刀库选刀装置。

9.3.2　涉及的基本回路

（1）换向回路

换向回路基本内容见 1.1.2 节。

（2）节流调速回路

节流调速回路基本内容见 1.2.2 节。

9.3.3　回路解析

（1）数控工作台夹紧

数控旋转工作台可使工件在加工过程中连续旋转，当进入固定位置加工时，22YA 得电，电磁换向阀 29 切换至左位，使工作台液压缸进油，工作台夹紧，并由压力继电器 30 发出信号。其油路如图 9-15 所示。

进油路：油箱→液压泵 2 →单向阀→节流阀→二位四通电磁换向阀 29（左位）→工作台液压缸。

（2）托盘交换

交换工件时，21YA 得电，电磁换向阀 31 处于右位，液压缸 41 使定位销缩回，同时液压缸 42 松开托盘，由交换工作台交换工件，其油路如图 9-16 所示。

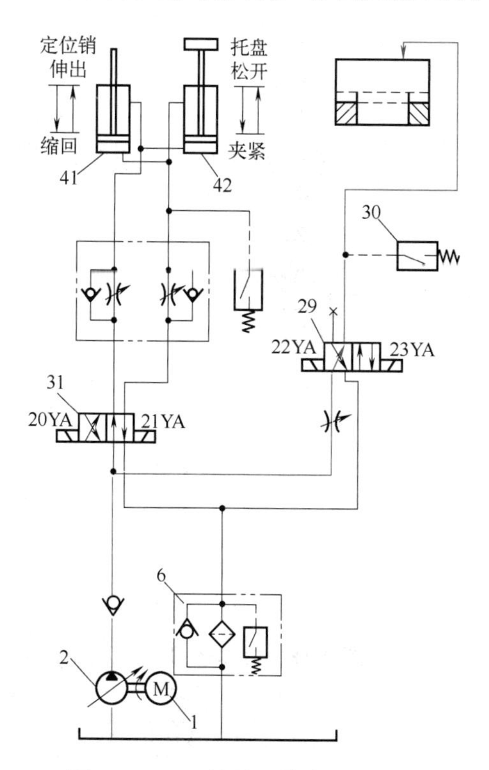

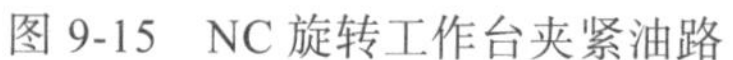
图 9-15　NC 旋转工作台夹紧油路

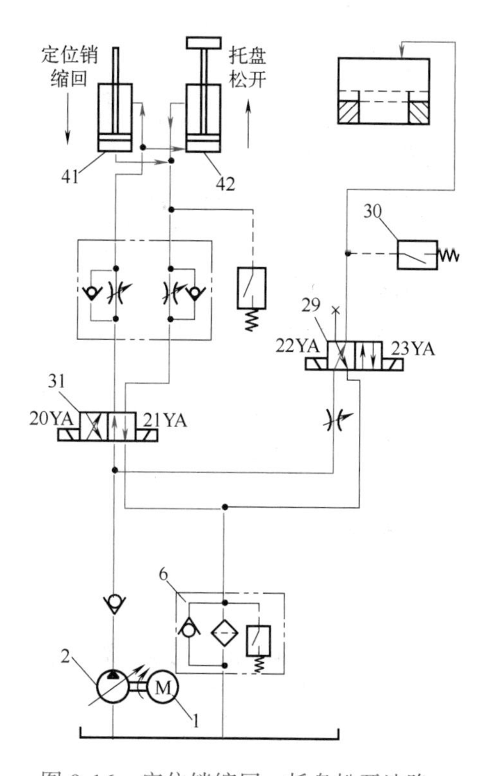

图 9-16　定位销缩回、托盘松开油路

进油路：油箱→液压泵 2 →单向阀→二位四通电磁换向阀 31（右位）→双单向节流阀→液压缸 41 上腔（液压缸 42 下腔）；

回油路：液压缸 41 下腔（液压缸 42 上腔）→双单向节流阀→二位四通电磁换向阀 31（右位）→过滤器组件 6 →油箱。

交换结束后20YA得电，电磁换向阀31切换为左位，定位销伸出，液压缸42带动托盘夹紧，即可进入加工状态。其油路如图9-17所示。

进油路：油箱→液压泵2→单向阀→二位四通电磁换向阀31（左位）→双单向节流阀→液压缸41下腔（液压缸42上腔）；

回油路：液压缸41上腔（液压缸42下腔）→双单向节流阀→二位四通电磁换向阀31（左位）→过滤器组件6→油箱。

（3）刀库选刀、装刀回路

如图9-18所示，在零件加工过程中，刀库需把下道工序所需的刀具预选列位。首先判断所需的刀具在刀库中的位置，确定液压马达32的旋转方向，使电磁换向阀33换向，控制单元34控制液压马达启动、中间状态、到位、旋转速度，刀具到位后由旋转编码器组成的闭环系统发出信号。双向溢流阀起安全作用。液压缸35用于刀库装卸刀具。

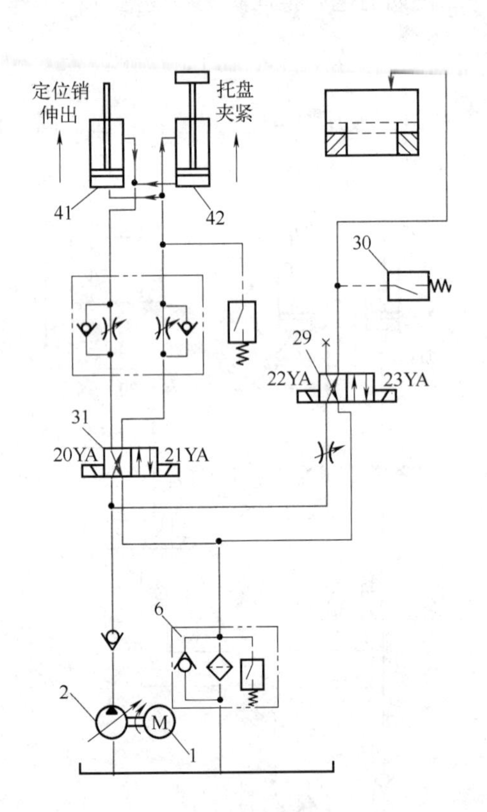

图9-17　定位销伸出、托盘夹紧油路

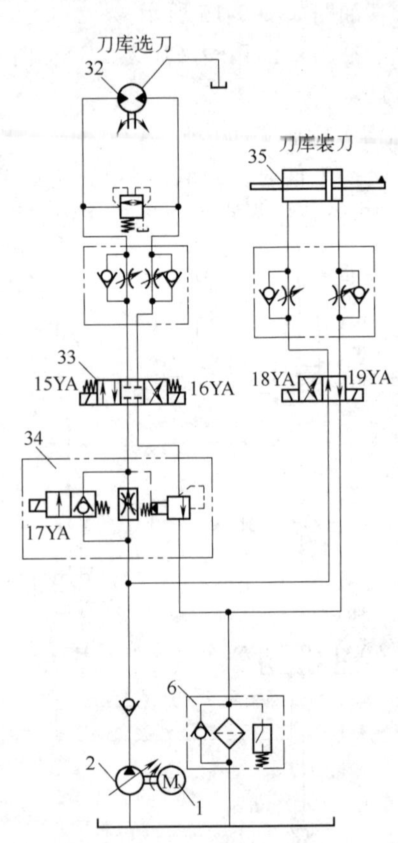

图9-18　刀库选刀、装刀回路

第10章 起货机的液压系统

船舶起货机是在船面上工作的机器装置，是用来装卸船上运载重物的液压系统机器装置，在规定负载下能够完成起升、变幅和回转三种工作要求，是货轮与客货轮装卸、移动货物和吊运物品不可缺少的重要设备之一。起货机的性能及工作情况，对缩短停港用期、加速港口货物的吞吐量有着极其重要的作用。

常见的起货机按照动力源分为手动、电动和液压三大类，目前液压起货机是在船舶上得到大量应用的一种装卸重物的机械设备。液压起货机涉及的液压控制系统主要有起升机构液压系统和回转机构液压系统。

10.1 起升机构的液压系统

起升机构由液压缸 7 带动起升臂升降，实现货物起升、起升停止（保持）和货物下降三种动作切换。其换向由三位四通手动换向阀 3 控制，由液控单向阀 4 实现截止和制动保持，如图 10-1 所示。

10.1.1 回路元件组成

① 液压泵 1 液压系统动力元件，液压系统油液从油箱经过滤器到达液压泵 1，液压泵 1 通过电机带动为液压系统提供传动所需的压力油。

② 溢流阀 2 液压系统压力控制元件，安装于液压泵出口处，起到溢流保压的作用，限定液压系统的最大压力。

③ 三位四通中位机能 M 型的手动换向阀 3 液压系统方向控制元件，通过手动改变阀芯位置，从而改变油液流通方向，用于控制液压缸 7 的伸缩与停止。

④ 液控单向阀 4 液压系统方向控制元件，用于实现单向截止控制和制动保持。

⑤ 单向节流阀 5 液压系统速度控制元件，根据安装方向不同，单向节流，改变进入液

压缸流体的流量，从而控制液压缸的下降速度。

⑥ 溢流阀 6　液压系统压力控制元件，起到溢流保压的作用，为防止制动液压过高，高低压管路之间设溢流阀 6，该阀整定压力可与安全阀相同，也可比安全阀高 5%~10%。

⑦ 液压缸 7　液压系统执行元件，能够将压力能转化为机械能，与机械结构起升臂相连，实现货物起升和下降动作。

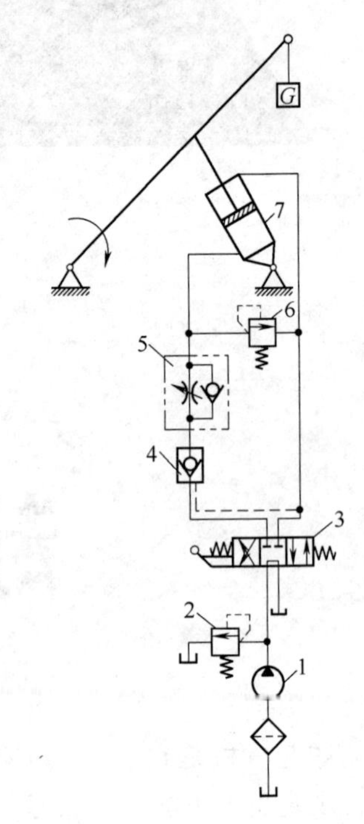

图 10-1　起升机构液压系统原理图
1—液压泵；2，6—溢流阀；3—三位四通手动换向阀；4—液控单向阀；5—单向节流阀；7—液压缸

10.1.2　涉及的基本回路

（1）换向回路

换向回路基本内容见 1.1.2 节。

（2）节流调速回路

节流调速回路基本内容见 1.2.2 节。

10.1.3　回路解析

起货机起升机构液压系统使用三位四通手动换向阀 3 换向，并通过单向节流阀 5 进行节流调速，以调节进入执行机构的流量，从而达到调速的目的，液压泵流量的其余部分经溢流阀返回油箱。在液压回路中设液控单向阀 4 用于货物起升后的制动保持。

（1）货物起升

如图 10-2 所示，手动操作三位四通中位机能 M 型的手动换向阀 3，使其切换至右位，实现液压缸 7 下腔进油，上腔回油，液压缸 7 带动活塞杆伸出，带动起升臂使货物快速提升。

进油路：油箱→液压泵 1→三位四通 M 型手动换向阀 3（右位）→液控单向阀 4（液控口无压力）→单向节流阀 5（单向阀）→液压缸 7 下腔；

回油路：液压缸 7 上腔→三位四通 M 型手动换向阀 3（右位）→油箱。

（2）起升停止（保持）

如图 10-3 所示，手动操作三位四通中位机能 M 型的手动换向阀 3，使其复位至中位，实现液压泵 1 卸荷，液压缸 7 闭锁，起升臂停止，货物保持不动，此时通过液控单向阀 4 截止油路，保证液压缸 7 稳定制动。

油路：油箱→液压泵 1→三位四通 M 型手动换向阀 3（中位）→油箱。

（3）货物下降

如图 10-4 所示，手动操作三位四通中位机能 M 型的手动换向阀 3，使其切换至左位，实现液压缸 7 上腔进油，下腔回油，形成出口节流调速回路。液压缸 7 活塞杆缩回，起升臂下降使货物调速下降。

进油路：油箱→液压泵 1→三位四通 M 型手动换向阀 3（左位）→液压缸 7 上腔；

回油路：液压缸 7 下腔→单向节流阀 5（节流阀）→液控单向阀 4（液控口有压力，反向通流）→三位四通 M 型手动换向阀 3（左位）→油箱。

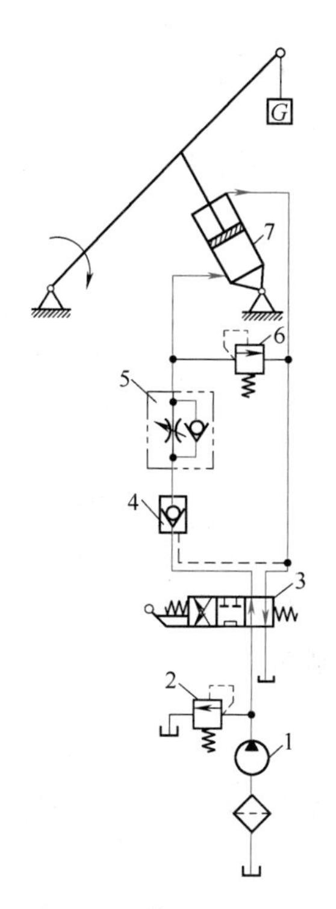

图 10-2　货物起升油路

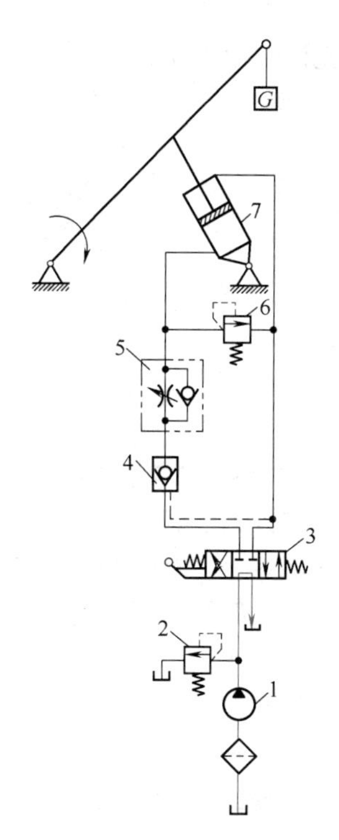

图 10-3　货物起升停止油路

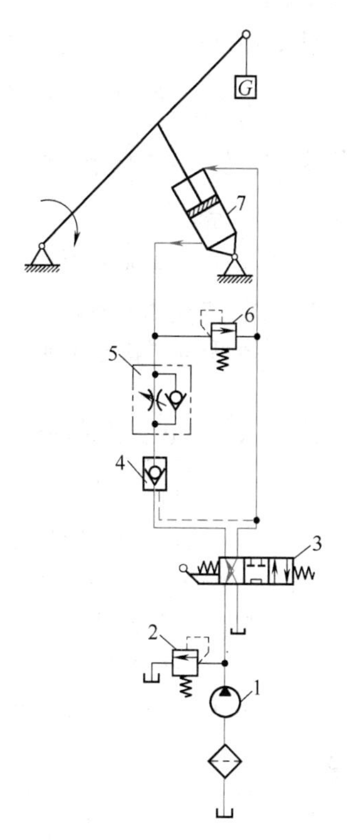

图 10-4　货物下降油路

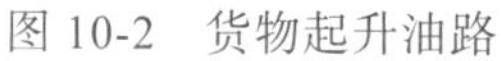

10.2　回转机构的液压系统

回转机构由液压马达 6 带动，实现正转、反转和停止三种动作切换。其换向由三位四通手动换向阀 3 控制，由弹簧液压缸 7 实现制动控制，如图 10-5 所示。

10.2.1　回路元件组成

① 液压泵 1　液压系统动力元件，液压系统油液从油箱经过滤器到达液压泵 1，液压泵 1 通过电机带动为液压系统提供传动所需的压力油。

② 溢流阀 2　液压系统压力控制元件，起到溢流保压的作用，限定液压系统的最大压力。

③ 三位四通中位机能 M 型的手动换向阀 3　液压系统方向控制元件，通过手动改变阀芯位置，从而改变油液流通方向，用于控制液压马达的正反转和停止。

④ 单向顺序阀（平衡阀）4　液压系统压力控制元件，压力开关，通过压力控制油路启闭。

⑤ 溢流阀 5　液压系统压力控制元件，起到溢流保压的作用，为防止制动液压过高，高低压管路之间设溢流阀 5，该阀整定压力可与安全阀相同，也可比安全阀高 5%~ 10%。

⑥ 双向液压马达 6　液压系统执行元件，能够将压力能转化为机械能，与机械结构相连，实现双向回转动作。

⑦ 制动弹簧缸 7　液压系统执行元件，能够将压力能转化为机械能，用于实现双向液压

马达 6 制动。

⑧ 单向节流阀 8　流量控制元件，用于实现制动弹簧缸 7 的制动速度调节。

10.2.2　涉及的基本回路

（1）换向回路

换向回路基本内容见 1.1.2 节。

（2）节流调速回路

节流调速回路基本内容见 1.2.2 节。

10.2.3　回路解析

起货机回转机构液压系统使用三位四通手动换向阀 3 换向，回转起升时经单向顺序阀 4 的单向阀进油，因此不限速，回转下降时，液压泵 1 向低压管供油达到一定压力时，单向顺序阀 4 的顺序阀才能开启，即单向顺序阀 4 的开度受低压管油压控制，下降速度受液压马达流量限制。制动弹簧缸 7 为制动缸，确保停止时双向液压马达 6 稳定制动。

（1）液压马达顺时针旋转

如图 10-6 所示，手动操作三位四通中位机能 M 型的手动换向阀 3，使其切换至右位，实现液压马达 6 左侧进油，右侧回油，液压马达 6 顺时针旋转输出，货物快速提升。同时液压油经单向节流阀 8 的单向阀进入弹簧缸 7，弹簧缸 7 缩回，不制动。

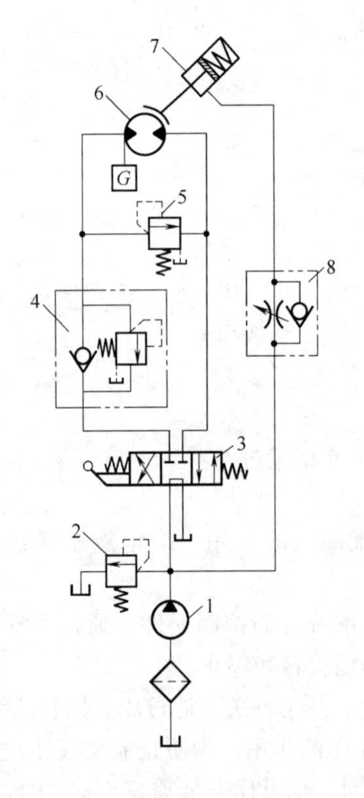

图 10-5　回转机构液压系统原理图

1—液压泵；2，5—溢流阀；3—三位四通手动换向阀；4—单向顺序阀；6—双向液压马达；7—制动弹簧缸；8—单向节流阀

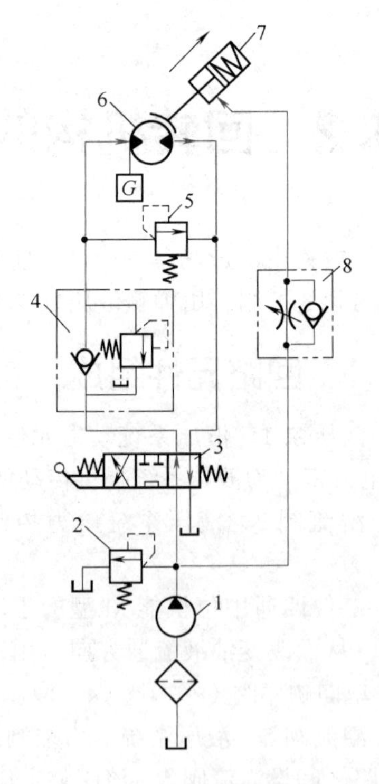

图 10-6　液压马达顺时针旋转油路

进油路：油箱→过滤器→液压泵 1 →三位四通 M 型手动换向阀 3（右位）→单向顺序阀 4（单向阀）→液压马达 6 左侧；

回油路：液压马达 6 右侧→三位四通 M 型手动换向阀 3（右位）→油箱；

进油路：油箱→过滤器→液压泵 1 →单向节流阀 8（单向阀）→弹簧缸 7 有杆腔。

（2）液压马达停止

如图 10-7 所示，手动操作三位四通中位机能 M 型的手动换向阀 3，使其复位至中位，实现液压泵 1 卸荷，液压马达 6 闭锁，弹簧液压缸 7 回油，液压马达制动。货物保持不动，此时通过单向顺序阀 4 和弹簧缸 7 保证液压马达 6 稳定制动。

进油路：油箱→过滤器→液压泵 1 →三位四通 M 型手动换向阀 3（中位）→油箱；

回油路：弹簧缸 7 有杆腔→单向节流阀 8（节流阀）→三位四通 M 型手动换向阀（中位）3 →油箱。

（3）液压马达逆时针旋转

如图 10-8 所示，手动操作三位四通中位机能 M 型的手动换向阀 3，使其移动至左位，实现液压马达右侧进油，左侧回油，液压马达逆时针旋转，带动货物调速下降。

进油路：油箱→过滤器→液压泵 1 →三位四通 M 型手动换向阀 3（左位）→液压马达 6 右侧；

回油路：液压马达 6 左侧→单向顺序阀 4（顺序阀）→三位四通 M 型手动换向阀 3（左位）→油箱；

进油路：油箱→过滤器→液压泵 1 →单向节流阀 8（单向阀）→弹簧缸 7 有杆腔。

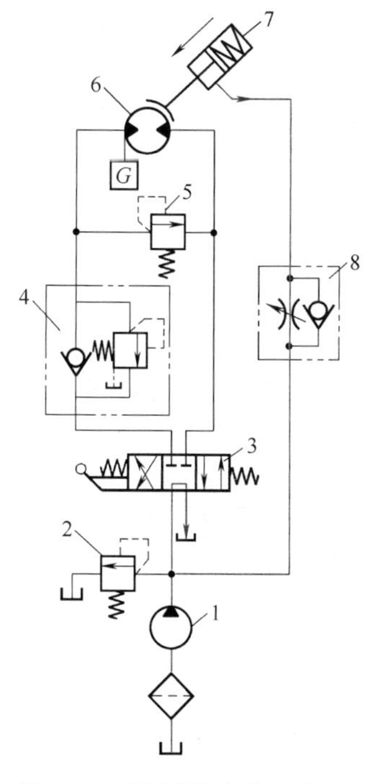

图 10-7　液压马达停止油路

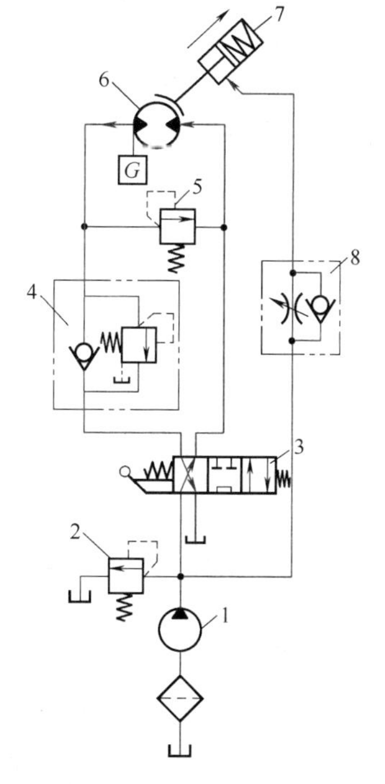

图 10-8　液压马达逆时针旋转油路

第11章
折弯机液压系统

棒料折弯机用于直径5~10mm的金属棒料制品的金属加工。该机构能够加工出多种不同尺寸和形状的金属制品，有三个弯曲段的成品可以一次挤压成型，产品无压痕。在挤压过程中，可以实现多根棒料同时挤压成型，是工程生产中较为常用的小型液压机械。

折弯机的主机由机身、龙门架、左折板、压紧板、右折板、滑动架和调节丝杠等组成（见图11-1）。左折弯机构能够实现两个弯的一次成型，借助120°和90°两个位置的限位开关，可完成两种型号的产品成型。此型号的切换无须调整行程开关，由控制面板的120° /90°拨位开关即可实现。其中产品手柄处折弯是由龙门架上限位轴的限位实现的。右折弯机构设置在一个可以沿横向导轨滑动的架体上，松开锁紧螺栓，摇动丝杠7可以调整右折弯的位置，以满足不同规格产品的要求。

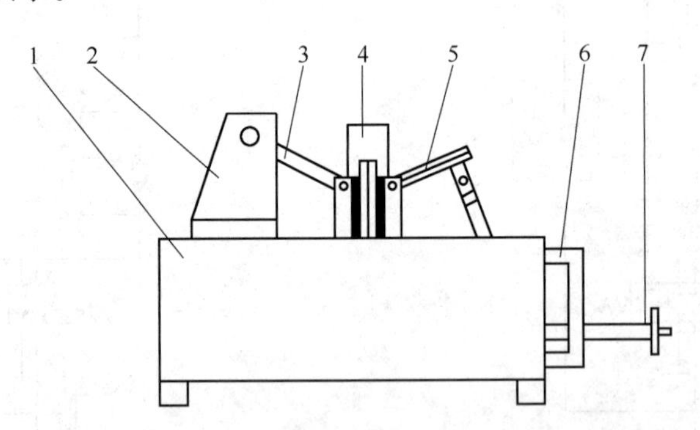

图11-1　折弯机主机结构示意图

1—机身；2—龙门架；3—左折板；4—压紧板；5—右折板；6—滑动架；7—调节丝杠

折弯机主要依靠液压系统驱动，其中左折弯、右折弯装置和压紧板各采用一个单活塞杆液压缸驱动。如图11-2所示为折弯机的液压系统原理图。

为了提高折弯机的平稳性和防干扰，液压系统采用了双联泵（泵2和泵3）供油的双回路系统，液压泵2单独向左折弯机构液压缸9供油，供油压力由溢流阀6设定，液压缸的运动方向由三位四通电磁换向阀7控制，由单向节流阀8实现回油节流调速。右折弯机构液压缸10与压紧液压缸13由液压泵3供油，液压泵3的保压与卸荷由先导溢流阀5和二位二通电磁换向阀 4 设定和控制；液压缸 10 和液压缸 13 的运动方向分别由三位四通电磁换向阀 12 和二位四通电磁换向阀 14 控制；液压缸 10 由单向节流阀 11 实现回油节流调速，液压缸 13 由调速阀 15 和二位二通电磁换向阀 16 控制进行回油节流调速和快慢速切换。其液压系统电磁铁动作表如表 11-1 所示。

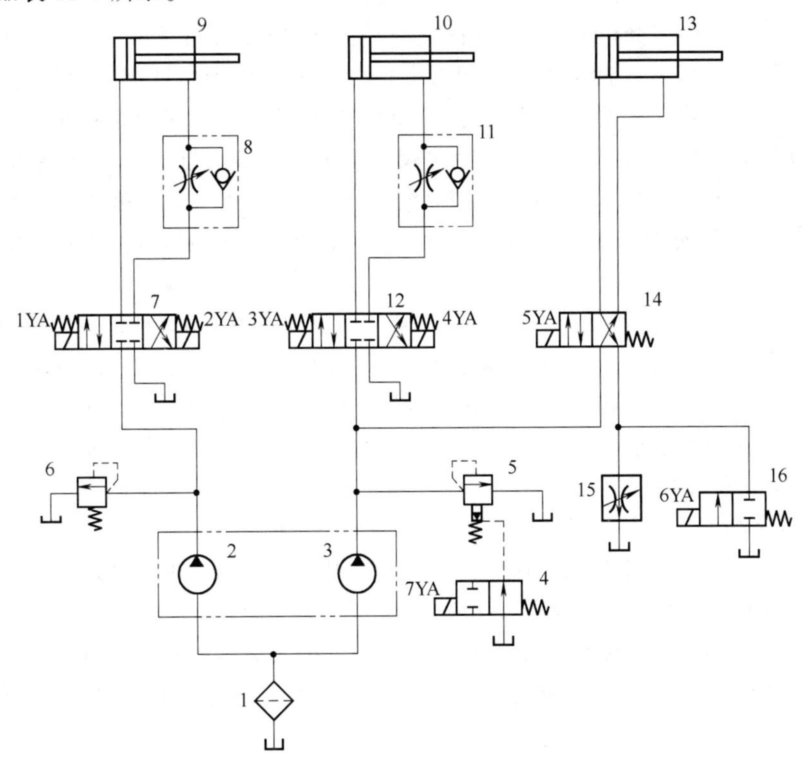

图 11-2　折弯机液压系统原理图

1—过滤器；2，3—双联液压泵；4，16—二位二通电磁换向阀；5—先导溢流阀；6—直动溢流阀；7，12—三位四通电磁换向阀；8，11—单向节流阀；9—左折弯机构液压缸；10—右折弯机构液压缸；13—压紧液压缸；14—二位四通电磁换向阀；15—调速阀

表 11-1　折弯机液压系统电磁铁动作表

动作	电磁铁						
	1YA	2YA	3YA	4YA	5YA	6YA	7YA
快速压紧	-	-	-	-	+	+	+
慢速压紧	-	-	-	-	+	-	+
左右折弯	+	-	+	-	+	-	+
左右折退	-	+	-	+	+	-	+
压头松开	-	-	-	-	-	+	+
系统卸荷	-	-	-	-	-	-	-

注：上面表格中，“+”表示得电，“-”表示失电。

1. 回路元件组成

① 过滤器 1　辅助元件，用于过滤液压油中的杂质，使进入液压系统中的油液保持清洁，不损害液压元件，保证液压系统的正常工作。

② 液压泵2、3　动力元件，通过电机带动，不断从油箱里吸油，供给液压系统，向液压系统提供连续有压流体，把旋转的机械能转化为流体的压力能。本液压系统配备双泵并联。

③ 二位二通电磁换向阀4、16　方向控制元件，电磁换向阀是液压设备中液压控制系统和电气控制系统之间的中介转换元件，由按钮开关、行程开关和时间、电流、压力等各类继电器按照设计发出电信号，使电磁阀通电或断电，在电磁铁吸力和阀内弹簧的协同作用下，滑阀在阀体内改变位置，从而实现油路的通、断、切换或卸荷。由此来控制液压系统和整台液压设备的动作和功能。二位二通电磁换向阀4用于控制液压缸10的液压系统卸荷和保压状态切换；二位二通电磁换向阀16用于控制液压缸13的液压系统快速和慢速状态切换。

④ 二位四通电磁换向阀14　方向控制元件，二位四通电磁换向阀14用于控制液压缸13的换向。

⑤ 三位四通中位机能为O型的电磁换向阀7、12　方向控制元件，三位四通电磁换向阀7用于控制液压缸9的换向；三位四通电磁换向阀12用于控制液压缸10的换向。

⑥ 先导溢流阀5　压力控制元件，在液压系统中用来溢流保压，稳压定压是溢流阀的主要作用。先导溢流阀5用于调节液压缸10和13的液压系统压力，其遥控口接二位二通电磁换向阀用于卸荷与保压切换。

⑦ 直动溢流阀6　压力控制元件，在液压系统中用来溢流保压，稳压定压是溢流阀的主要作用。它常出现于节流调速系统中，与流量控制阀配合使用，调节进入系统的流量，并保持系统压力基本恒定。溢流阀6用于调节液压缸9的液压系统压力。

⑧ 单向节流阀8、11　流量控制元件，控制调节进入液压系统的流量，调节液压缸的运动速度。单向节流阀8用于调节液压缸9的伸出运动速度；单向节流阀11用于调节液压缸10的伸出运动速度。

⑨ 调速阀15　流量控制元件，控制调节液压系统中油液的流速，与二位二通电磁换向阀16联用，用于实现液压缸13的运动速度切换。

⑩ 液压缸9、10、13　执行元件，将压力能转换为直线往返的机械能。液压缸9为带动左折弯机构的液压执行元件；液压缸10为带动右折弯机构的液压执行元件；液压缸13为带动压紧机构的液压执行元件。

2. 涉及的基本回路

（1）换向回路

换向回路基本内容见1.1.2节。

（2）节流调速回路

节流调速回路基本内容见1.2.2节。

（3）卸荷回路

卸荷回路基本内容见3.2.2节。

（4）速度换接回路

速度换接回路基本内容见7.1.2节。

3. 回路解析

（1）快速压紧

如图11-3，当5YA、6YA、7YA通电时，电磁换向阀14、16都左位接入液压系统。启动液压泵，液压泵 3 保压，液压油从油箱经过过滤器吸油，进入液压系统，从二位四通电磁换向阀 14 的左位进入压紧液压缸 13 无杆腔；同时液压缸 13 有杆腔的液压油经二位四通电磁换向阀 14 的左位和二位二通电磁换向阀 16 的左位直接流回油箱，实现快速压紧。

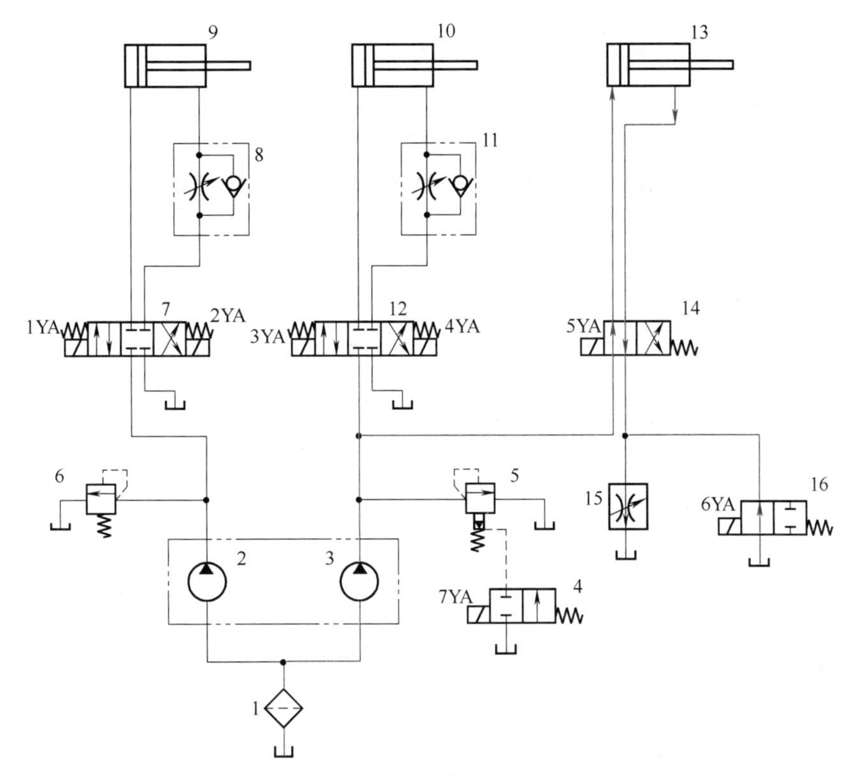

图 11-3　快速压紧油路

进油路：油箱→过滤器 1 →液压泵 3 →二位四通电磁换向阀 14（左位）→压紧液压缸 13 无杆腔；

回油路：压紧液压缸 13 有杆腔→二位四通电磁换向阀 14（左位）→二位二通电磁换向阀 16（左位）→油箱。

（2）慢速压紧

如图 11-4，当快进结束，5YA 继续通电，6YA 断电，7YA 通电，液压泵 3 保压。二位四通电磁换向阀 14 仍左位接入液压系统，二位二通电磁换向阀 16 右位接入液压系统，此时进油路与快速压紧相同，而压紧液压缸 13 的有杆腔的液压油，途径 14 号电磁换向阀左位经调速阀 15 流回油箱，由于在回油路上串联了调速阀，使得液压泵 3 流出的液压油部分油液经溢流阀流回油箱，节流调速，从而实现慢速压紧。

进油路：油箱→过滤器 1 →液压泵 3 →二位四通电磁换向阀 14（左位）→压紧液压缸 13 无杆腔；

回油路：压紧液压缸 13 有杆腔→二位四通电磁换向阀 14（左位）→调速阀 15 →油箱。

（3）左右折弯

如图 11-5，当 1YA、3YA、5YA 同时通电时，7YA 通电，液压泵 3 保压。双联液压泵 2、3 同时运转，电磁换向阀 7、12、14 同时切换为左位。油液经过滤器分别流入液压泵 2 和 3，再分别经过电磁换向阀 7、12、14 的左位进入左折弯机构液压缸 9 和右折弯机构液压缸 10

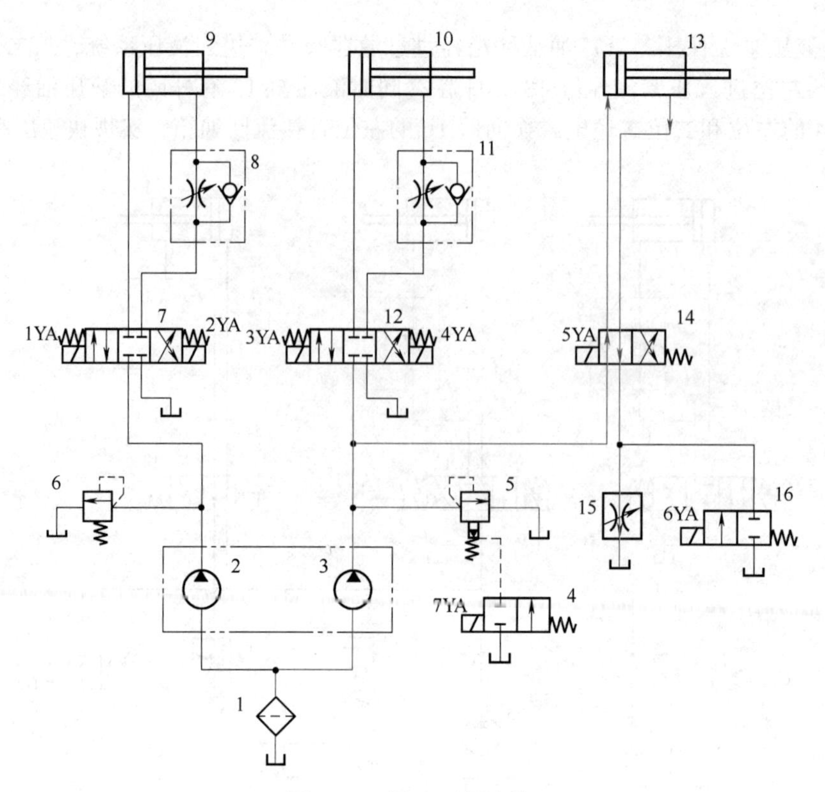

图 11-4 慢速压紧油路

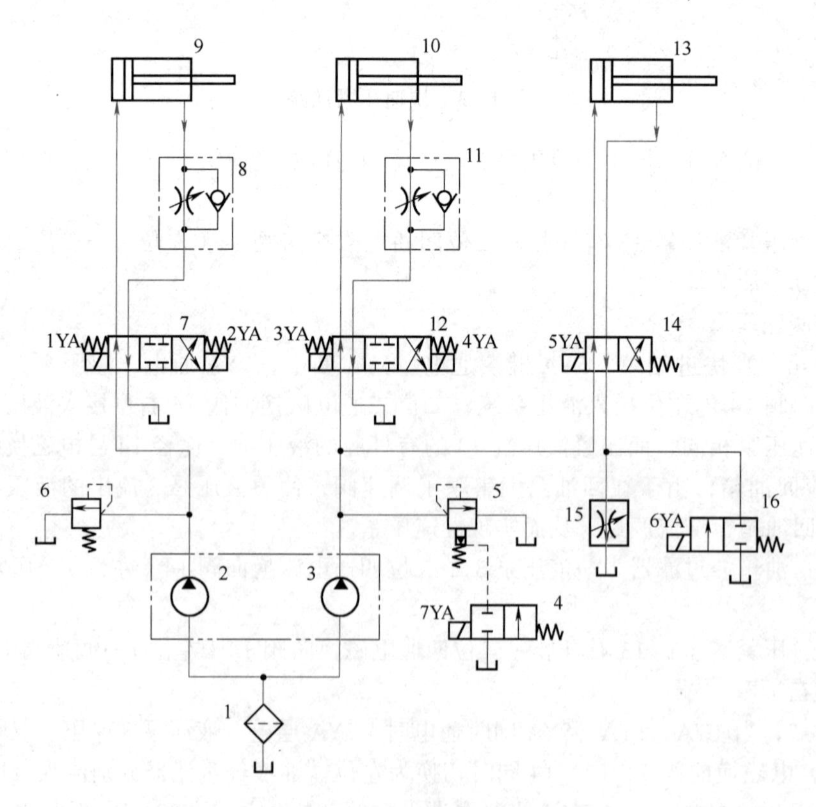

图 11-5 左右折弯油路

以及压紧液压缸 13 的左腔。同时液压缸 9 和液压缸 10 右腔的油液各自通过单向节流阀 8 和 11，途径电磁换向阀 7、12 的左位流回油箱。液压缸 13 右腔的油液通过电磁换向阀 14 的左位，经调速阀 15 流回油箱。多余的油液通过溢流阀 5、6 流回油箱，实现节流调速。

进油路 1：油箱→过滤器 1 →液压泵 3 →二位四通电磁换向阀 14（左位）→压紧液压缸 13 无杆腔；

回油路 1：压紧液压缸 13 有杆腔→二位四通电磁换向阀 14（左位）→调速阀 15 →油箱。

进油路 2：油箱→过滤器 1 →液压泵 2 →三位四通电磁换向阀 7（左位）→左折弯机构液压缸 9 无杆腔；

回油路 2：左折弯机构液压缸 9 有杆腔→单向节流阀 8（节流阀）→三位四通电磁换向阀 7（左位）→油箱。

进油路 3：油箱→过滤器 1 →液压泵 3 →三位四通电磁换向阀 12（左位）→右折弯机构液压缸 10 无杆腔；

回油路 3：右折弯机构液压缸 10 有杆腔→单向节流阀 11（节流阀）→三位四通电磁换向阀 12（左位）→油箱。

（4）左右折弯退回

如图 11-6，节流的油液经溢流阀 5、6 流回油箱。当 2YA、4YA、5YA 同时通电，7YA 通电，液压泵 3 保压。双联液压泵 2、3 同时运转，电磁换向阀 7 和 12 切换为右位、电磁换向阀 14 位于左位。液压油经过滤器分别流入泵 2、泵 3，再分别经过电磁换向阀 7 和 12 的右位和单向节流阀 8 和 11 的单向阀，进入左折弯机构液压缸 9 和右折弯机构液压缸 10 的右腔；泵 3 流出的油液经电磁换向阀 14 的左位进入压紧液压缸 13 的左腔。同时液压缸 9 和液压缸 10 左腔的油液各自途径电磁换向阀 7 和 12 的右位流回油箱。液压缸 13 右腔的油液通过电磁换

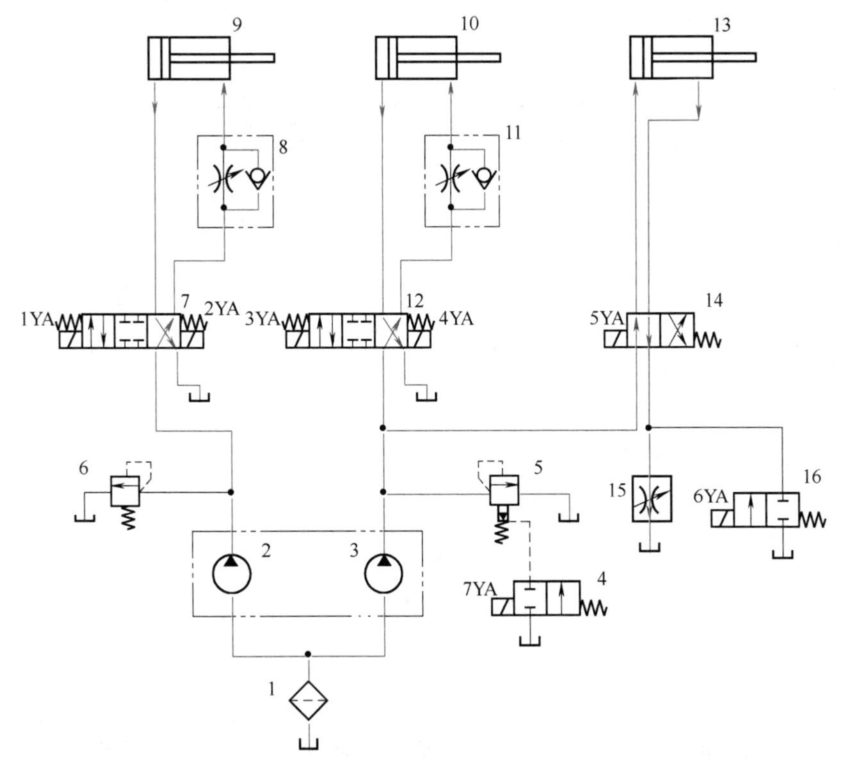

图 11-6　左右折弯退回油路

向阀14的左位，经调速阀15流回油箱。多余的油液通过溢流阀5流回油箱，实现节流调速。

进油路1：油箱→过滤器1→液压泵3→二位四通电磁换向阀14（左位）→压紧液压缸13无杆腔；

回油路1：压紧液压缸13有杆腔→二位四通电磁换向阀14（左位）→调速阀15→油箱。

进油路2：油箱→过滤器1→液压泵2→三位四通电磁换向阀7（右位）→单向节流阀8（单向阀）→左折弯机构液压缸9有杆腔；

回油路2：左折弯机构液压缸9无杆腔→三位四通电磁换向阀7（右位）→油箱。

进油路3：油箱→过滤器1→液压泵3→三位四通电磁换向阀12（右位）→单向节流阀11（单向阀）→右折弯机构液压缸10有杆腔；

回油路3：右折弯机构液压缸10无杆腔→三位四通电磁换向阀12（右位）→油箱。

（5）压头松开

如图11-7，当5YA断电、6YA通电情况下，电磁换向阀14切换为右位。电磁换向阀16切换为左位，电磁换向阀7和12切换为中位，7YA通电，液压泵3保压。液压泵3输出的压力油经电磁换向阀14的右位，进入压紧液压缸13的有杆腔，同时液压缸13无杆腔的液压油经电磁换向阀14的右位和电磁换向阀16左位流回油箱，实现压头快速松开。

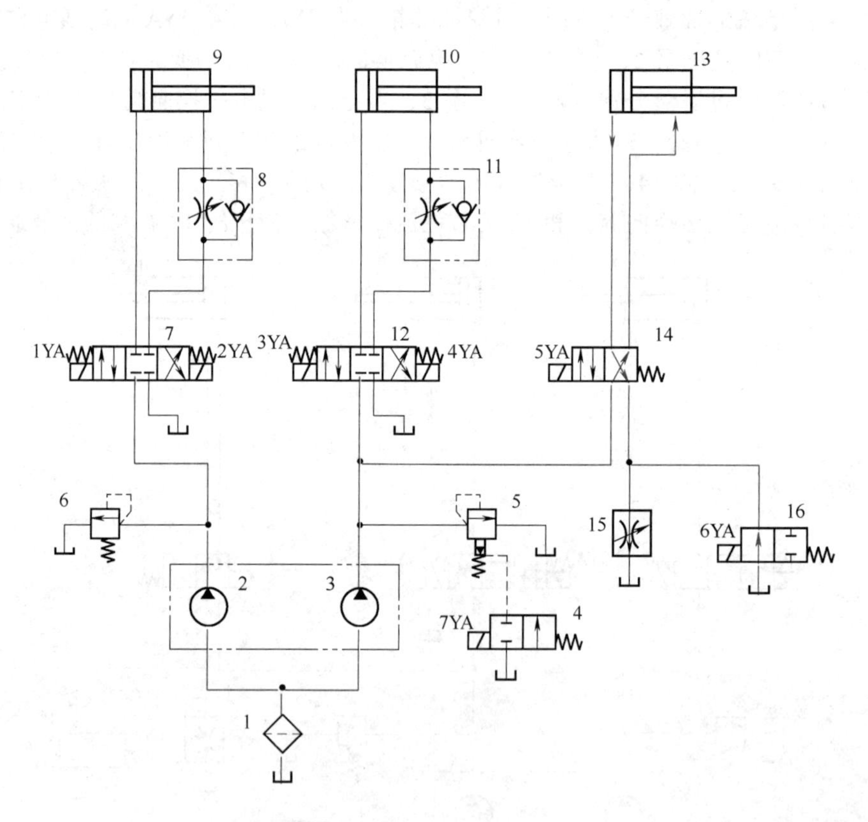

图11-7　压头松开油路

进油路：油箱→过滤器1→液压泵3→二位四通电磁换向阀14（右位）→压紧液压缸13有杆腔；

回油路：压紧液压缸13无杆腔→二位四通电磁换向阀14（右位）→二位二通电磁换向阀16（左位）→油箱。

（6）系统卸荷

如图 11-8，当电磁溢流阀的电磁铁 7YA 断电，电磁换向阀 4 切换为左位，先导溢流阀 5 遥控口经电磁换向阀 4 与油箱相连。此时液压泵 3 出口油液通过先导溢流阀 5 直接流回油箱，从而实现系统卸荷。

油路：油箱→过滤器 1 →液压泵 3 →先导溢流阀 5 →油箱。

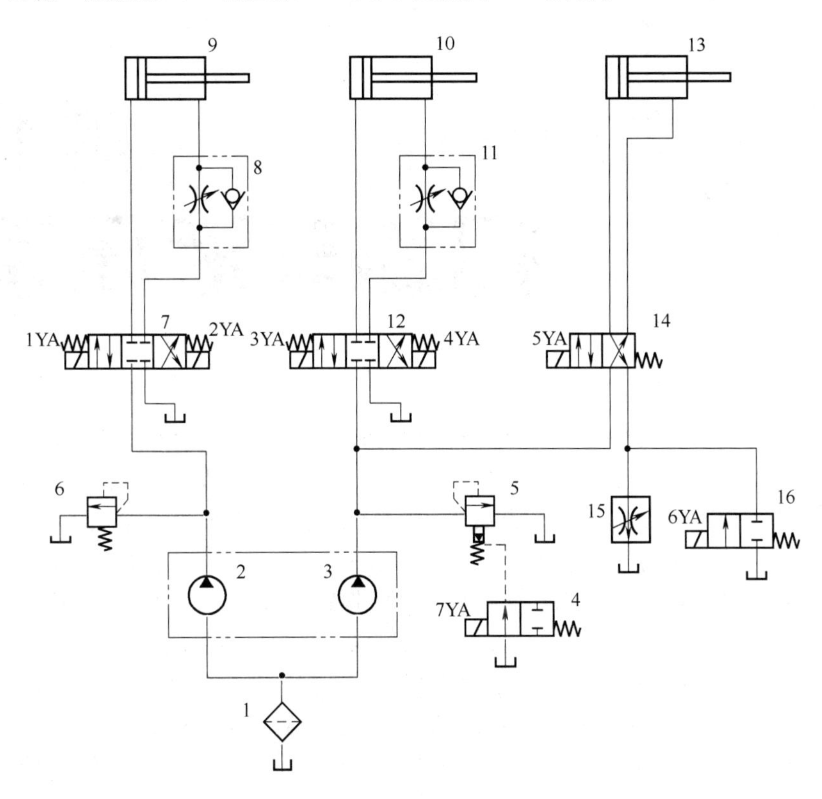

图 11-8　卸荷油路

第12章 扫路车液压系统

扫路车作为环卫机械设备之一，是一种集路面清扫、垃圾回收和垃圾运输为一体的新型高效的清扫设备，可广泛应用于城市、住宅区、公园等的道路清扫。路面扫路车不但可以清扫垃圾，而且还可以对道路上的空气介质进行除尘净化，既保证了道路的美观，维护了环境的卫生，维持了路面的良好工作状况，又有效减少和预防了交通事故的发生以及进一步延长了路面的使用寿命。目前在国内环卫部门利用路面扫路车进行路面养护已经逐渐成为主流。

扫路车结构主要由驾驶室、扫刷、灰斗、风机以及吸尘口等组成。目前市面常见的扫路车多数为液压系统驱动，通过液压系统带动完成扫路车的扫刷旋转与升降、灰斗旋转与升降等动作。扫路车靠三个可分别或同时旋转和伸缩的扫盘来完成路面的清扫工作。当扫路车清扫路面时，扫刷要完成旋转及升降动作，完成清扫动作后，灰斗需完成旋转、升降动作将垃圾倒出。

液压控制系统回路如图12-1所示，该回路给出了扫路车液压控制系统中的执行机构及其主要控制回路。

该液压回路主要包括三部分：15和18部分、16和19部分控制扫刷完成旋转及升降动作；17和20部分控制灰斗完成旋转及升降动作；18、19、20三个液压马达分别驱动扫路车的三个旋转扫盘，扫盘的伸缩动作分别由15、16、17三个双作用单杆液压缸承担。三个扫盘的旋转和伸缩动作协调靠两个二位四通换向阀、一个二位三通换向阀和三套液压锁来实现。

表12-1给出了液压系统中7个电磁先导阀的电磁铁通断电时液压马达和液压缸的动作情况。

表12-1 扫路车液压系统电磁铁动作表

动作	电磁铁						
	1YA	2YA	3YA	4YA	5YA	6YA	7YA
缸15伸出/马达18旋转	+	−	−	−	−	−	−
缸15缩回/马达18停止	−	+	−	−	−	−	+
缸16伸出/马达19旋转	−	−	+	−	−	−	−
缸16缩回/马达19停止	−	−	−	+	−	−	+
缸17伸出/马达20旋转	−	−	−	−	+	−	−
缸17缩回/马达20停止	−	−	−	−	−	+	+
缸、马达停止/系统卸荷	−	−	−	−	−	−	−

注：上面表格中，“+”表示得电，“−”表示失电。

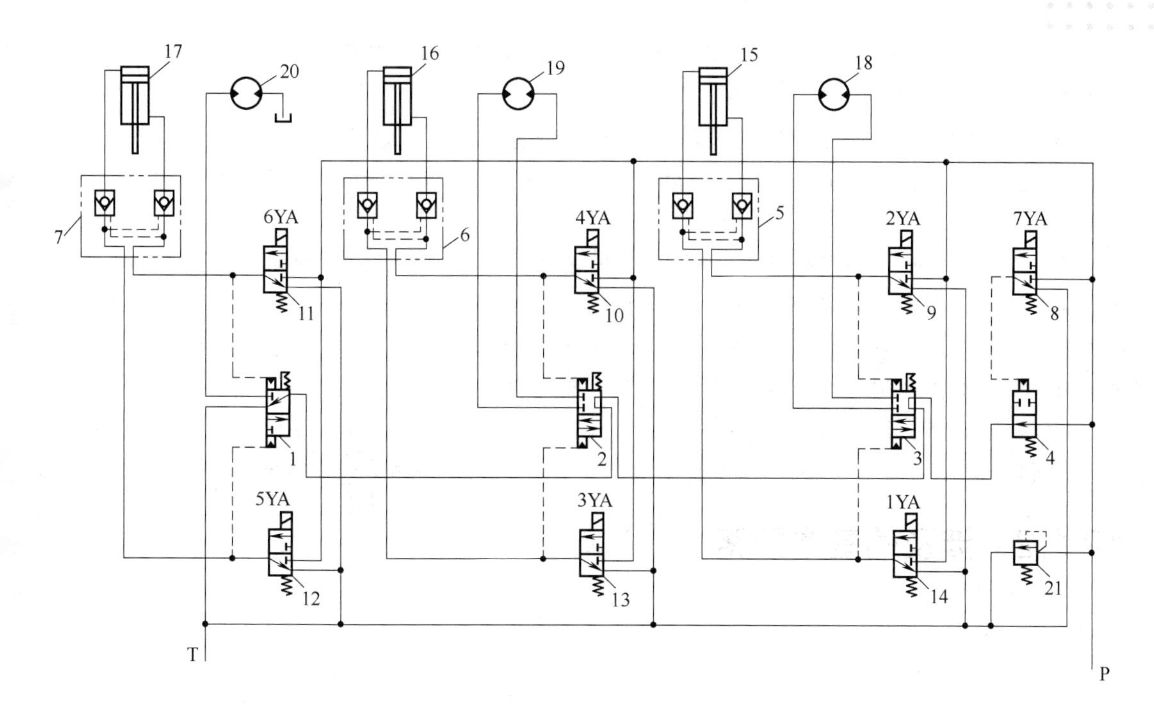

图 12-1　扫路车液压系统原理图

1— 二位三通液动换向阀；2，3— 二位四通液动换向阀；4— 二位二通液动换向阀；5 ～ 7— 液压锁；8 ～ 14—二位三通电磁换向阀；15 ～ 17—液压缸；18 ～ 20—液压马达；21—溢流阀

12.1　扫刷旋转升降动作

12.1.1　回路元件组成

① 液压源　由动力元件液压泵为多个执行元件提供液压油，液压油由油箱经过滤器到液压泵，液压泵由电机带动，为各个液压回路提供有压流体。图 12-1 中液压源用字母 P 标记，回油用字母 T 标记。

② 溢流阀 21　压力控制元件，溢流稳压，通过溢流阀调定弹簧预紧力，限定系统最大压力。当二位三通电磁换向阀 8 电磁铁得电时，液动换向阀 4 切换为上位，油路截止，则泵输出的压力油，其压力由安全溢流阀 21 调定；当二位三通电磁换向阀 8 电磁铁断电时，液动换向阀 4 切换为下位，则泵输出的油通过二位二通液动换向阀 4 下位、二位四通液动换向阀 3 上位、二位四通液动换向阀 2 上位和二位三通液动换向阀 1 上位流回油箱，实现卸荷。

③ 二位三通电磁换向阀 8、9、10、11、12、13、14　方向控制元件，通过二位三通电磁换向阀 8 换向，可实现控制二位二通液动换向阀 4 换向，从而控制系统在保压和卸荷状态间切换；通过二位三通电磁换向阀 9 和 14 换向，可实现控制二位四通液动换向阀 3 换向；通过二位三通电磁换向阀 10 和 13 换向，可实现控制二位四通液动换向阀 2 换向；通过二位三通电磁换向阀 11 和 12 换向，可实现控制二位三通液动换向阀 1 换向。

④ 二位二通液动换向阀 4　方向控制元件，通过二位二通液动换向阀 4 换向，可实现系统卸荷和保压状态切换。

⑤ 二位三通液动换向阀 1　方向控制元件，通过二位三通液动换向阀 1 换向，可实现控制液压缸 17 伸出同时液压马达 20 旋转到液压缸 17 缩回同时液压马达 20 停止两个状态间切换。

⑥ 二位四通液动换向阀 2、3　方向控制元件，通过二位四通液动换向阀 2 换向，可实现控制液压缸 16 伸出同时液压马达 19 旋转到液压缸 16 缩回同时液压马达 19 停止两个状态间切换；通过二位四通液动换向阀 3 换向，可实现控制液压缸 15 伸出同时液压马达 18 旋转到液压缸 15 缩回同时液压马达 18 停止两个状态间切换。

⑦ 液压缸 15、16、17　系统执行元件，用于带动扫盘和灰斗的伸出缩回动作。

⑧ 液压马达 18、19、20　系统执行元件，用于带动扫盘和灰斗的旋转动作。

12.1.2　涉及的基本回路

（1）换向回路

换向回路基本内容见 1.1.2 节。

（2）调压回路

调压回路基本内容见 2.1.2 节。

（3）锁紧回路

锁紧回路基本内容见 8.1.2 节。

（4）卸荷回路

卸荷回路基本内容见 3.2.2 节。

12.1.3　回路解析

（1）系统停止卸荷

如图 12-1 所示，当液压电磁阀线圈 1YA 至 6YA 均断电、7YA 也断电时，二位三通电磁换向阀 8 电磁铁断电，则泵输出的油通过卸荷阀 4 下位工作（供压油路通油箱），液压泵处于卸荷状态，系统中的全部执行元件均不工作。液压缸、液压马达停止，系统卸荷，扫路车扫刷机构不工作。

（2）液压缸 15 伸出，液压马达 18 旋转

如图 12-2 所示，当 1YA 通电，2YA 至 7YA 都断电时，液压油经电磁换向阀 14 上位进入液压缸 15 上腔，液压缸活塞下降，同时经液动换向阀 3 下位进入液压马达 18，使液压马达 18 旋转。扫路车扫刷机构单侧运作。

进油路：液压源→二位三通电磁换向阀 14（上位）→液压锁 5（左侧单向阀）→液压缸 15 上腔；

回油路：液压缸 15 下腔→液压锁 5（右侧单向阀）→二位三通电磁换向阀 9（下位）→油箱。

进油路：液压源→二位二通液动换向阀 4（下位）→二位四通液动换向阀 3（下位）→液压马达 18 进油口；

回油路：液压马达 18 出油口→二位四通液动换向阀 3（下位）→二位四通液动换向阀 2（上位）→油箱。

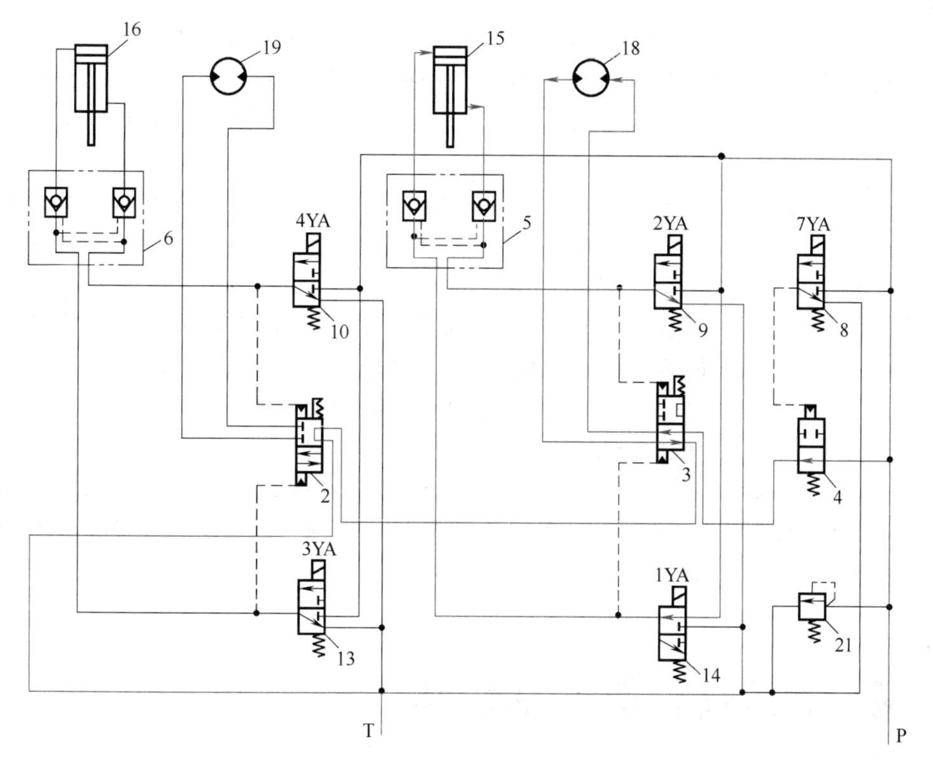

图 12-2　液压缸 15 伸出，液压马达 18 旋转油路

（3）液压缸 15 缩回，液压马达 18 停止

如图 12-3 所示，当 2YA 通电，1YA、3YA 至 6YA 都断电时，液压油经电磁换向阀 9 上

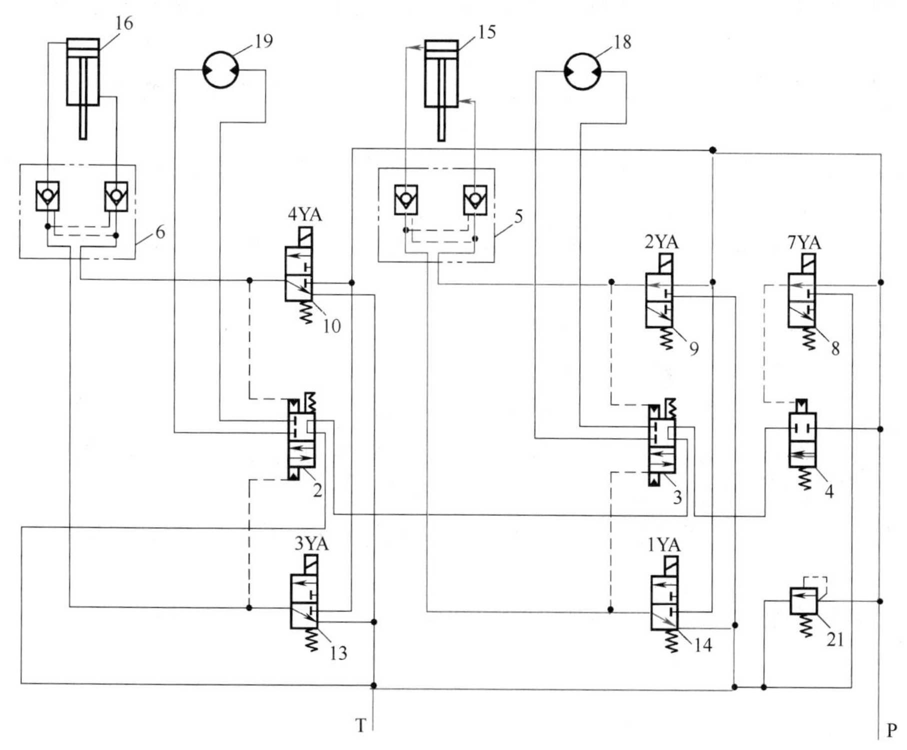

图 12-3　液压缸 15 缩回，液压马达 18 停止油路

位进入液压缸 15 下腔，液压缸活塞缩回，同时由于此时液动换向阀 4 处于上位，液压源停止向液压马达 18 供油，使液压马达 18 停转，单侧扫刷机构停止。

进油路：液压源→二位三通电磁换向阀 9（上位）→液压锁 5（右侧单向阀）→液压缸 15 下腔；

回油路：液压缸 15 上腔→液压锁 5（左侧单向阀）→二位三通电磁换向阀 14（下位）→油箱。

（4）液压缸 16 伸出，液压马达 19 旋转

由于此回路与液压缸 15、液压马达 18 完全一致，因此同理于（1）。当 3YA 通电，1YA、2YA、4YA 至 6YA 都断电时，液压油经电磁换向阀 13 上位进入液压缸 16 上腔，活塞下降，同时经液动换向阀 2 下位进入液压马达 19，使液压马达 19 旋转。

（5）液压缸 16 缩回，液压马达 19 停止

由于回路与液压缸 15、液压马达 18 完全一致，因此同理于（2）。当 4YA 通电，1YA 至 3YA、5YA、6YA 都断电时，液压油经电磁换向阀 10 上位进入液压缸 16 下腔，液压缸 16 活塞缩回，同时停止向液压马达 19 供油，使液压马达 19 停转。

12.2 灰斗旋转升降动作

（1）液压缸 17 伸出，液压马达 20 旋转

如图 12-4 所示，当 5YA 通电，1YA 至 4YA、6YA 都断电时，液压油经电磁换向阀 12 上位进入液压缸 17 上腔，活塞下降，同时经液动换向阀 1 下位进入液压马达 20，使液压马达 20 旋转，灰斗旋转升降启动。

进油路：液压源→二位三通电磁换向阀 12（上位）→液压锁 7（左侧单向阀）→液压缸 17 上腔；

回油路：液压缸 17 下腔→液压锁 7（右侧单向阀）→二位三通电磁换向阀 11（下位）→油箱。

进油路：液压源→二位二通液动换向阀 4（下位）→二位三通液动换向阀 1 下位→液压马达 20 进油口；

回油路：液压马达 20 出油口→油箱。

（2）液压缸 17 缩回，液压马达 20 停止

如图 12-5 所示，当 6YA 通电，1YA 至 5YA 都断电时，液压油经电磁换向阀 11 上位进入液压缸 17 下腔，液压缸活塞缩回，同时液动换向阀 4 切换为上位，液压源停止向液压马达 20 供油，使液压马达 20 停转，灰斗机构停止运动。

进油路：液压源→二位三通电磁换向阀 11（上位）→液压锁 7（右侧单向阀）→液压缸 17 下腔；

回油路：液压缸 17 上腔→液压锁 7（左侧单向阀）→二位三通电磁换向阀 12（下位）→油箱。

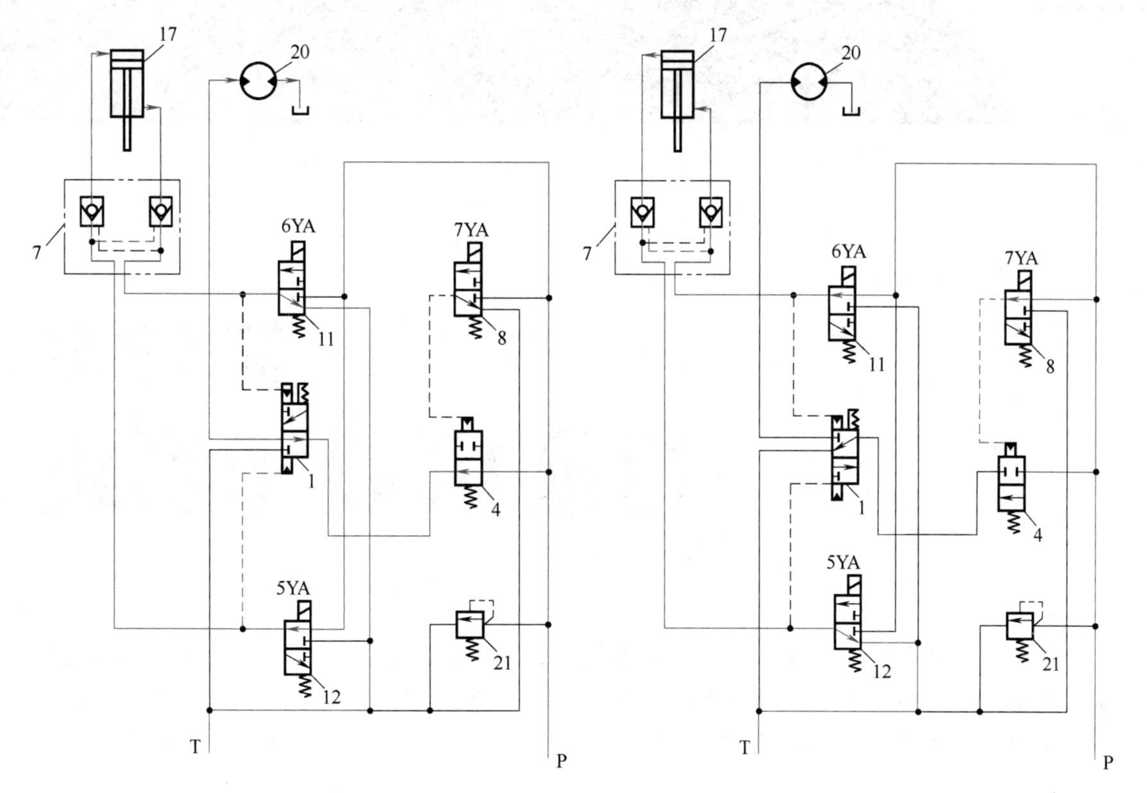

图 12-4　液压缸 17 伸出，液压马达 20 旋转油路　　图 12-5　液压缸 17 缩回，液压马达 20 停止油路

第13章 打捆机液压系统

打捆机是各种钢材厂家在产品生产后必备的包装机械设备，其作用是将钢材捆扎成型，便于厂家存放和运输。其原理是利用盘条、钢带等捆扎材料将螺纹钢、型钢（如槽钢、角钢、工字钢等）、带钢、线材等捆扎起来，提高了钢材的运输、存储和销售的便捷性。

为了满足各种不同钢材打捆的需要，根据不同钢材各自生产工艺和包装特点，目前市面上的钢材打捆机已形成了多品种、系列化、专业化的趋势，研制出了适合不同钢材类型打捆的专用钢材打捆机。

除此之外，随着科技发展进步，打捆机的自动化程度也逐步提高，技术先进的钢材打捆机普遍采用了微机控制和PLC控制技术，具备了全自动打捆功能，其操作可靠方便，无须熟练的工人就可操作，且设备故障率低，维修成本不高，大大提升了生产效率。本章介绍一种工程上较为常见的液压驱动打捆机。

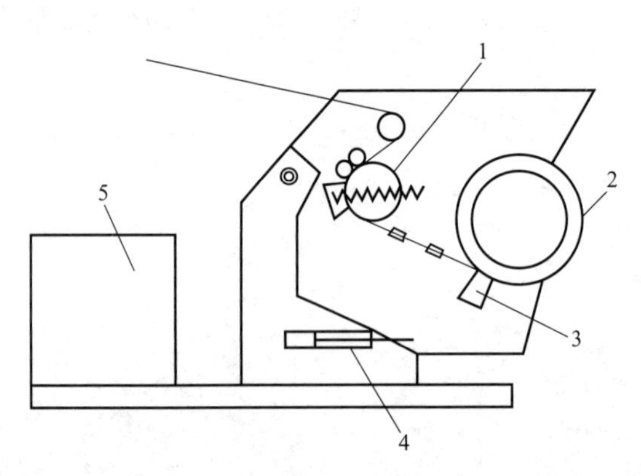

图 13-1 打捆机结构示意图

1—喂丝单元；2—导丝槽单元；3—打捆单元；4—打捆机装置升降单元；5—液压单元

如图13-1所示，液压打捆机的主要结构由喂丝单元、导丝槽单元、打捆单元、打捆机装置升降单元和液压单元几部分组成。各机械结构单元均由液压系统驱动工作。图13-2所示为打捆机液压系统的原理图。各机械结构分别通过喂丝马达、扭转马达、导丝槽液压缸、盖轮组液压缸、夹丝液压缸、助切缸、升降缸等执行元件驱动，实现液压控制下的钢材打捆。

表13-1电磁铁动作表给出了液压系统中电磁铁通断电时各液压马达和液压缸的动作情况。

打捆机的实际工作过程为：电磁铁10YA通电，升降缸23缩回，此时打捆机装置下降到低位，同时电磁铁3YA通电，喂丝轮马达正向旋转，靠压轮轴承和摩擦盘之间的摩擦力作为动力，使打捆丝依次经过承载臂、导向器、导向切刀的底孔，穿过拧结头一侧的孔进入导丝槽单元，然后由导向切刀的上斜面切入拧结头的另一孔中，在捆丝惯性力的作用下，

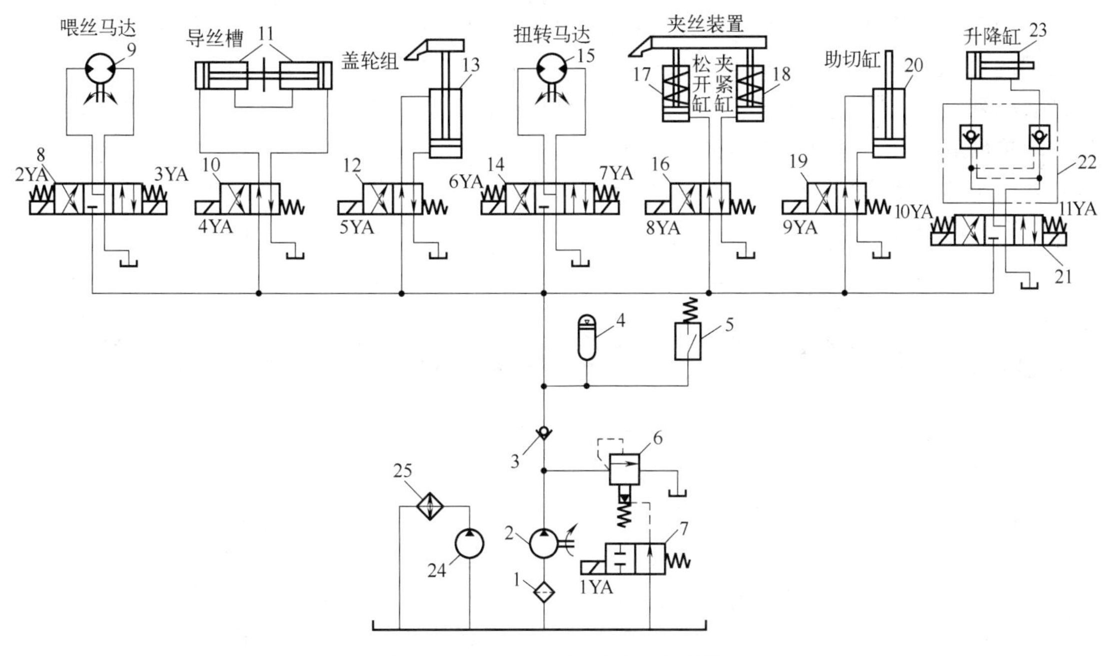

图 13-2　打捆机液压系统原理图

1—过滤器；2—液压泵；3—单向阀；4—蓄能器；5—压力继电器；6—先导溢流阀；7—二位二通电磁换向阀；8，14，21—三位四通电磁换向阀；9—喂丝马达；10，12，16，19—二位四通电磁换向阀；11—导丝槽液压缸；13—盖轮组液压缸；15—扭转马达；17—松开缸；18—夹紧缸；20—助切缸；22—液压锁；23—升降缸；24—冷却系统液压泵；25—冷却器

表 13-1　打捆机液压系统电磁铁动作表

动作	电磁铁										
	1YA	2YA	3YA	4YA	5YA	6YA	7YA	8YA	9YA	10YA	11YA
打捆机待机	+	−	−	−	−	−	−	−	−	−	+
打捆机下降	+	−	−	−	−	−	−	−	−	+	−
喂丝马达正转送丝	+	−	+	−	−	−	−	−	−	+	−
夹紧缸工作	+	−	+	−	−	−	−	+	−	+	−
喂丝马达反转拉丝	+	+	−	−	−	−	−	+	−	+	−
盖轮组打开	+	+	−	−	+	−	−	+	−	+	−
松开缸工作	+	+	−	−	+	−	−	−	−	+	−
扭转马达正转拧结	+	+	−	−	+	−	+	−	−	+	−
助切打弯	+	+	−	−	+	−	+	−	+	+	−
扭转马达反转复位	+	+	−	−	+	+	−	−	+	+	−
停止 / 泵卸荷	−	−	−	−	−	−	−	−	−	−	−

注：上面表格中，“+”表示得电，“−”表示失电。

承载臂打开，摆离喂丝轮约 10mm，使限位开关感光，夹紧油路中的电磁铁 8YA 通电，夹紧缸 18 动作，夹丝板夹紧打捆丝的丝头。

电磁铁 2YA 通电，喂丝轮马达反向旋转拉丝，电磁铁 5YA 通电，盖轮组液压缸伸出，导丝槽的盖轮组依次打开，捆丝顺次释放，捆紧钢捆，然后夹紧油路中的电磁铁 8YA 断电，松开液压缸动作，同时电磁铁 7YA 得电，扭转马达正转，拧结头开始拧结，当捆丝达到预定的拧结角度后，拧结头刀刃将打捆丝切断，电磁铁 9YA 得电，助切液压缸的活塞杆缩回，将打好的结下弯，电磁铁 6YA 得电，扭转马达反转，拧结头反向旋转复位，这样就完成了一个打捆周期，准备进入下一个周期。

13.1　喂丝单元、导丝槽单元和盖轮组动作

喂丝单元和导丝单元均由液压系统驱动。喂丝单元由喂丝轮、压轮、带有弹簧的承载臂、导向器、限位开关等组成，喂丝轮上装有两片摩擦盘，这两片摩擦盘组成截面为 V 形的圆形导槽，喂丝轮由液压马达驱动，压轴轮由凸轮机构组成，靠扭簧来实现定位和预压缩。

导丝单元由导丝槽、移动导丝槽的液压缸、盖轮组等组成，导丝槽截面为矩形，内径尺寸为 ϕ650mm，中间隔板将其分成两条滑道，每条滑道均匀分布着球轴承，在打捆机装置底部设计有一套液压缸，用它可以移动导丝槽，以确定使用单个滑道或者两个滑道，从而可以打单捆或者双捆。本例中以单捆打捆为例分析。

导丝槽包含一个盖轮系统，分布着 5 个盖轮组，每个盖轮组上装有一个轴承滚轮，轴承滚轮由一个小液压缸驱动，可以在垂直于导丝槽所在平面向外翻转。打捆时，盖轮组依次翻转，打捆丝顺次释放，从而增大打捆丝的张紧力。喂丝单元和导丝槽单元的液压回路如图 13-3 所示（为了表达简洁，图中只画出 5 个盖轮组液压缸中的一个）。

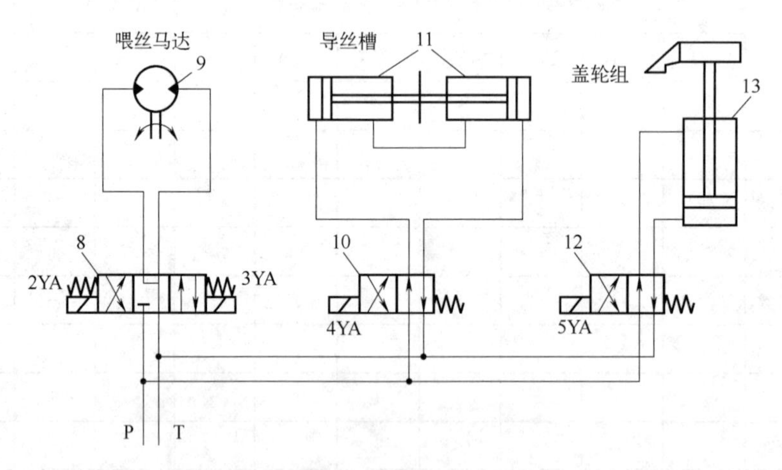

图 13-3　喂丝单元和导丝槽单元液压回路

13.1.1　回路元件组成

① 液压源　打捆机自带一套液压系统，包括液压泵、液压马达、液压缸、液压阀、油箱、冷却器、油位报警装置等。各阀块集成在油路阀块上，结构紧凑，减少了密封不良引起的漏油隐患。如图 13-2 所示，由动力元件液压泵 2 为多个执行元件提供液压油，液压油由油箱经过滤器 1 到液压泵 2，液压泵 2 由电机带动，为各个液压回路提供有压流体。

② 普通单向阀 3　方向控制元件，实现控制单向通流。

③ 蓄能器 4　辅助元件，储存多余的油液，并在需要时释放出来供给系统补充流量和压力，实现为液压系统短期供油。

④ 压力继电器 5　压力控制元件，将压力信号转化为电信号，当系统压力超过压力继电器设定的最高值时，1YA 失电系统卸荷，液压系统在蓄能器的放油状态下工作，直到系统压力降到压力继电器规定的最低工作压力为止。

⑤ 先导溢流阀 6　压力控制元件，溢流稳压，通过溢流阀调定弹簧预紧力，限定系统最大压力。当二位二通电磁换向阀 7 电磁铁失电时，换向阀处于右位，则先导溢流阀遥控口通过二位二通电磁换向阀 7 连接油箱，系统实现卸荷；当二位二通电磁换向阀 7 电磁铁得电时，换向阀切换为左位，则先导溢流阀遥控口封闭，液压系统由先导溢流阀溢流保压。

⑥ 二位二通电磁换向阀 7　方向控制元件，通过二位二通电磁换向阀 7 换向，可实现系统卸荷和保压状态切换。

⑦ 三位四通电磁换向阀 8　方向控制元件，通过三位四通电磁换向阀 8 换向，可实现控制喂丝马达旋转换向。

⑧ 二位四通电磁换向阀 10、12　方向控制元件，通过二位四通电磁换向阀 10 换向，可实现控制导丝槽液压缸 11 换向；通过二位四通电磁换向阀 12 换向，可实现控制盖轮组液压缸 13 换向。

⑨ 液压缸 11、13　系统执行元件，液压缸 11 用于带动导丝结构的伸出缩回动作；液压缸 13 用于带动盖轮组结构的伸出缩回动作。

⑩ 喂丝马达 9　系统执行元件，喂丝马达 9 用于带动喂丝机构的旋转动作。

⑪ 液压泵 24　动力元件，为独立冷却系统提供动力，与冷却器 25 形成独立冷却系统，为液压系统油液降温。

⑫ 冷却器 25　辅助元件，与液压泵 24 形成独立冷却系统，为液压系统油液降温散热。

13.1.2　涉及的基本回路

（1）换向回路

换向回路基本内容见 1.1.2 节。

（2）调压回路

调压回路基本内容见 2.1.2 节。

（3）卸荷回路

卸荷回路基本内容见 3.2.2 节。

13.1.3　回路解析

（1）喂丝马达正转送丝

如图 13-4 所示，当 3YA 通电，喂丝轮马达正向启动送丝，靠压轮轴承和摩擦盘之间的摩擦力作为动力，使打捆丝依次经过承载臂、导向器、导向切刀的底孔，穿过拧结头一侧的孔进入导丝槽单元。

进油路：油箱→过滤器 1→液压泵 2→单向阀 3→三位四通电磁换向阀 8（右位）→液压马达 9 左侧油口；

回油路：液压马达 9 右侧油口→三位四通电磁换向阀 8（右位）→油箱。

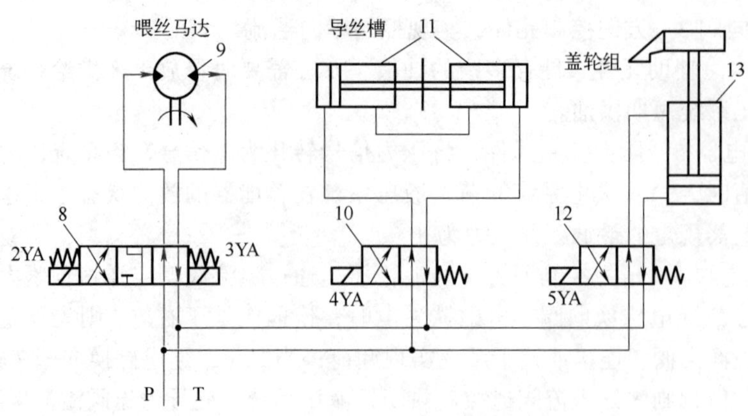

图 13-4 喂丝马达正转送丝油路

（2）喂丝马达反转拉丝

如图 13-5 所示，当 2YA 通电，喂丝轮马达反向转动拉丝，捆丝顺次释放，捆紧钢捆。

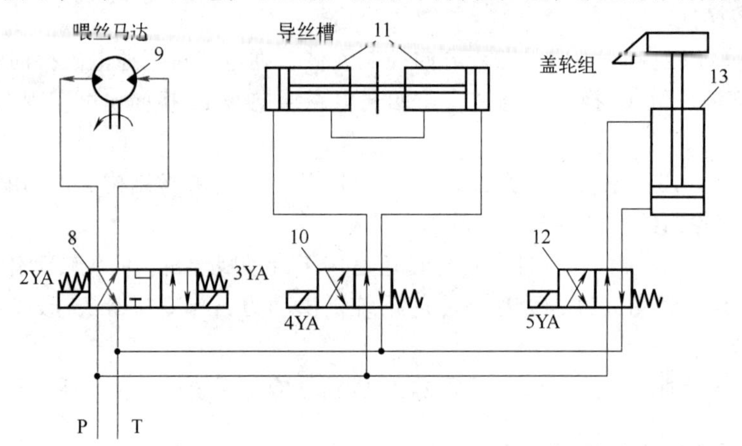

图 13-5 喂丝马达反转拉丝油路

进油路：油箱→过滤器 1→液压泵 2→单向阀 3→三位四通电磁换向阀 8（左位）→液压马达 9 右侧油口；

回油路：液压马达 9 左侧油口→三位四通电磁换向阀 8（左位）→油箱。

（3）盖轮组打开

如图 13-6 所示，当 5YA 通电，盖轮组液压缸伸出，可实现导丝槽的盖轮组依次打开。

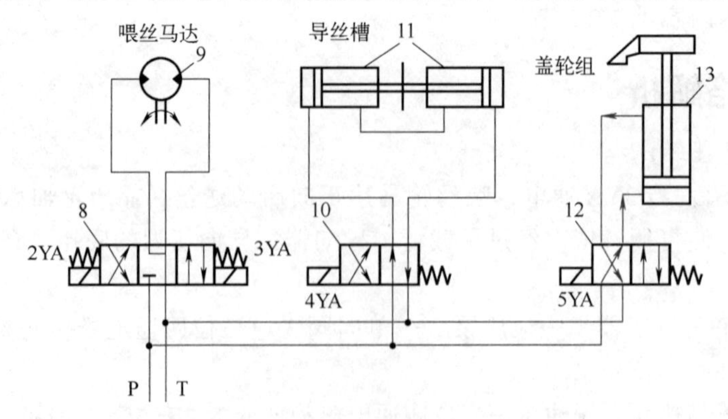

图 13-6 盖轮组打开油路

进油路：油箱→过滤器 1→液压泵 2→单向阀 3→二位四通电磁换向阀 12（左位）→液压缸 13 下腔；

回油路：液压缸 13 上腔→二位四通电磁换向阀 12（左位）→油箱。

13.2　打捆单元和打捆机装置升降单元动作

打捆单元由扭转轴、带有切刃的拧结头、扭簧、夹紧缸、松开缸、助切液压缸、夹丝臂、夹丝板、导向切刀等组成。扭转轴由扭转马达驱动，拧结头沿扭转轴轴向固定在其端部，扭转轴和扭簧构成圆柱凸轮机构，使扭转轴可以向一个方向旋转扭结，从而反向转动复位，夹丝板固定在夹丝臂上。导向切刀是连接喂丝单元、导丝槽单元和打捆单元的重要部件。

打捆机装置的升降由机座底部的一个液压缸驱动，打捆机上升，拧结头轴线正好和圆形钢捆法线方向一致，表示打捆准备就绪，开始打捆；打捆机装置下降，表示打捆动作完成，开始喂丝。打捆单元和打捆机装置升降单元液压回路如图 13-7 所示。

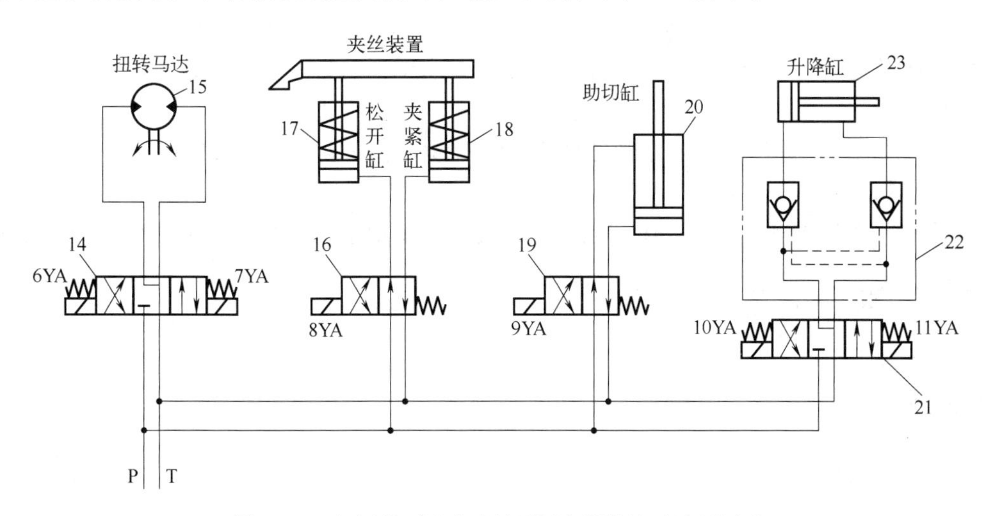

图 13-7　打捆单元和打捆机装置升降单元液压回路

13.2.1　回路元件组成

① 液压源　打捆机自带一套液压系统，包括液压泵、液压马达、液压缸、液压阀、油箱、冷却器、油位报警装置等。各阀块集成在油路阀块上，结构紧凑，减少了密封不良引起的漏油隐患。如图 13-2 所示，由动力元件液压泵 2 为多个执行元件提供液压油，液压油由油箱经过滤器 1 到液压泵 2，液压泵 2 由电机带动，为各个液压回路提供有压流体。同时液压泵 24 与冷却器 25 形成独立冷却系统。

② 普通单向阀 3　方向控制元件，实现控制单向通流。

③ 蓄能器 4　辅助元件，储存多余的油液，并在需要时释放出来供给系统补充流量和压力，实现为液压系统短期供油。

④ 压力继电器 5　压力控制元件，将压力信号转化为电信号，在卸荷状态下启动电机，

1YA 得电，使系统压力上升，同时蓄能器充油，当系统压力超过压力继电器设定的最高值时，1YA 失电系统卸荷，液压系统在蓄能器的放油状态下工作，直到系统压力降到压力继电器规定的最低工作压力为止。

⑤ 先导溢流阀 6　压力控制元件，溢流稳压，通过溢流阀调定弹簧预紧力，限定系统最大压力。当二位二通电磁换向阀 7 电磁铁失电时，换向阀处于右位，则先导溢流阀遥控口通过二位二通电磁换向阀 7 连接油箱，系统实现卸荷；当二位二通电磁换向阀 7 电磁铁得电时，换向阀切换为左位，则先导溢流阀遥控口封闭，液压系统由先导溢流阀溢流保压。

⑥ 二位二通电磁换向阀 7　方向控制元件，通过二位二通电磁换向阀 7 换向，可实现系统卸荷和保压状态切换。

⑦ 三位四通电磁换向阀 14、21　方向控制元件，通过三位四通电磁换向阀 14 换向，可实现控制扭转马达 15 旋转换向；通过三位四通电磁换向阀 21 换向，可实现控制升降缸 23 换向。

⑧ 二位四通电磁换向阀 16、19　方向控制元件，通过二位四通电磁换向阀 16 换向，可实现控制松开缸 17 和夹紧缸 18 换向；通过二位四通电磁换向阀 19 换向，可实现控制助切缸 20 换向。

⑨ 液压缸 17、18、20、23　系统执行元件，液压缸 17、18 用于带动夹丝板的夹紧松开动作；液压缸 20 用于实现助切动作；液压缸 23 用于实现带动打捆机升降装置动作。

⑩ 液压马达 15　系统执行元件，液压马达 15 用于带动扭转机构的旋转动作。

⑪ 液压锁 22　方向控制元件，可实现升降缸 23 停止时锁紧。

⑫ 液压泵 24　动力元件，为独立冷却系统提供动力，与冷却器 25 形成独立冷却系统，为液压系统油液降温。

⑬ 冷却器 25　辅助元件，与液压泵 24 形成独立冷却系统，为液压系统油液降温散热。

13.2.2 涉及的基本回路

（1）换向回路

换向回路基本内容见 1.1.2 节。

（2）调压回路

调压回路基本内容见 2.1.2 节。

（3）锁紧回路

锁紧回路基本内容见 8.1.2 节。

（4）卸荷回路

卸荷回路基本内容见 3.2.2 节。

13.2.3 回路解析

（1）扭转马达正转拧结

如图 13-8 所示，当 7YA 得电，三位四通电磁换向阀 14 切换为右位，扭转马达 15 正转，带动拧结头开始拧结。

进油路：油箱→过滤器 1→液压泵 2→单向阀 3→三位四通电磁换向阀 14（右位）→液压马达 15 左侧油口；

回油路：液压马达 15 右侧油口→三位四通电磁换向阀 14（右位）→油箱。

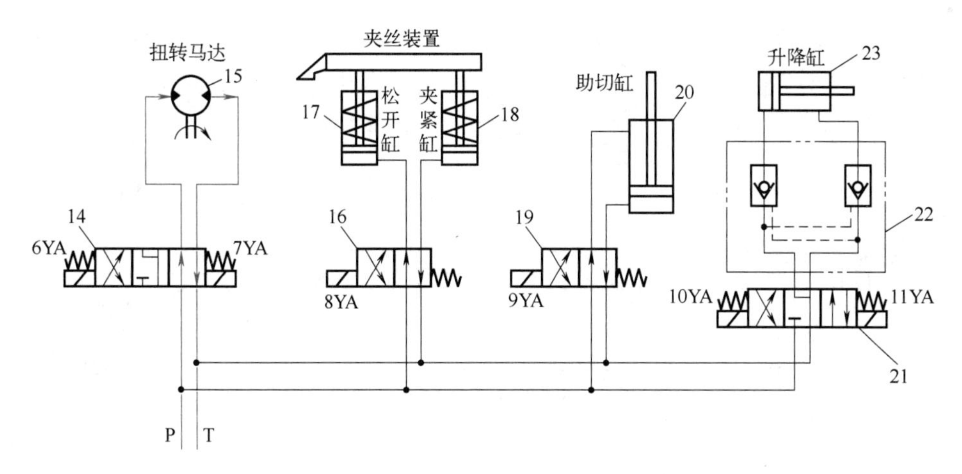

图 13-8　扭转马达正转拧结油路

（2）扭转马达反转复位

如图 13-9 所示，当 6YA 得电，三位四通电磁换向阀 14 切换为左位，扭转马达 15 反转，带动拧结头反向旋转复位。

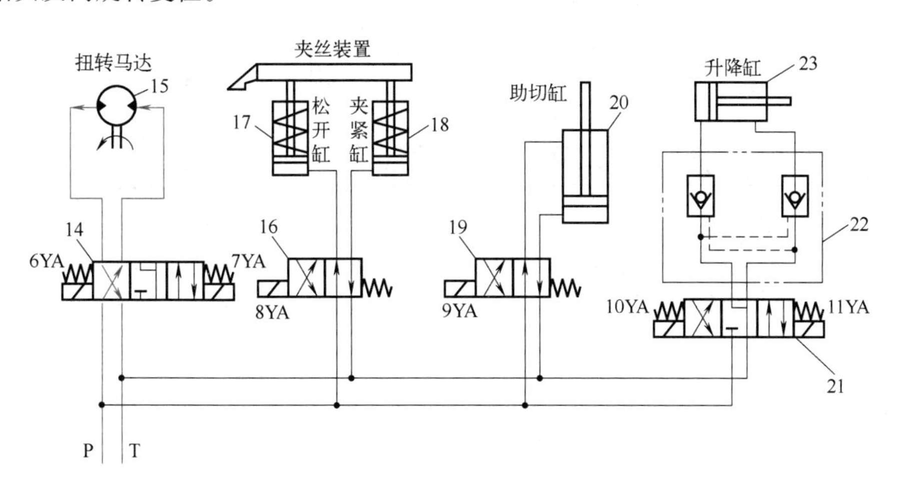

图 13-9　扭转马达反转复位油路

进油路：油箱→过滤器 1→液压泵 2→单向阀 3→三位四通电磁换向阀 14（左位）→液压马达 15 右侧油口；

回油路：液压马达 15 左侧油口→三位四通电磁换向阀 14（左位）→油箱。

（3）助切打弯

如图 13-10 所示，当 9YA 得电，二位四通电磁换向阀切换为左位，助切缸无杆腔进油，缸杆伸出，将打好的结下弯。

进油路：油箱→过滤器 1→液压泵 2→单向阀 3→二位四通电磁换向阀 19（左位）→液压缸 20 下腔；

回油路：液压缸 20 上腔→二位四通电磁换向阀 19（左位）→油箱。

（4）助切退回

如图 13-11 所示，当 9YA 失电，二位四通电磁换向阀切换为右位，助切缸有杆腔进油，缸杆缩回。

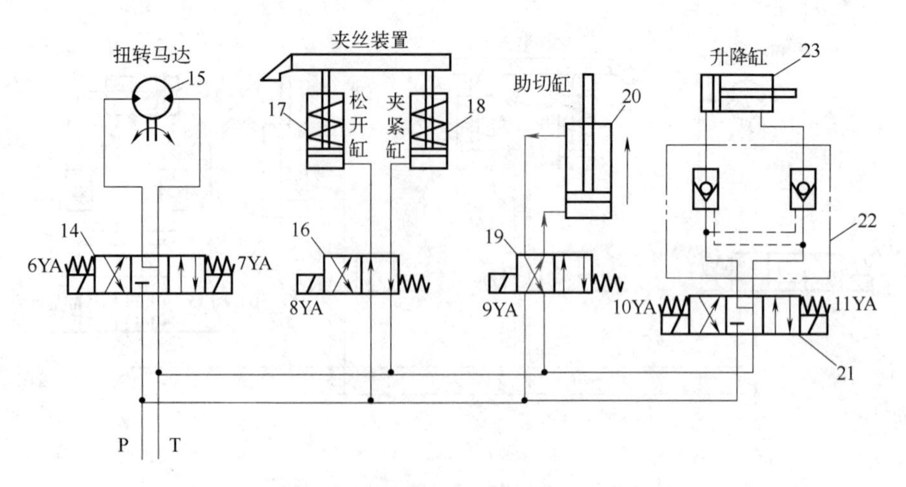

图 13-10　助切打弯油路

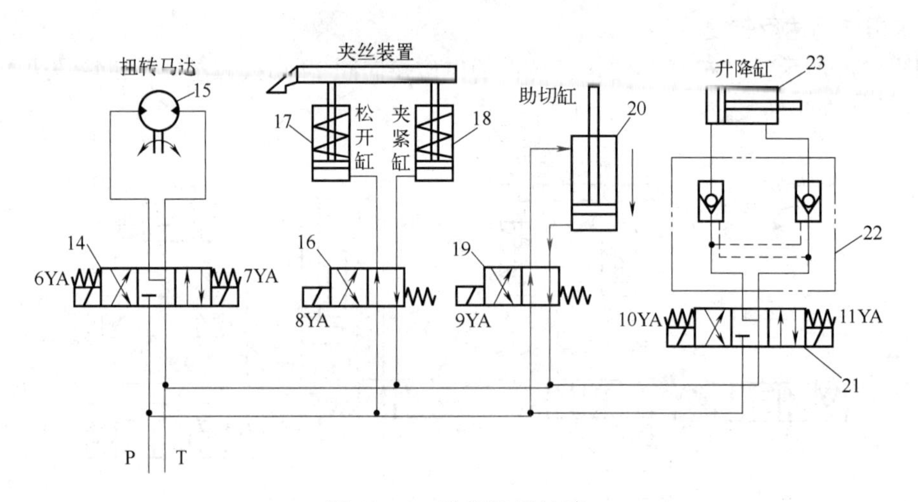

图 13-11　助切退回油路

进油路：油箱→过滤器 1→液压泵 2→单向阀 3→二位四通电磁换向阀 19（右位）→液压缸 20 上腔；

回油路：液压缸 20 下腔→二位四通电磁换向阀 19（右位）→油箱。

（5）打捆机装置下降

如图 13-12 所示，当 10YA 通电，三位四通电磁换向阀 21 切换为左位，升降缸 23 缩回，打捆机装置下降到低位。

进油路：油箱→过滤器 1→液压泵 2→单向阀 3→三位四通电磁换向阀 21（左位）→液压锁 22（右侧液控单向阀）→液压缸 23 右腔；

回油路：液压缸 23 左腔→液压锁 22（左侧液控单向阀）→三位四通电磁换向阀 21（左位）→油箱。

（6）打捆机装置上升

如图 13-13 所示，当 11YA 通电，三位四通电磁换向阀 21 切换为右位，升降缸 23 伸出，打捆机装置复位。

进油路：油箱→过滤器 1→液压泵 2→单向阀 3→三位四通电磁换向阀 21（右位）→液压锁 22（左侧液控单向阀）→液压缸 23 左腔；

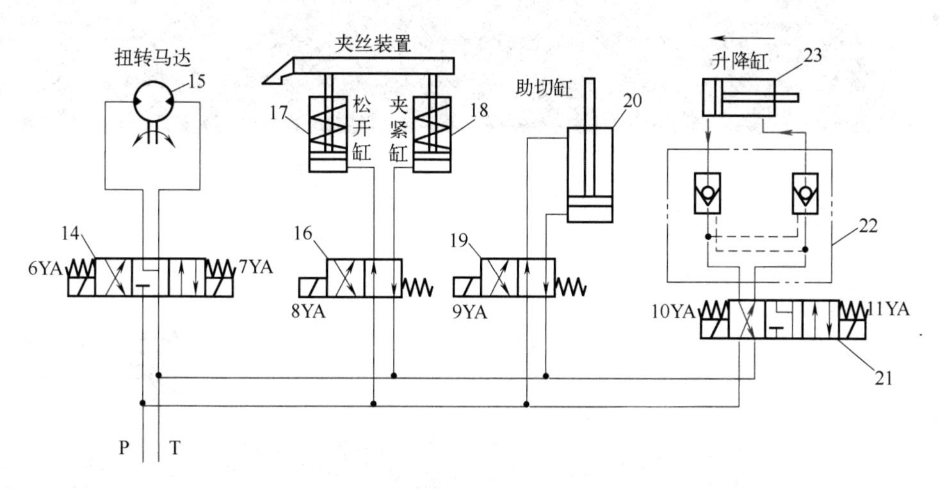

图 13-12　打捆机装置下降油路

回油路：液压缸 23 右腔→液压锁 22（右侧液控单向阀）→三位四通电磁换向阀 21（右位）→油箱。

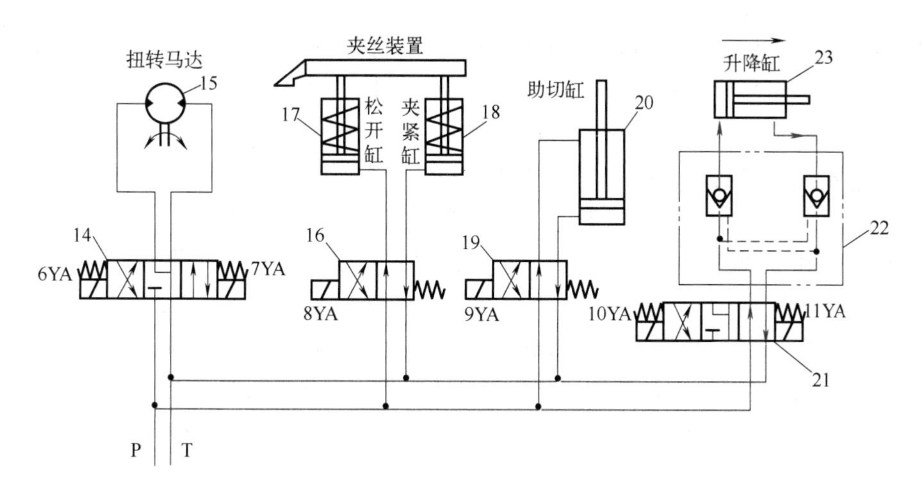

图 13-13　打捆机装置上升油路

第 14 章 飞机起落架液压系统

飞机起落架是飞机起飞、着陆、滑跑、地面移动和停放所必需的支撑系统，是飞机的重要部件之一，其工作性能的好坏及可靠性直接影响飞机的使用和安全。通常起落架的质量约占飞机正常起飞总质量的 4% ～ 6%，占结构质量的 10% ～ 15%。飞机上安装起落架要达到两个目的：一是吸收并耗散飞机与地面的冲击能量；二是保证飞机能够自如而且稳定地完成在地面上的各种动作。为了在飞机起飞、着陆滑跑和地面滑行的过程中支撑飞机重力，同时吸收飞机在滑行和着陆时震动和冲击载荷，并且承受相应的载荷，起落架的最下端装有带充气轮胎的机轮。

飞机起落架收放机构通常采用高压液压油作为动力。对液压收放系统的要求是：收放起落架所需要的时间应符合要求；保证起落架在收上和放下时都能可靠地锁住，并能使飞行员了解起落架收放情况。收放机构必须协调工作，使起落架收放、锁和舱门等结构能按一定的顺序工作。

如图 14-1 所示为飞机起落架收放液压系统原理图，本系统包括背压回路、换向回路、锁紧回路、顺序回路、卸荷回路、压力限定回路、过滤回路和冷却回路。

起落架收放系统工作过程的步骤：开起落架舱门→开起落架收上锁→放起落架并锁好→关起落架舱门。

以下介绍起落架收起、下放动作液压系统。

1. 回路元件组成

① 液压源　如图 14-1 所示，由动力元件液压泵 16 为多个执行元件提供液压油，液压油由油箱 1 经粗过滤器 17 到液压泵 16，再经过精过滤器 14 进入液压系统，为各个液压支路提供有压流体。

② 溢流阀 15　压力控制元件，溢流稳压，通过溢流阀调定弹簧预紧力，限定系统最大力。

③ 直动溢流阀 3　压力控制元件，由直动溢流阀充当背压阀，起缓冲作用，在起落架收放过程中，可以防止起落架与轮舱机体发生冲撞。

④ 冷却器 2　辅助元件，用于冷却回油油液，保证传动介质温度，确保液压系统正常工作。

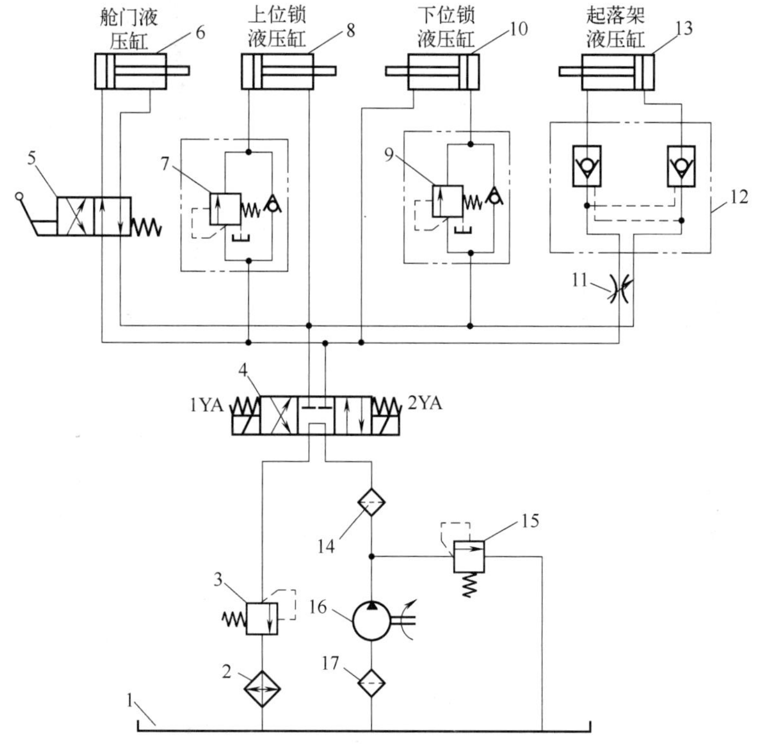

图 14-1 飞机起落架收放液压系统原理图

1—油箱；2—冷却器；3—直动溢流阀（背压阀）；4—三位四通电磁换向阀；5—二位四通手动换向阀；6—舱门液压缸；7，9—单向顺序阀；8—上位锁液压缸；10—下位锁液压缸；11—节流阀；12—液压锁；13—起落架收放液压缸；14—精过滤器；15—溢流阀；16—液压泵；17—粗过滤器

⑤ 三位四通中位机能为 M 型的电磁换向阀 4 方向控制元件，通过三位四通电磁换向阀 4 换向，可实现控制多个执行元件换向，中位卸荷。

⑥ 二位四通手动换向阀 5 方向控制元件，通过二位四通手动换向阀 5 换向，可实现控制舱门液压缸 6 换向。

⑦ 单向顺序阀 7、9 压力控制元件，起压力开关作用，在回路中用于实现顺序动作。

⑧ 液压缸 6、8、10、13 系统执行元件，液压缸 6 用于控制舱门动作；液压缸 8 用于带动上位锁动作；液压缸 10 用于带动下位锁动作；液压缸 13 用于带动起落架收放动作。

⑨ 节流阀 11 流量控制元件，通过调节流通截面积，节流阀 11 可以调节起落架的收放动作速度。

⑩ 液压锁 12 方向控制元件，两个液控单向阀组成一个液压锁，在起落架不处于收放状态时，液压锁可以锁紧液压缸的活塞杆，使之不窜动，保持起落架的工作稳定性，尤其是在飞机降落或者是刚起飞又或者是在地面静止时，承受巨大的重力和冲击力，必须保证起落架不被意外收起，否则会造成飞机失事。

⑪ 过滤器 14、17 辅助元件，过滤器 14 为精过滤器，过滤器 17 为粗过滤器，二者用于保证油液清洁，维护系统元件安全。

2. 涉及的基本回路

（1）换向回路

换向回路基本内容见 1.1.2 节。

（2）调压回路

调压回路基本内容见 2.1.2 节。

（3）卸荷回路

卸荷回路基本内容见 3.2.2 节。

（4）锁紧回路

锁紧回路基本内容见 8.1.2 节。

（5）顺序动作回路

顺序动作回路基本内容见 7.1.2 节。

3. 回路解析

（1）收起起落架的过程

1）开舱门起落架收起

如图 14-2 所示，当 2YA 得电，三位四通中位机能为 M 型的电磁换向阀 4 切换为右位，液压泵 16 通过三位四通电磁换向阀 4 右位输出的液压油有四个去向（两路去了左边，另两路去了右边）。

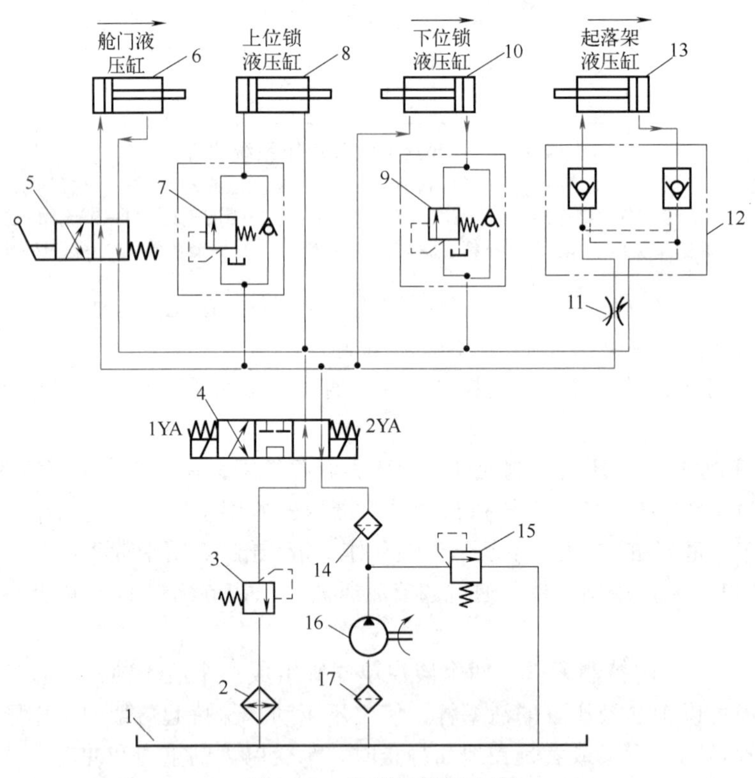

图 14-2　收起起落架油路

一支回路经手动二位四通换向阀 5 右位流向舱门液压缸 6，使舱门打开。

进油路：油箱 1→粗过滤器 17→液压泵 16→精过滤器 14→三位四通电磁换向阀 4（右位）→二位四通手动换向阀 5（右位）→液压缸 6 无杆腔；

回油路：液压缸 6 有杆腔→二位四通手动换向阀 5（右位）→三位四通电磁换向阀 4（右位）→直动溢流阀（背压阀）3→冷却器 2→油箱 1。

一支流向下位锁液压缸 10，将其解锁，方便起落架收放液压缸 13 收起起落架。

进油路：油箱 1 →粗过滤器 17 →液压泵 16 →精过滤器 14 →三位四通电磁换向阀 4（右位）→液压缸 10 有杆腔；

回油路：液压缸 10 无杆腔→单向顺序阀 9（单向阀）→三位四通电磁换向阀 4（右位）→直动溢流阀（背压阀）3 →冷却器 2 →油箱 1。

一支经节流阀 11 和液压锁 12 左侧液控单向阀流向起落架收放液压缸 13，进入液压缸 13 有杆腔，活塞杆缩回，收起起落架。

进油路：油箱 1 →粗过滤器 17 →液压泵 16 →精过滤器 14 →三位四通电磁换向阀 4（右位）→节流阀 11 →液压锁 12（左侧液控单向阀）→液压缸 13 有杆腔；

回油路：液压缸 13 无杆腔→液压锁 12（右侧液控单向阀）→三位四通电磁换向阀 4（右位）→直动溢流阀（背压阀）3 →冷却器 2 →油箱 1。

一支流向单向顺序阀 7，由于刚开始油压不够，在单向阀作用下，油液过不去，上位锁液压缸 8 暂时不启动。

2）起落架收起后锁紧

如图 14-3 所示，当起落架被收起放置在轮舱里，单向顺序阀 7 的单向阀存在导致油路不通，使油压不断升高，当收起完成时，油路压力达到顺序阀的额定压力时，打开单向顺序阀 7 的顺序阀，高压油液进入上位锁液压缸 8，使其伸出锁紧，起落架锁紧在上位。

进油路：油箱 1 →粗过滤器 17 →液压泵 16 →精过滤器 14 →三位四通电磁换向阀 4（右位）→单向顺序阀 7（顺序阀）→液压缸 8 无杆腔；

回油路：液压缸 8 有杆腔→三位四通电磁换向阀 4（右位）→直动溢流阀（背压阀）3 →冷却器 2 →油箱 1。

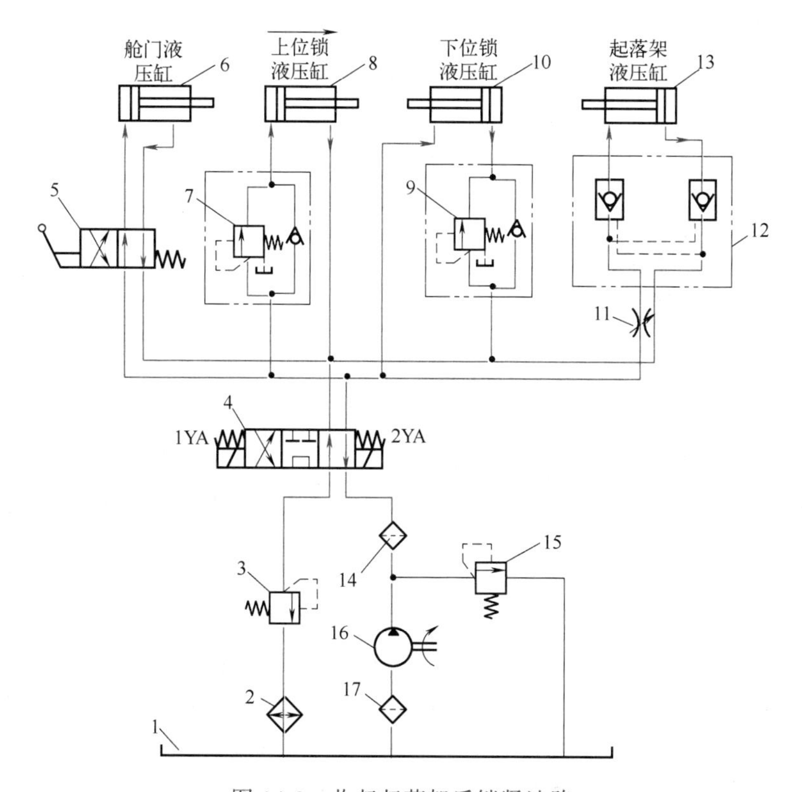

图 14-3　收起起落架后锁紧油路

3）起落架收起锁紧后关舱门

当起落架收起完成后，如图 14-4 所示，操作手动二位四通换向阀 5 切换至左位，舱门液压缸 6 返回，舱门关闭。

进油路：油箱 1→粗过滤器 17→液压泵 16→精过滤器 14→三位四通电磁换向阀 4（右位）→二位四通手动换向阀 5（左位）→液压缸 6 有杆腔；

回油路：液压缸 6 无杆腔→二位四通手动换向阀 5（左位）→三位四通电磁换向阀 4（右位）→直动溢流阀（背压阀）3→冷却器 2→油箱 1。

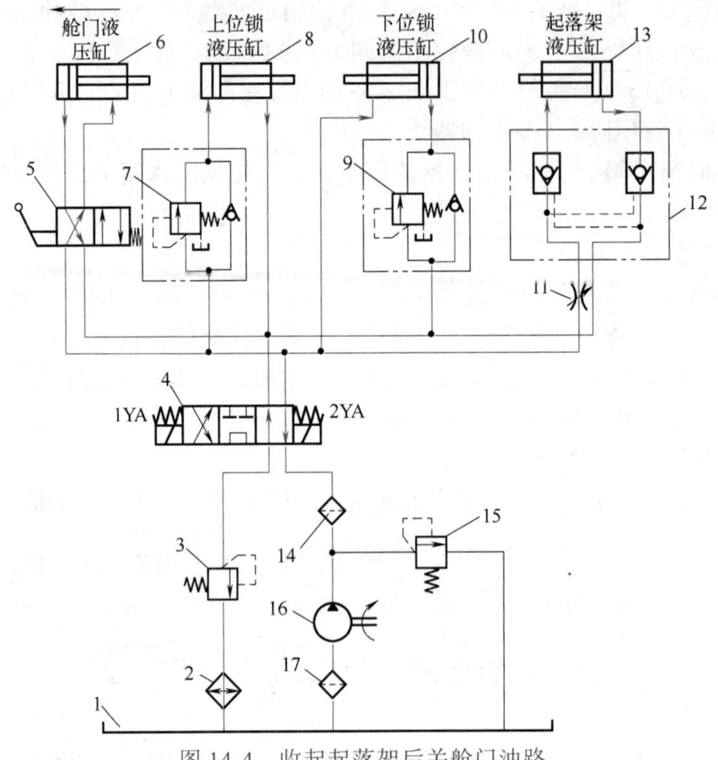

图 14-4　收起起落架后关舱门油路

（2）放下起落架的过程

1）开舱门起落架放下

如图 14-5 所示，当 1YA 得电，三位四通中位机能为 M 型的电磁换向阀 4 切换为左位，液压泵 16 经三位四通电磁换向阀 4 左位输出的液压油有四个去向（两路去了左边，另两路去了右边）。

一支回路经手动二位四通换向阀 5 左位流向舱门液压缸 6，使舱门打开。

进油路：油箱 1→粗过滤器 17→液压泵 16→精过滤器 14→三位四通电磁换向阀 4（左位）→二位四通手动换向阀 5（左位）→液压缸 6 无杆腔；

回油路：液压缸 6 有杆腔→二位四通手动换向阀 5（左位）→三位四通电磁换向阀 4（左位）→直动溢流阀（背压阀）3→冷却器 2→油箱 1。

一支流向上位液压锁液压缸 8，将其打开，方便起落架收放液压缸 13 放下起落架。

进油路：油箱 1→粗过滤器 17→液压泵 16→精过滤器 14→三位四通电磁换向阀 4（左位）→液压缸 8 有杆腔；

回油路：液压缸 8 无杆腔→单向顺序阀 7（单向阀）→三位四通电磁换向阀 4（左位）→

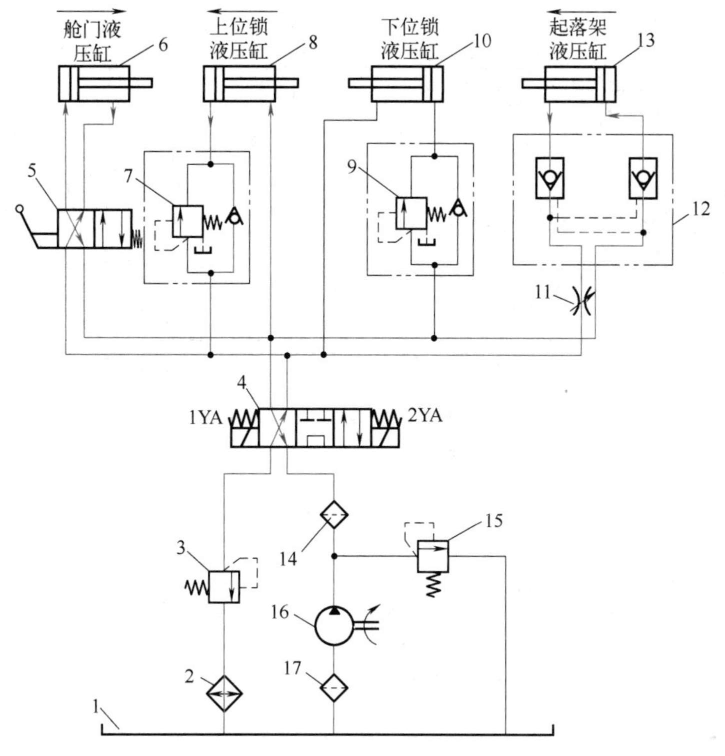

图 14-5　放下起落架油路

直动溢流阀（背压阀）3 →冷却器 2 →油箱 1。

一支经液压锁 12 右侧液控单向阀流向起落架收放液压缸 13，进入液压缸 13 无杆腔，活塞杆伸出，放下起落架。

进油路：油箱 1 →粗过滤器 17 →液压泵 16 →精过滤器 14 →三位四通电磁换向阀 4（左位）→液压锁 12（右侧液控单向阀）→液压缸 13 无杆腔；

回油路：液压缸 13 有杆腔→液压锁 12（左侧液控单向阀）→节流阀 11 →三位四通电磁换向阀 4（左位）→直动溢流阀（背压阀）3 →冷却器 2 →油箱 1。

一支流向单向顺序阀 9，由于刚开始油压不够打不开，在单向阀作用下，油液过不去，下位锁液压缸 10 暂时不启动。

2）起落架下放后锁紧

如图 14-6 所示，当起落架被下放后，单向顺序阀 9 的单向阀存在导致油路不通，使油压不断升高，当下放完成时，油路压力达到顺序阀的额定压力时，打开单向顺序阀 9 的顺序阀，高压油液进入下位锁液压缸 10，使其伸出锁紧，起落架锁紧在下位。

进油路：油箱 1 →粗过滤器 17 →液压泵 16 →精过滤器 14 →三位四通电磁换向阀 4（左位）→单向顺序阀 9（顺序阀）→液压缸 10 无杆腔；

回油路：液压缸 10 有杆腔→三位四通电磁换向阀 4（左位）→直动溢流阀（背压阀）3 →冷却器 2 →油箱 1。

3）起落架收起锁紧后关舱门

当起落架下放完成后，如图 14-7 所示，操作手动二位四通换向阀 5 切换至右位，舱门液压缸 6 返回，舱门关闭。

进油路：油箱 1 →粗过滤器 17 →液压泵 16 →精过滤器 14 →三位四通电磁换向阀 4（左位）→二位四通手动换向阀 5（右位）→液压缸 6 有杆腔；

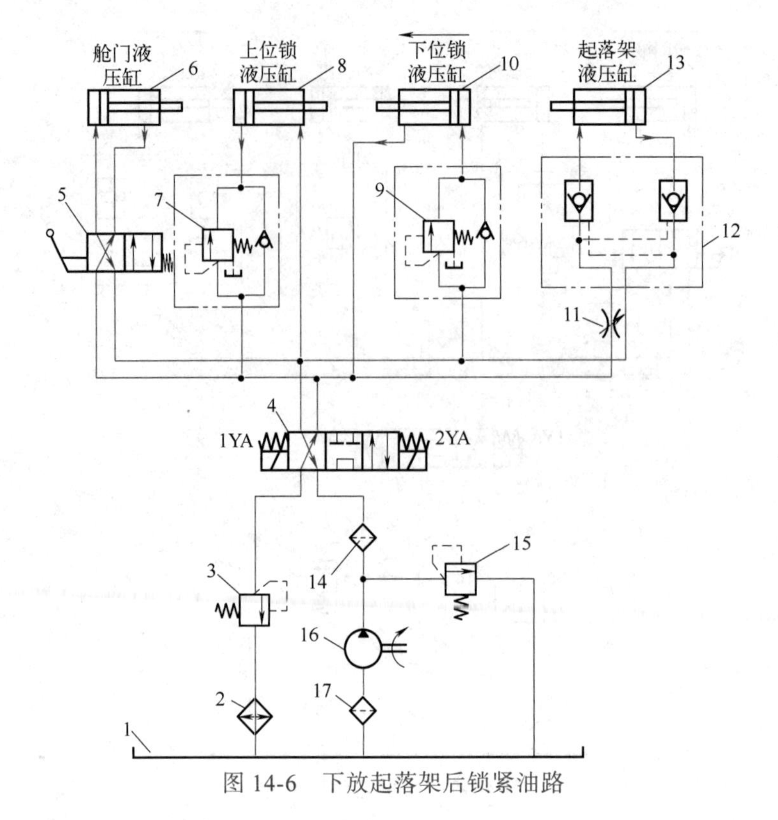

图 14-6　下放起落架后锁紧油路

回油路：液压缸 6 无杆腔→二位四通手动换向阀 5（右位）→三位四通电磁换向阀 4（左位）→直动溢流阀（背压阀）3→冷却器 2→油箱 1。

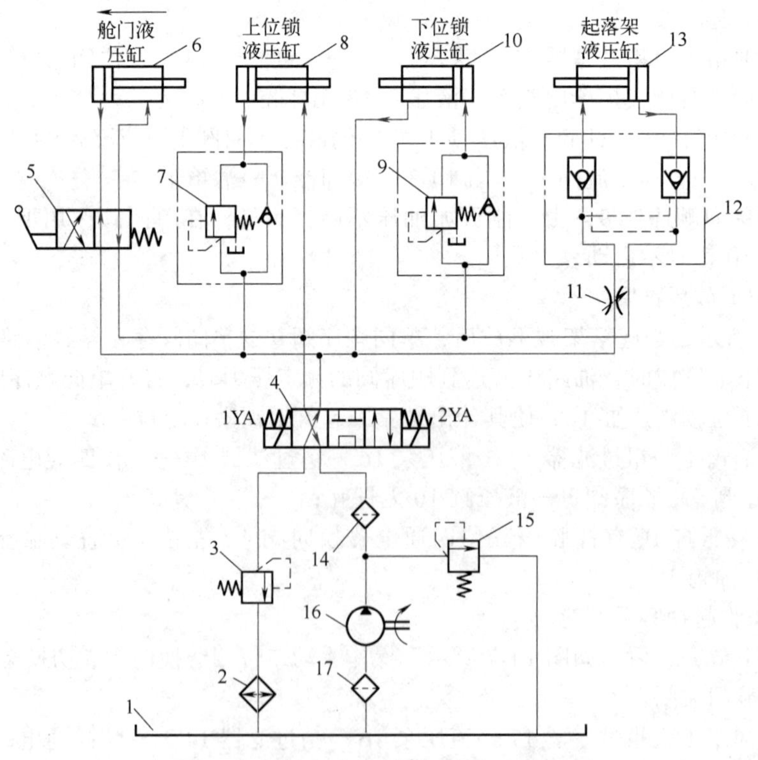

图 14-7　下放起落架锁紧后舱门关闭油路

第15章 剪板机液压系统

剪板机是机加工中应用比较广泛的一种剪切设备，它能剪切各种厚度的钢板材料。常用的剪板机分为平剪、滚剪及震动剪3种类型。随着工业自动化进程的发展，剪切机得到越来越广泛的应用。它适用于金属回收加工厂、报废汽车拆解场、冶炼铸造企业，可对各种形状的型钢及各种金属材料进行冷态剪断、压制翻边，以及粉末状制品、塑料、玻璃钢、绝缘材料、橡胶的压制成型。

近几十年来，由于机械材料市场对产品不断提出新的要求，生产厂家对剪切机的各种要求也在不断变化。板料高速剪切机是一种高效的剪切下料设备，它采用液压系统驱动，实现高速剪切。板料高速剪切机的液压系统，是保证板料高速剪切机实现动作循环和决定其加工性能优劣的核心系统。板料高速剪切机因其液压系统工作稳定可靠、响应灵敏高效，因此具有非常广阔的应用市场。

如图15-1所示，液压剪板机主机由送料结构、集料架、压块和剪切刀具等结构组成。当剪切机待机时，此时活动压块1位于上端位，活动剪切刀具2位于上端位；当剪切机工作时，待裁物料4随着送料皮带机构3进入后触发行程开关后，送料皮带机构3暂停，控制活动压块1由液压缸带动下降后，触发行程开关，控制液压缸带动活动裁剪刀具2实现剪切，待裁物料4剪切完成后，物料下落过程离开行程开关，活动压块1复位，行程开关复位，活动裁剪刀具2缩回原位。物料下落至物料架的过程中触发行程开关实现计数功能，完成单次工作循环。活动裁剪刀退回后触发行程开关，送料装置重新启动，可实现剪切机自动循环往复工作。

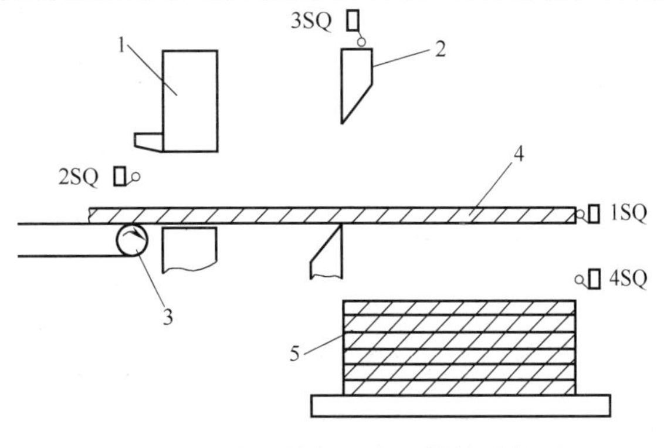

图15-1　液压剪板机主机结构示意图

1—活动压块；2—活动剪切刀具；3—送料皮带机构；4—待裁物料；5—物料架

如图15-2所示为液压剪切机的液压原理图。该液压系统采用变量液压泵2供油，先导溢流阀4用于设定系统压力，其远程控制口连接二位二通电磁换向阀5，用于控制液压系统在保压和卸荷之间切换；系统的执行元件为压块液压缸 15 和裁剪刀液压缸 16，两液压缸的运动方向分别用二位四通电磁换向阀 10 和 11 控制；压块液压缸 15 的支路工作压力低，由减压阀 7 调定；单向顺序阀 12 作为平衡阀，用于防止释压时压块缸因自重下落；单向节流阀 14 用于裁剪刀液压缸 16 下降时的回油节流调速；液控单向阀 13 用于剪刀缸上位时的锁紧。

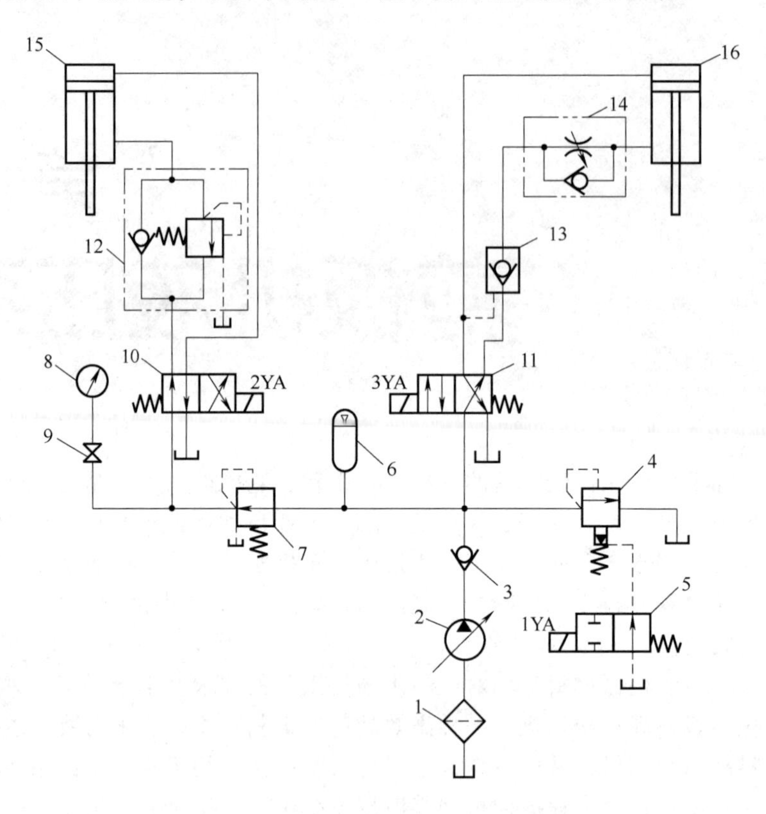

图 15-2　液压剪切机液压系统原理图

1—过滤器；2—变量液压泵；3—普通单向阀；4—先导溢流阀；5—二位二通电磁换向阀；6—蓄能器；7—减压阀；8—压力表；9—截止阀；10，11—二位四通电磁换向阀；12—单向顺序阀；13—液控单向阀；14—单向节流阀；15—压块液压缸；16—裁剪刀具液压缸

根据液压剪切机的具体工作要求，表 15-1 为液压剪切机的液压系统电磁铁动作表。该表展示了液压系统在各工况下的电磁铁通断电状态。

表 15-1　液压剪切机液压系统电磁铁动作表

动作	电磁铁		
	1YA	2YA	3YA
送料到位，活动压块下降	+	+	−
活动压块到位后，裁剪刀裁剪	+	+	+
物料下落，压块退回	+	−	+
压块复位后，裁剪刀退回	+	−	−
停止 / 泵卸荷	−	−	−

注：上面表格中，“+”表示得电，“-”表示失电。

以下内容介绍剪切机裁剪和退回动作液压系统。

当剪切机待机时，带动活动压块的液压缸 15 和带动活动剪切刀具的液压缸 16 均位于退回状态，当启动剪切机工作时，待裁物料随着送料皮带进入后触发行程开关后，控制活动压块液压缸 15 动作，触发行程开关，控制活动裁剪刀具液压缸 16 伸出实现剪切。

待裁物料剪切完成后，行程开关复位，活动压块液压缸 15 返程，行程开关复位，活动裁剪刀具液压缸 16 缩回原位，完成单次物料裁剪工作。

1. 回路元件组成

① 液压源　如图 15-2 所示，由动力元件液压泵 2 为两个执行元件提供液压油，液压油由油箱经过滤器 1 到液压泵 2，再经过普通单向阀 3 进入液压系统，为各个液压支路提供有压流体。

② 先导溢流阀 4　压力控制元件，溢流稳压，通过调定溢流阀弹簧预紧力，限定系统最大压力，遥控口连接二位二通电磁换向阀 5，通过控制电磁阀实现在保压和卸荷之间切换。

③ 二位二通电磁换向阀 5　方向控制元件，连接于先导溢流阀遥控口，用于控制保压和卸荷状态切换。

④ 蓄能器 6　辅助元件，短期供油元件，用于液压泵停止时回路保压。

⑤ 减压阀 7　压力控制元件，降低压块支路油液压力。

⑥ 压力表 8　辅助元件，用于测量和显示压块支路油压。

⑦ 截止阀 9　方向控制元件，用于控制压力表是否接入管路。

⑧ 二位四通电磁换向阀 10、11　方向控制元件，通过二位四通电磁换向阀 10 换向，可实现控制压块液压缸 15 换向；通过二位四通电磁换向阀 11 换向，可实现控制裁剪刀具液压缸 16 换向。

⑨ 单向顺序阀 12　压力控制元件，起压力开关作用，在回路中用于保证液压缸 15 平衡，用于防止释压时压块缸因自重下落。

⑩ 液控单向阀 13　方向控制元件，保证裁剪刀抬起后锁紧，起到安全保护作用。

⑪ 单向节流阀 14　流量控制元件，通过调节流通截面积，单向节流阀 14 可以调节裁剪刀具液压缸 16 的裁剪动作速度。

⑫ 液压缸 15、16　系统执行元件，液压缸 15 用于带动压块动作；液压缸 16 用于带动裁剪刀的裁剪动作。

2. 涉及的基本回路

（1）换向回路

换向回路基本内容见 1.1.2 节。

（2）调压回路

调压回路基本内容见 2.1.2 节。

（3）卸荷回路

卸荷回路基本内容见 3.2.2 节。

（4）锁紧回路

锁紧回路基本内容见 8.1.2 节。

（5）平衡回路

平衡回路基本内容见 2.1.2 节。

（6）节流调速回路

节流调速回路基本内容见 1.2.2 节。

3. 回路解析

（1）送料到位，活动压块下降

如图 15-3 所示，1YA 得电，剪切机工作，待裁物料随着送料皮带机构进入后触发行程开关 1 后，送料皮带机构暂停，行程开关 1 控制电磁铁 2YA 得电，二位四通电磁阀 10 切换为右位，控制活动压块的液压缸 15 无杆腔进油，带动活动压块下降，压紧物料。此时裁剪刀具液压缸 16 保持缩回状态。

进油路：油箱→过滤器 1→变量泵 2→单向阀 3→减压阀 7→电磁换向阀 10（右位）→液压缸 15 无杆腔；

回油路：液压缸 15 有杆腔→单向顺序阀 12（顺序阀）→电磁换向阀 10（右位）→油箱。

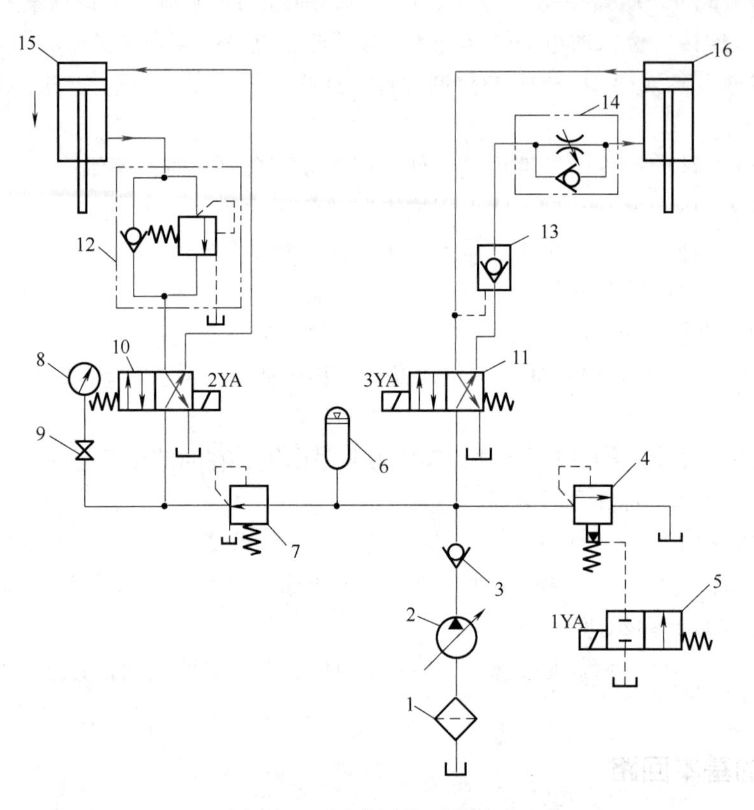

图 15-3　活动压块下降油路

（2）活动压块到位后，裁剪刀裁剪

如图 15-4 所示，在活动压块下行过程中，触发行程开关 2，使电磁铁 3YA 得电，二位四通电磁阀 11 切换为左位，控制裁剪刀具液压缸 16 无杆腔进油，带动活动裁剪刀具下行实现物料剪切。

进油路：油箱→过滤器 1→变量泵 2→单向阀 3→电磁换向阀 11（左位）→液压缸 16 无杆腔；

回油路：液压缸 16 有杆腔→单向节流阀 14（节流阀）→液控单向阀 13→电磁换向阀 11（左位）→油箱。

（3）物料下落，压块退回

如图 15-5 所示，待裁物料剪切完成后，物料下落过程离开行程开关 1，控制电磁铁 2YA 失

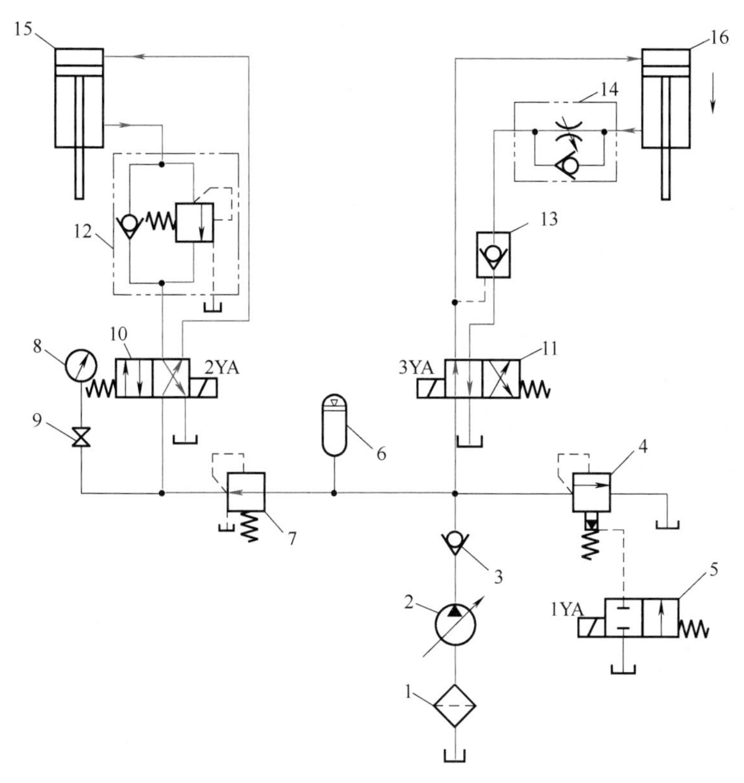

图 15-4　活动压块到位后，裁剪刀裁剪油路

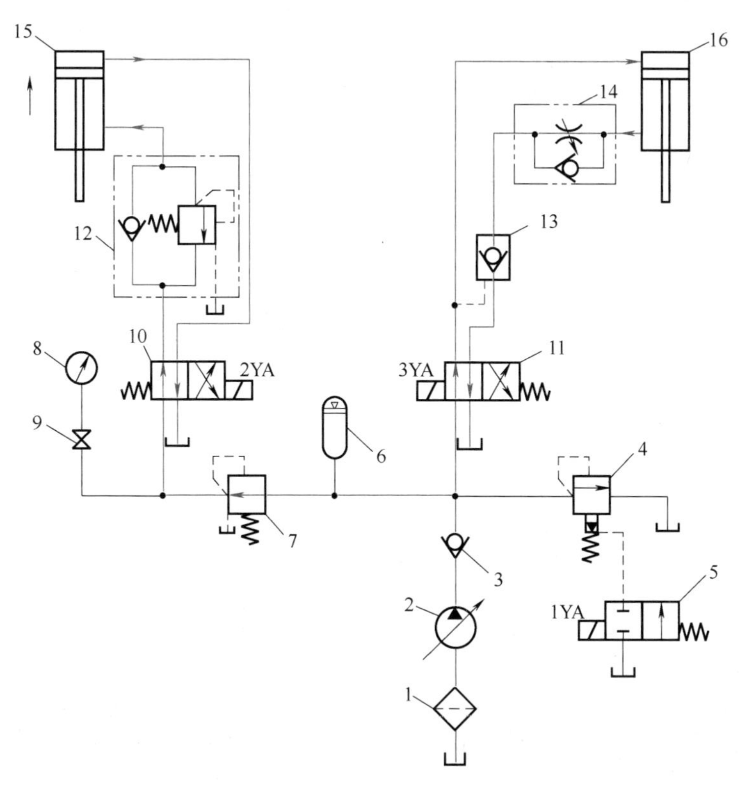

图 15-5　物料下落，压块退回油路

电，二位四通电磁阀 10 复位为左位，活动压块液压缸 15 有杆腔进油，带动活动压块退回原位。

进油路：油箱→过滤器 1 →变量泵 2 →单向阀 3 →减压阀 7 →电磁换向阀 10（左位）→单向顺序阀 12（单向阀）→液压缸 15 有杆腔；

回油路：液压缸 15 无杆腔→电磁换向阀 10（左位）→油箱。

（4）压块复位后，裁剪刀退回

如图 15-6 所示，活动压块复位，行程开关 2 复位，电磁铁 3YA 失电，二位四通电磁阀 11 复位为右位，活动裁剪刀液压缸 16 有杆腔进油，带动活动裁剪刀退回原位。

进油路：油箱→过滤器 1 →变量泵 2 →单向阀 3 →电磁换向阀 11（右位）→液控单向阀 13 →单向节流阀 14（单向阀）→液压缸 16 有杆腔；

回油路：液压缸 16 无杆腔→电磁换向阀 11（右位）→油箱。

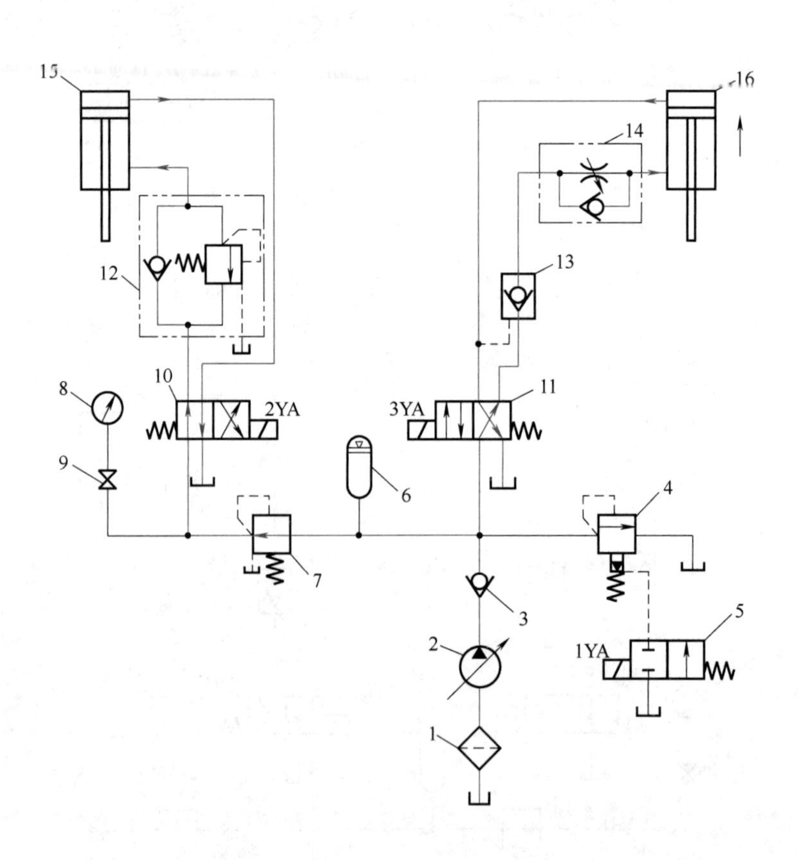

图 15-6　压块复位后裁剪刀退回油路

（5）液压缸停止 / 泵卸荷

如图 15-7 所示，当裁剪结束后，系统停止工作时，所有电磁铁均失电，二位二通电磁换向阀 5 切换为常态右位，此时所有执行元件液压缸均停止运动，液压泵通过先导溢流阀卸荷。

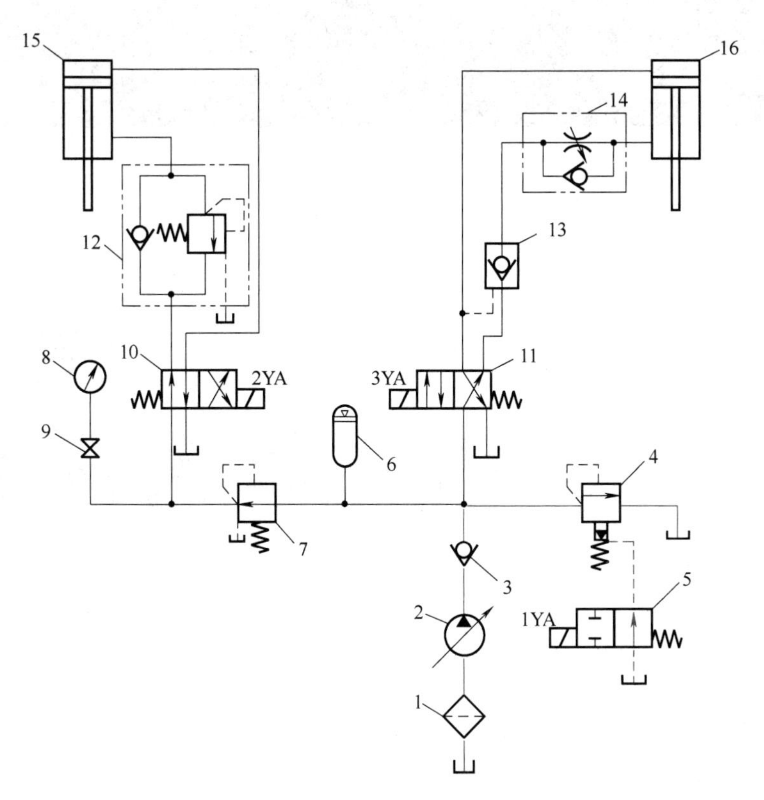

图 15-7　液压缸停止、泵卸荷油路

第16章 机械手液压系统

机械手是在机械化、自动化生产过程中逐渐发展起来的一种新型机械装置。近年来随着电子技术特别是电子计算机的广泛应用，机器人的研制和生产已成为高科技领域内迅速发展起来的一门新兴技术，它更加促进了机械手的发展，使得机械化和自动化能更好地有机结合。机械手虽然目前还不如人手那样灵活，但它具有可不断重复工作、能在条件比较恶劣的环境下工作、载重量大、定位精确等特点，因此机械手在各个领域得到了越来越广泛的应用。

自动上下料液压机械手是自动化流水生产线中广泛应用的物料搬运机械设备，是生产流水线作业中不可或缺的运输传送单元。该液压驱动系统采用了双联泵供油，额定压力为6.3MPa，手臂升降及伸缩时由两个泵同时供油，手臂及手腕回转、手指松紧及定位工作时，只由小流量泵供油，大流量泵自动卸荷；手臂的伸缩和升降采用单杆双作用液压缸驱动；执行机构的定位和缓冲是机械手工作平稳可靠的关键；为使手指夹紧工件后不受系统压力波动的影响，保证牢固地夹紧工件，采用了液控单向阀的锁紧回路；手臂伸出缸为立式液压缸，为支承平衡手臂运动部件自重，采用了单向顺序阀构成的平衡回路。

标准液压机械手要求液压系统完成的主要动作循环是：插定位销→手臂前伸→手指张开→手指夹紧抓料→手臂上升→手臂缩回→手腕回转180°→拔定位销→手臂回转95°→插定位销→ 手臂前冲→手臂中停（此时主机夹头下降夹料）→手指松开（此时主机夹头夹着料上升）→手指闭合→手臂缩回→手臂下降→手腕回转复位→拔定位销→手臂回转复位→待料/液压泵卸荷。整个周期要完成所有动作必须由四个液压缸和两个液压马达协调顺序动作才能做到。其工作原理如图16-1所示。几个关键动作的电磁铁动作表如表16-1所示。

表16-1　电磁铁动作表

动作	电磁铁											
	1YA	2YA	3YA	4YA	5YA	6YA	7YA	8YA	9YA	10YA	11YA	12YA
插定位销	+	−	−	−	−	−	−	−	−	−	−	+
手臂前伸	+	+	−	−	+	−	−	−	−	−	−	+
手指张开	+	−	−	−	+	−	−	−	+	−	−	+

续表

动作	电磁铁											
	1YA	2YA	3YA	4YA	5YA	6YA	7YA	8YA	9YA	10YA	11YA	12YA
手指夹紧	+	−	−	−	+	−	−	−	−	−	−	+
手臂上升	+	+	+	−	+	−	−	−	−	−	−	+
手臂缩回	+	+	−	−	−	+	−	−	−	−	−	+
手腕回转 180°	+	−	−	−	−	−	−	−	−	+	−	+
拔定位销	+	−	−	−	−	−	−	−	−	−	−	−
手臂回转 95°	+	−	−	−	−	−	+	−	−	−	−	−
停止	−	−	−	−	−	−	−	−	−	−	−	−

注：上面表格中，“+”表示得电，“-”表示失电。

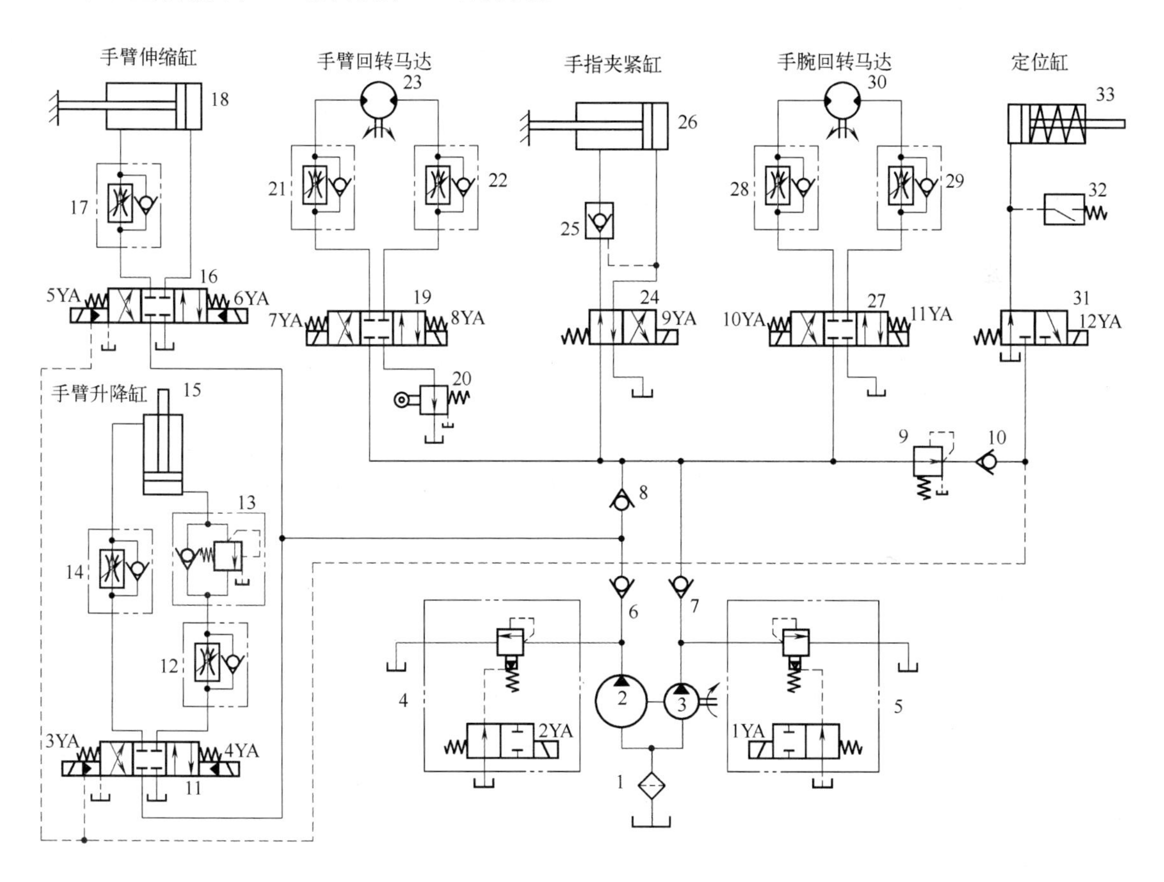

图 16-1　机械手液压系统原理图

1—过滤器；2，3—液压泵；4，5—电磁卸荷阀；6 ～ 8，10—普通单向阀；9—减压阀；11，16—电液换向阀；12，14，17，21，22，28，29—单向调速阀；13—单向顺序阀；15，18，26，33—液压缸；19，24，27，31—电磁换向阀；20—行程调速阀；23，30—液压马达；25—液控单向阀；32—压力继电器

1. 回路元件组成

① 液压源　如图 16-1 所示，由两个动力元件液压泵为多个执行元件提供液压油，液压泵 2 和液压泵 3 在电机带动下，将液压油由油箱经过滤器 1 输送到液压系统，为各个液压回路提供有压流体。

② 电磁卸荷阀 4、5　压力控制元件，溢流稳压，通过先导溢流阀调定弹簧预紧力，限定系统最大压力。当二位二通电磁换向阀电磁铁失电时，换向阀处于导通位，则先导溢流阀遥控口通过二位二通电磁换向阀连接油箱，系统实现卸荷；当二位二通电磁换向阀电磁铁得电时，换向阀切换为截止位，则先导溢流阀遥控口封闭，液压系统由先导溢流阀溢流保压。

③ 普通单向阀 6、7、8、10　方向控制元件，实现控制单向流通，防止回流。

④ 减压阀 9　压力控制元件，安装于定位缸支路之前，用于降低支路压力，减压稳压。

⑤ 三位四通中位机能为 O 型的电液换向阀 11、16　方向控制元件，通过三位四通电液换向阀 11 换向，可实现控制手臂升降缸 15 换向；通过三位四通电液换向阀 16 换向，可实现控制手臂伸缩缸 18 换向。

⑥ 单向调速阀 12、14、17、21、22、28、29　流量控制元件，用于调节执行元件运动速度。单向调速阀 12、14 用于调节手臂升降缸 15 升降速度；单向调速阀 17 用于调节手臂伸缩缸 18 伸出速度；单向调速阀 21、22 用于调节手臂回转马达 23 运动速度；单向调速阀 28、29 用于调节手腕回转马达 30 运动速度。

⑦ 单向顺序阀 13　压力控制元件。为了支承平衡手臂运动部件自重，采用了单向顺序阀 13 构成平衡回路。

⑧ 三位四通中位机能为 O 型的电磁换向阀 19、27　方向控制元件，通过三位四通电磁换向阀 19 换向，可实现控制手臂回转马达 23 换向；通过三位四通电磁换向阀 27 换向，可实现控制手腕回转马达 30 换向。

⑨ 行程调速阀 20　流量控制元件，是依靠执行机构运动部件的行程挡块（或凸轮），推动阀芯运动以改变节流口流通面积的大小进行流量大小的控制的一种流量控制阀，它的速度转换可靠，挡块可随意设计，以减少速度转换时的冲击。在行程挡块未接触滚轮时，节流口开度最大（常开式），从进油口进入的压力油经节流口后由出油口流出，阀的通过流量最大；在行程挡块接触到滚轮后，节流口开度随阀芯的逐渐下移逐渐减小，阀的通过流量逐渐减少；当带动挡块的执行器到达行程终点（规定位置）时，挡块将使阀的节流口趋于关闭，通过流量趋于零，执行元件手臂回转马达 23 逐渐停止运动。

⑩ 二位四通电磁换向阀 24　方向控制元件，通过二位四通电磁换向阀 24 换向，可实现控制手指夹紧缸 26 换向。

⑪ 液控单向阀 25　方向控制元件，为使手指夹紧工件后不受系统压力波动的影响，保证牢固地夹紧工件，手指夹紧液压缸回路采用了液控单向阀的锁紧回路。

⑫ 二位三通电磁换向阀 31　方向控制元件，通过二位三通电磁换向阀 31 换向，可实现控制定位缸 33 换向。

⑬ 压力继电器 32　压力控制元件，将压力信号转化为电信号，实现自动化控制。

⑭ 液压缸 15、18、26、33　系统执行元件，液压缸 15 用于带动手臂升降动作；液压缸 18 用于带动手臂伸缩动作；液压缸 26 用于带动手指夹紧松开动作；液压缸 33 用于实现定位动作。

⑮ 液压马达 23、30　系统执行元件，液压马达 23 用于带动手臂回转动作；液压马达 30 用于带动手腕回转动作。

2. 涉及的基本回路

（1）换向回路

换向回路基本内容见 1.1.2 节。

（2）调压回路

调压回路基本内容见 2.1.2 节。

（3）卸荷回路

卸荷回路基本内容见 3.2.2 节。

（4）锁紧回路

锁紧回路基本内容见 8.1.2 节。

（5）平衡回路

平衡回路基本内容见 2.1.2 节。

（6）节流调速回路

节流调速回路基本内容见 1.2.2 节。

3. 回路解析

如图 16-1 所示，在电机启动后，液压泵 2 和液压泵 3 同时供油，电磁铁 1YA 和 2YA 均失电，液压泵输出的油液经电磁卸荷阀 4 和 5 流至油箱，此时机械手处于待料卸荷状态。

（1）插定位销

如图 16-2 所示，当物料到达待上料位置，则启动程序动作，电磁铁 1YA 得电，电磁铁 2YA 失电，使液压泵 2 继续卸荷，而液压泵 3 停止卸荷，同时 12YA 得电，二位三通电磁换向阀 31 右位接入回路，液压油流入定位缸 33 左腔，定位销定位。

进油路：油箱→过滤器 1→液压泵 3→单向阀 7→减压阀 9→单向阀 10→二位三通电磁换向阀 31（右位）→定位缸 33 左腔。

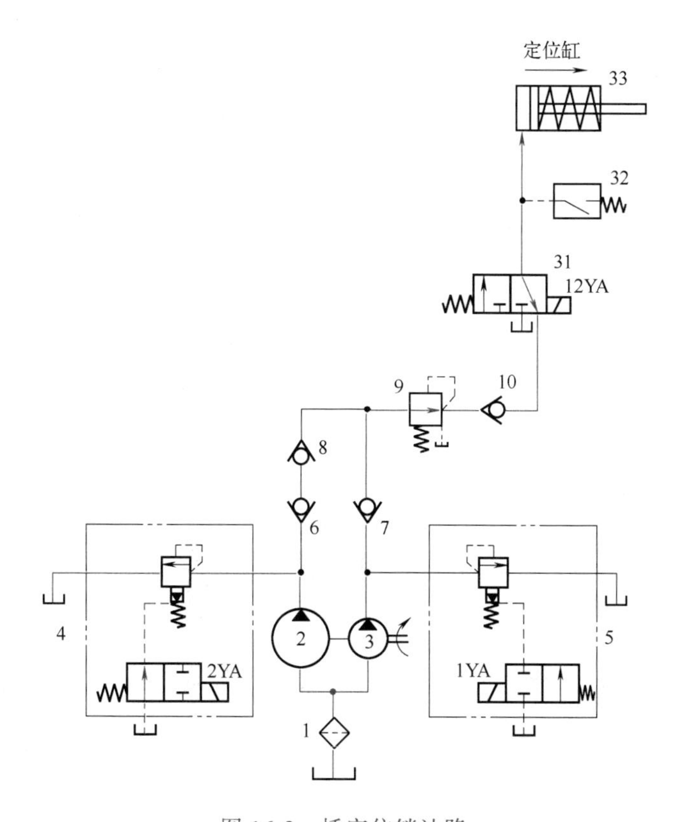

图 16-2　插定位销油路

（2）手臂前伸

如图 16-3 所示，插定位销后，此支路系统油压升高，使继电器发出信号，电磁铁 2YA、5YA 得电，三位四通电液换向阀 16 切换为左位，液压泵 2 和液压泵 3 经相应的单向阀汇流到三位四通电液换向阀 16 左位，进入手臂伸缩缸 18 无杆腔，手臂伸缩液压缸伸出。

进油路 1：油箱→过滤器 1 →液压泵 3 →单向阀 7 →单向阀 8 →三位四通电液换向阀 16（左位）→手臂伸缩缸 18 无杆腔；

进油路 2：油箱→过滤器 1 →液压泵 2 →单向阀 6 →三位四通电液换向阀 16（左位）→手臂伸缩缸 18 无杆腔；

回油路：手臂伸缩缸 18 有杆腔→单向调速阀 17（调速阀）→三位四通电液换向阀 16（左位）→油箱。

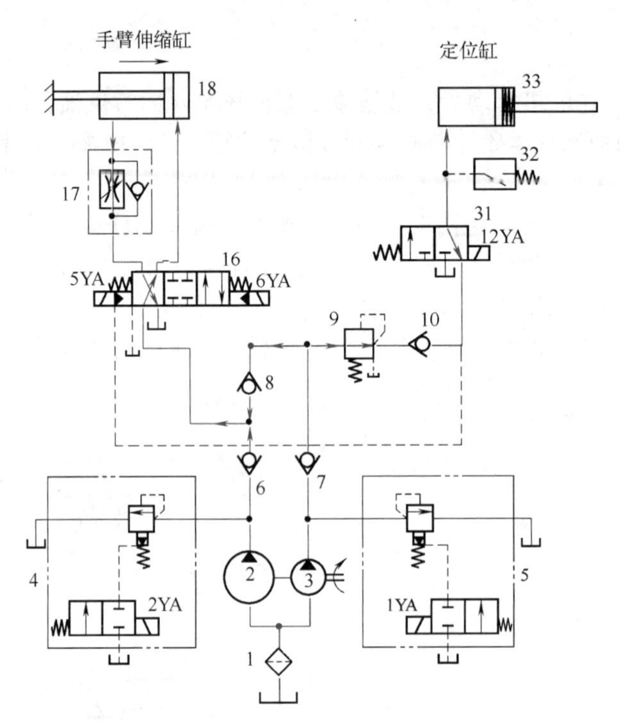

图 16-3　手臂前伸油路

（3）手指张开

如图 16-4 所示，机械手臂前伸至适当位置，行程开关发出信号，电磁铁 1YA、9YA 带电，2YA 失电，二位四通电磁换向阀 24 切换为右位，液压泵 2 卸载，液压泵 3 供油，经单向阀 7，二位四通电磁换向阀 24 右位，进入手指夹紧液压缸 26 无杆腔。有杆腔液压油通过液控单向阀 25 及二位四通电磁换向阀 24 右位进入油箱。手指夹紧液压缸 26 伸出，机械手指张开。

进油路：油箱→过滤器 1 →液压泵 3 →单向阀 7 →二位四通电磁换向阀 24（右位）→手指夹紧缸 26 无杆腔；

回油路：手指夹紧缸 26 有杆腔→液控单向阀 25 →二位四通电磁换向阀 24（右位）→油箱。

（4）手指夹紧

如图 16-5 所示，机械手指张开后，时间继电器延时。待物料由送料机构送到手指区域时，继电器发出信号使 9YA 断电，二位四通电磁换向阀 24 切换为左位，液压泵 3 的压力油

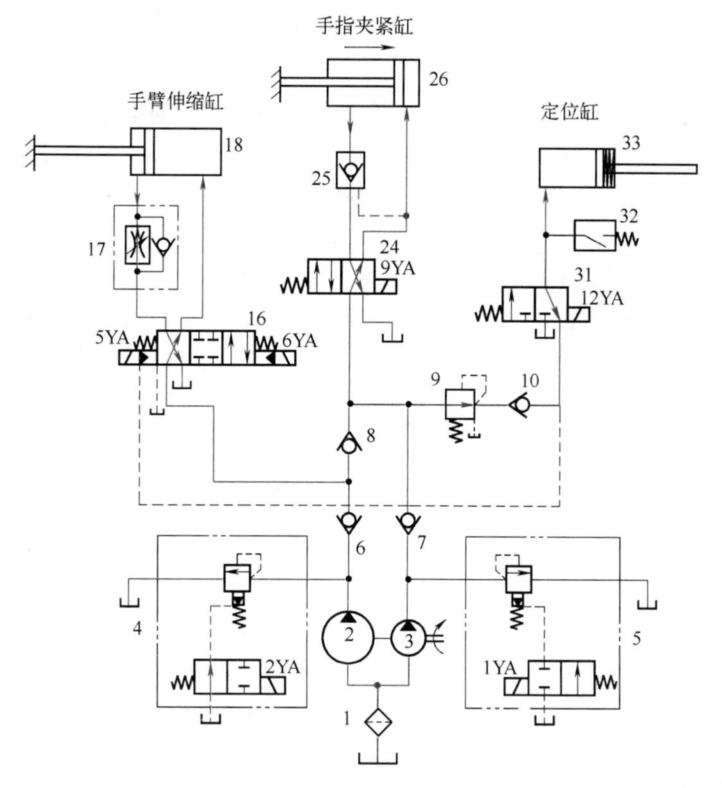

图 16-4　手指张开油路

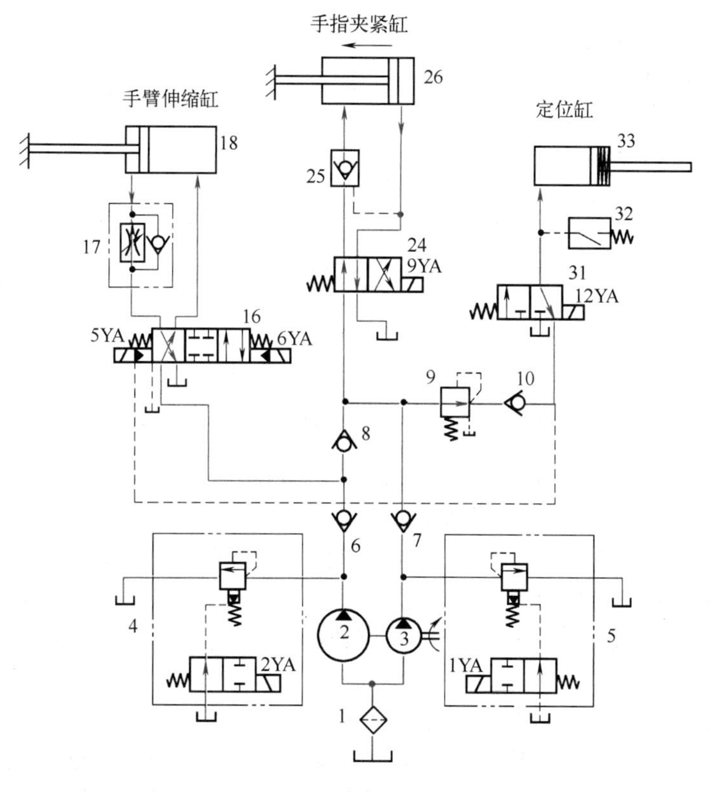

图 16-5　手指夹紧油路

通过二位四通电磁换向阀 24 左位进入手指夹紧缸 26 的有杆腔，使手指夹紧缸 26 缩回，手指夹紧物料。

进油路：油箱→过滤器 1→液压泵 3→单向阀 7→二位四通电磁换向阀 24（左位）→液控单向阀 25→手指夹紧缸 26 有杆腔；

回油路：手指夹紧缸 26 无杆腔→二位四通电磁换向阀 24（左位）→油箱。

（5）手臂上升

如图 16-6 所示，当手指抓料后，3YA 得电，三位四通电液换向阀 11 切换为左位，手臂升降液压缸 15 无杆腔进油伸出，手臂上升。此时，液压泵 2 和液压泵 3 同时供油通过三位四通电液换向阀 11 左位进入手臂升降缸。

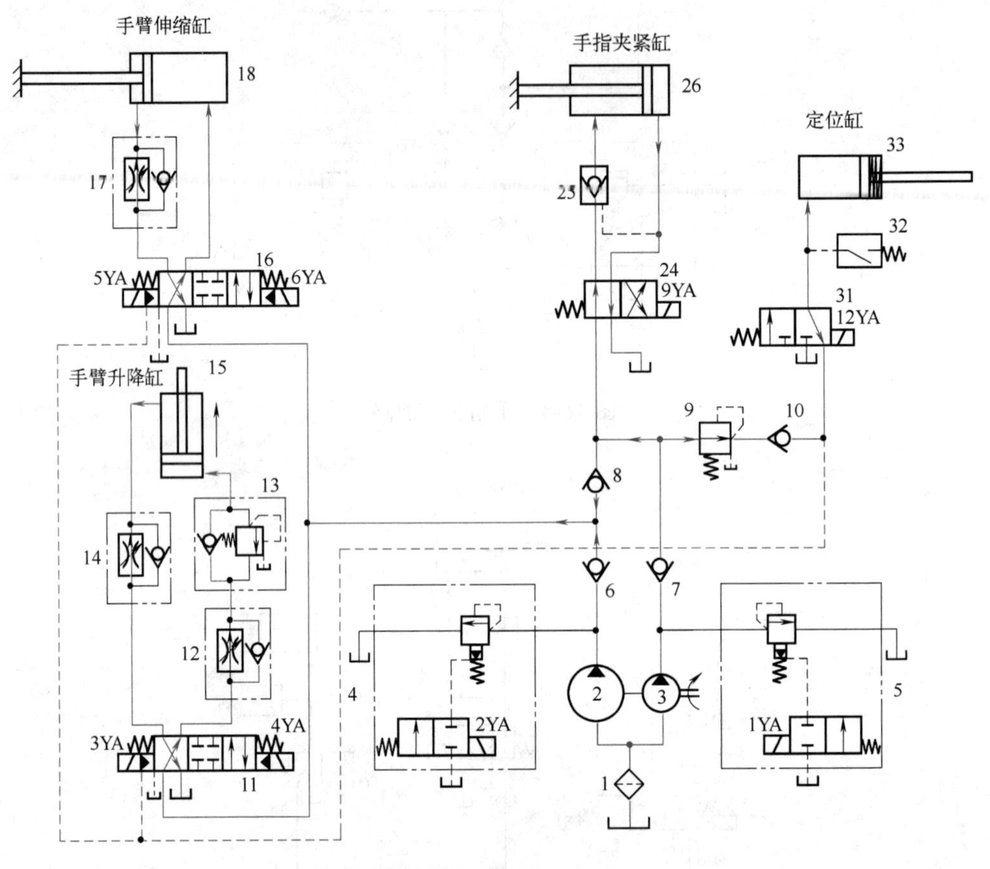

图 16-6　手臂上升油路

进油路 1：油箱→过滤器 1→液压泵 2→单向阀 6→三位四通电液换向阀 11（左位）→单向调速阀 12（单向阀）→单向顺序阀 13（单向阀）→手臂升降缸 15 无杆腔；

进油路 2：油箱→过滤器 1→液压泵 3→单向阀 7→单向阀 8→三位四通电液换向阀 11（左位）→单向调速阀 12（单向阀）→单向顺序阀 13（单向阀）→手臂升降缸 15 无杆腔；

回油路：手臂升降缸 15 有杆腔→单向调速阀 14（调速阀）→三位四通电液换向阀 11（左位）→油箱。

（6）手臂缩回

如图 16-7 所示，当手臂上升至预定位置，碰行程开关，3YA 断电，三位四通电液换向阀 11 复位，6YA 得电。液压泵 2 和液压泵 3 同时供油至三位四通电液换向阀 16 右位，压力

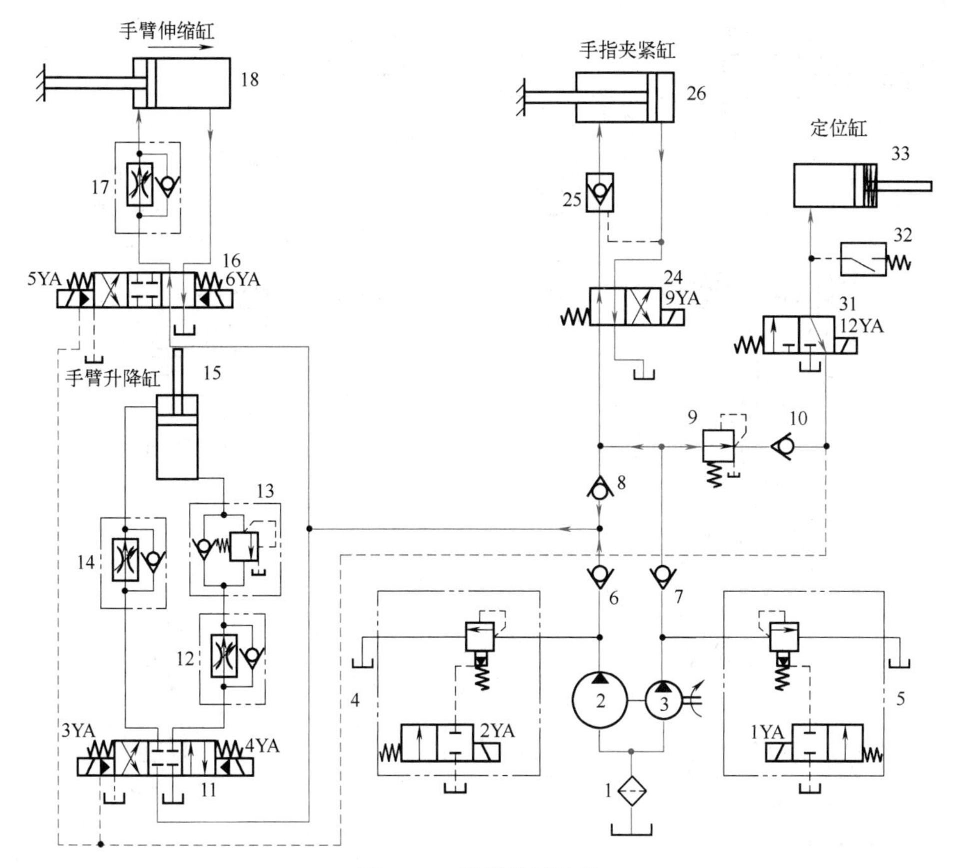

图 16-7　手臂缩回油路

油通过单向调速阀 17 的单向阀进入伸缩液压缸 18 有杆腔，而无杆腔油液经三位四通电液换向阀 16 右位回油箱。

进油路 1：油箱→过滤器 1 →液压泵 2 →单向阀 6 →三位四通电液换向阀 16（右位）→单向调速阀 17（单向阀）→手臂伸缩缸 18 有杆腔；

进油路 2：油箱→过滤器 1 →液压泵 3 →单向阀 7 →单向阀 8 →三位四通电液换向阀 16（右位）→单向调速阀 17（单向阀）→手臂伸缩缸 18 有杆腔；

回油路：手臂伸缩缸 18 无杆腔→三位四通电液换向阀 16（右位）→油箱。

（7）手腕回转 180°

如图 16-8 所示，当手臂上的挡块碰到行程开关时，6YA 断电，三位四通电液换向阀 16 复位，2YA 失电、10YA 通电，三位四通电磁换向阀 27 切换为左位。此时，液压泵 3 单独供油至三位四通电磁换向阀 27 左位，通过单向调速阀 29 的单向阀进入手腕回转马达 30，使手腕回转。

进油路：油箱→过滤器 1 →液压泵 3 →单向阀 7 →三位四通电磁换向阀 27（左位）→单向调速阀 29（单向阀）→手腕回转马达 30；

回油路：手腕回转马达 30 →单向调速阀 28（调速阀）→三位四通电磁换向阀 27（左位）→油箱。

（8）拔定位销

如图 16-9 所示，当手腕上的挡块碰到行程开关时，10YA、12YA 断电，三位四通电磁换向阀 27 和二位三通电磁换向阀 31 复位，定位缸 33 油液经二位三通电磁换向阀 31 左位回

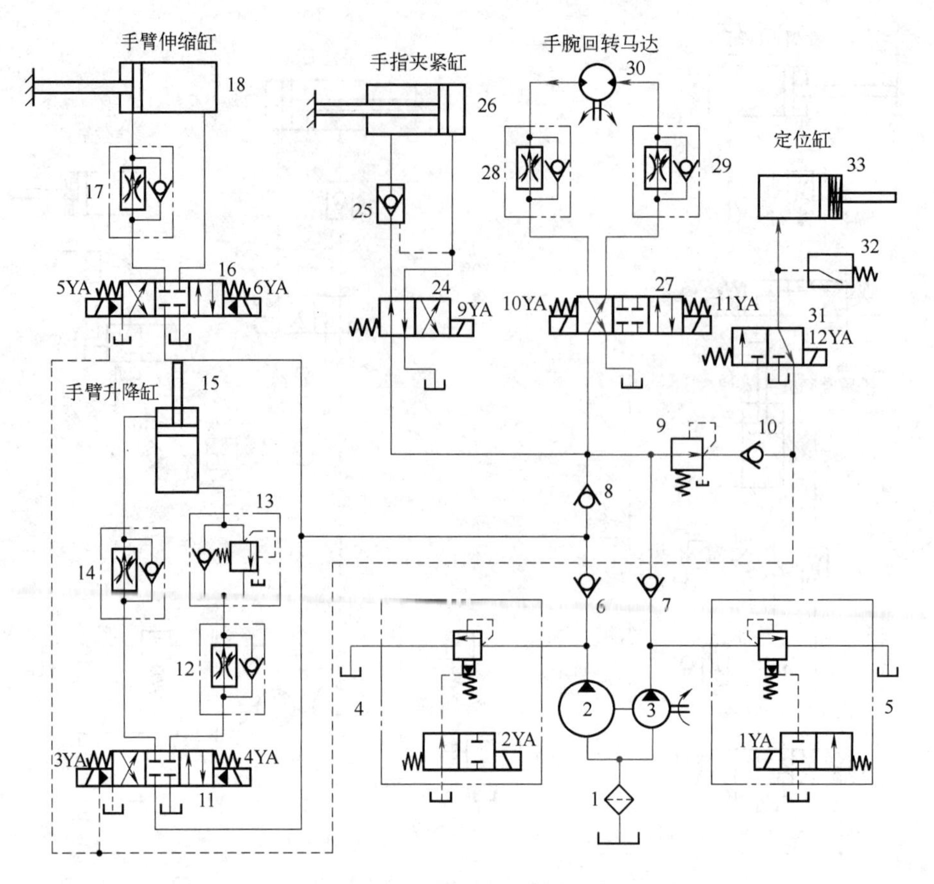

图 16-8　手腕回转 180°油路

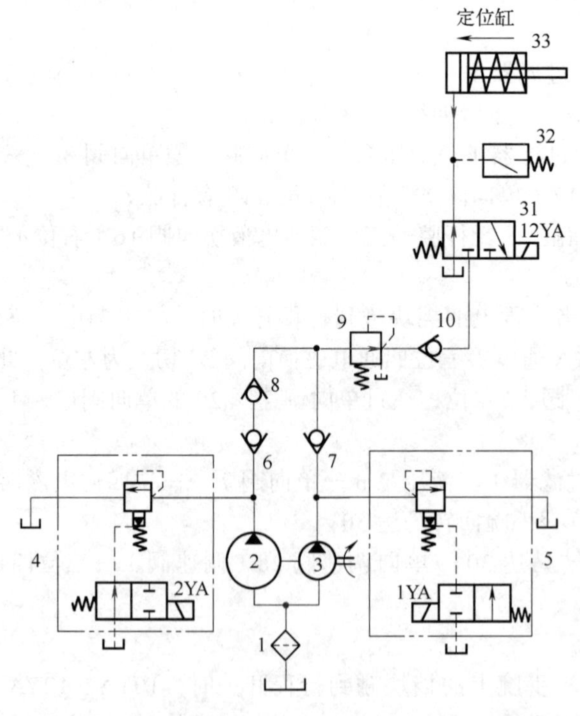

图 16-9　拔定位销油路

油箱，弹簧作用下，定位缸 33 复位，拔定位销。

进油路：定位缸没有进油路，它是在弹簧作用下前进的；

回油路：定位缸 33 无杆腔→二位三通电磁换向阀 31（左位）→油箱。

（9）手臂回转 95°

如图 16-10 所示，定位缸 33 支路无油压后，压力继电器 32 发出信号，7YA 得电。三位四通电磁换向阀 19 切换为左位，液压泵 3 的压力油进入单向阀 7、三位四通电磁换向阀 19 左位、单向调速阀 22 的单向阀最后进入手臂回转马达 23，使手臂回转。

进油路：油箱→过滤器 1→液压泵 3→单向阀 7→三位四通电磁换向阀 19（左位）→单向调速阀 22（单向阀）→手臂回转马达 23；

回油路：手臂回转马达 23→单向调速阀 21（调速阀）→三位四通电磁换向阀 19（左位）→行程调速阀 20→油箱。

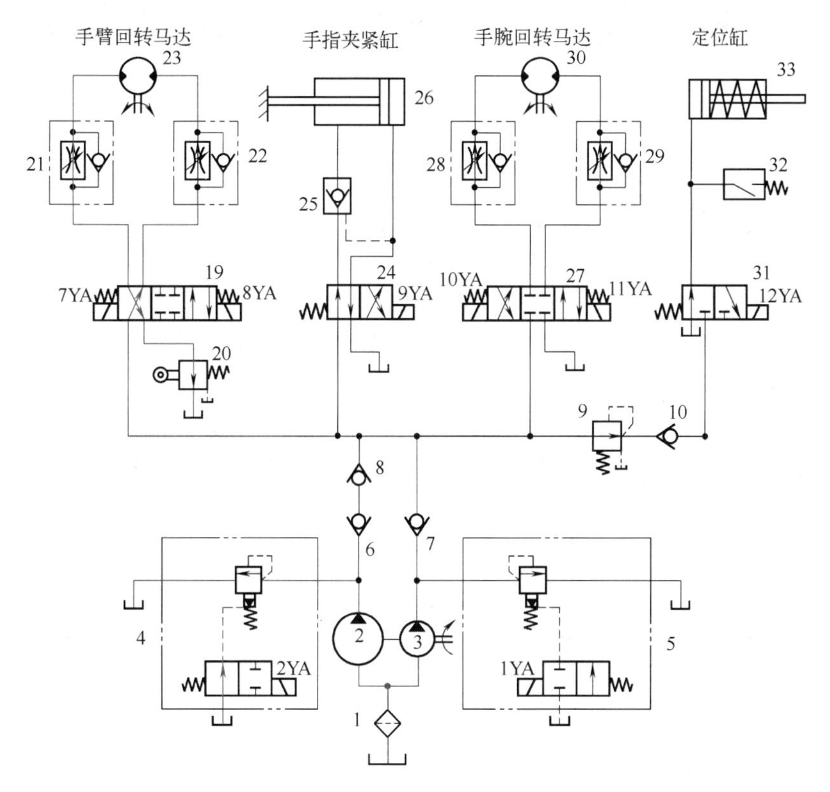

图 16-10　手臂回转 95°油路

第17章 C型翻车机液压系统

翻车机是一种通过对运料车辆进行翻转来实现卸料的轨道式大型机械设备。这种设备将载有散装物料的轨道车辆翻转或倾斜并使之卸料，适用于运输量大的港口和冶金、煤炭、热电等工业部门。矿井下的矿车也大多用小型翻车机卸车。一般翻车机可以每次翻卸1～4节车皮，在工业运输等领域具有非常广泛的应用。

本章就C型转子式单车翻车机的液压系统工作原理进行分析，其他类型的翻车机的液压系统和本设备液压系统基本类似。翻车机的具体液压系统原理图如图17-1所示。翻车机液压系统主要由夹紧回路和靠车回路两部分组成，分别实现以下功能。①驱动靠车板：靠车板与平台和压车机构一起将车辆固定在翻车机内。②压车：压车梁将进入翻车机的车辆压紧在翻车机内。

翻车机液压系统电磁铁动作表如表17-1所示。

表17-1　翻车机液压系统电磁铁动作表

动作	电磁铁						
	1YA	2YA	3YA	4YA	5YA	6YA	7YA
靠车板前进	+	−	−	−	−	−	+
压车梁压下	+	+	+	+	−	−	−
翻车机翻转到45°	−	+	+	−	−	−	−
压车梁升起	+	+	+	−	+	−	−
靠车板后退	+	−	−	−	−	+	−
停止/泵卸荷	−	−	−	−	−	−	−

注：上面表格中，“+”表示得电，“-”表示失电。

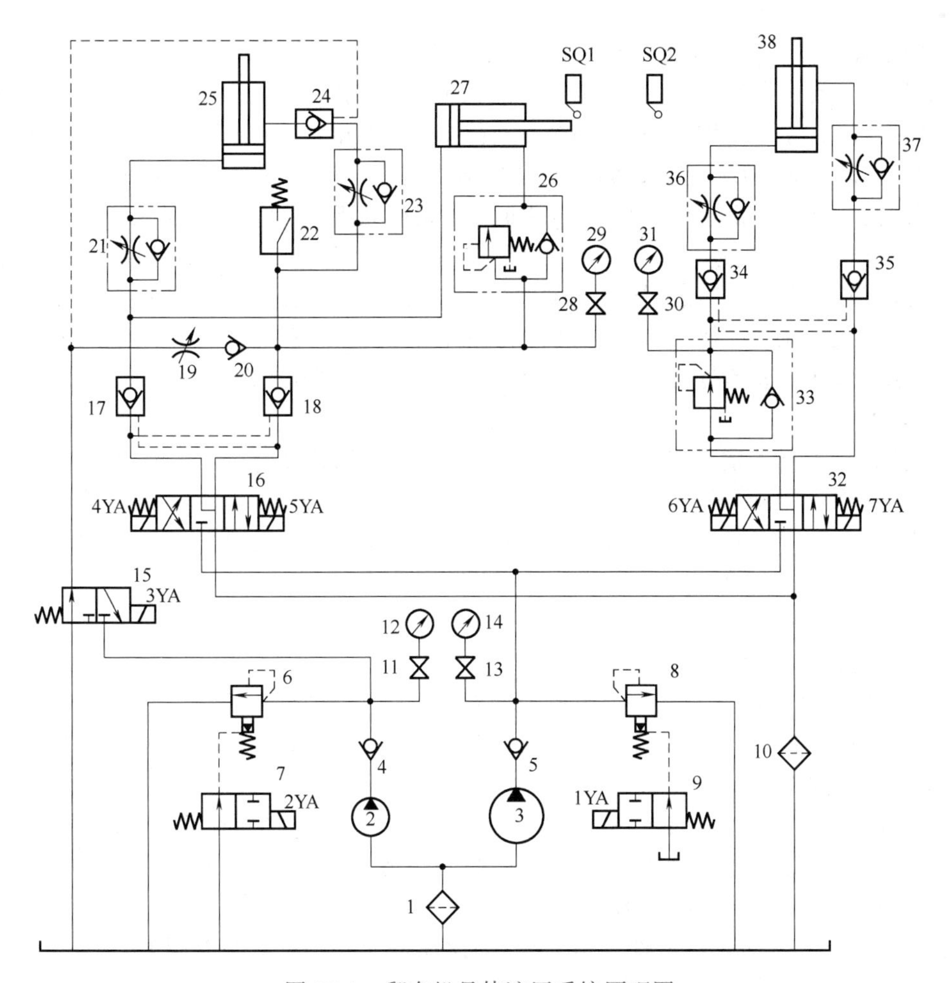

图 17-1　翻车机具体液压系统原理图

1，10—过滤器；2—小排量液压泵；3—大排量主泵；4，5，20—普通单向阀；6，8—先导溢流阀；7，9—二位二通电磁换向阀；11，13，28，30—截止阀；12，14，29，31—压力表；15—二位三通电磁换向阀；16，32—三位四通中位机能为 Y 型的电磁换向阀；17，18，24，34，35—液控单向阀；19—节流阀；21，23，36，37—单向节流阀；22—压力继电器；25—压车液压缸；26—单向顺序阀；27—压力补偿液压缸；33—单向减压阀；38—靠车液压缸

17.1　翻车机翻车前动作

17.1.1　回路元件组成

① 液压源　如图 17-1 所示，由两个动力元件液压泵为多个执行元件提供液压油，液压泵 2 和液压泵 3 在电机带动下，将液压油由油箱经过滤器 1 输送到液压系统，为各个液压回路提供有压流体。利用双联泵向系统供液压油，由于靠车与压车不同时工作，液压泵 3 分别向靠车和压车装置供油。液压泵 2 是高压泵，用来控制压车液压缸一侧液控单向阀的开启，为压力补偿作准备，在系统不需要油时，两泵均卸荷，以减少能量损失。

② 普通单向阀 4、5、20　方向控制元件，实现控制单向流通，防止回流。

③ 先导溢流阀 6、8　压力控制元件，溢流稳压，通过先导溢流阀调定弹簧预紧力，限定系统最大压力。当二位二通电磁换向阀 7 电磁铁失电时，换向阀处于导通位，则先导溢流阀 6 遥控口通过二位二通电磁换向阀连接油箱，液压泵 2 实现卸荷；当二位二通电磁换向阀 7 电磁铁得电时，换向阀切换为截止位，则先导溢流阀 6 遥控口封闭，液压泵 2 由先导溢流阀 6 溢流保压。当二位二通电磁换向阀 9 电磁铁失电时，换向阀处于导通位，则先导溢流阀 8 遥控口通过二位二通电磁换向阀 9 连接油箱，液压泵 3 实现卸荷；当二位二通电磁换向阀 9 电磁铁得电时，换向阀切换为截止位，则先导溢流阀 8 遥控口封闭，液压泵 3 由先导溢流阀 8 溢流保压。

④ 二位二通电磁换向阀 7、9　方向控制元件，通过二位二通电磁换向阀 7 换向，可实现控制液压泵 2 保压和卸荷切换；通过二位二通电磁换向阀 9 换向，可实现控制液压泵 3 保压和卸荷切换。

⑤ 过滤器 1、10　辅助元件，过滤器 1 用于过滤进油路油液杂质，过滤器 10 用于过滤回油路的油液杂质。

⑥ 截止阀 11、13、28、30　方向控制元件，开关阀，控制压力表是否接入检测点。

⑦ 压力表 12、14、29、31　辅助元件，显示检测点压力值。

⑧ 二位三通电磁换向阀 15　方向控制元件，通过二位三通电磁换向阀 15 换向，可实现控制液控单向阀 24 的控制口油液开关。

⑨ 三位四通中位机能为 Y 型的电磁换向阀 16、32　方向控制元件，通过三位四通电磁换向阀 16 换向，可实现控制压车液压缸 25 换向；通过三位四通电液换向阀 32 换向，可实现控制靠车液压缸 38 换向。

⑩ 液控单向阀 17、18、24、34、35　方向控制元件，液控单向阀 17 与 18 联用，液控单向阀 34 与 35 联用，分别构成压车液压缸 25 和靠车液压缸 38 的液压锁；液控单向阀 24 实现压车液压缸 25 有杆腔回油控制。

⑪ 节流阀 19　流量控制元件，用于调节执行元件运动速度。节流阀 19 安装于压力补偿液压缸 27 的回路中，控制压力补偿液压缸 27 的伸出速度。

⑫ 单向节流阀 21、23、36、37　流量控制元件，用于调节执行元件运动速度。单向节流阀 21、23 用于压车液压缸 25 的伸缩速度；单向节流阀 36、37 用于调节靠车液压缸 38 的伸缩速度。

⑬ 压力继电器 22　压力控制元件，将压力信号转化为电信号，实现自动化控制。

⑭ 单向顺序阀 26　压力控制元件。

⑮ 单向减压阀 33　压力控制元件，安装于靠车液压缸 38 支路之前，用于降低支路压力，减压稳压。

⑯ 液压缸 25、27、38　系统执行元件，压车液压缸 25 用于带动压车装置动作；压力补偿液压缸 27 用于压力补偿；靠车液压缸 38 用于带动靠车装置动作。

17.1.2 涉及的基本回路

（1）换向回路

换向回路基本内容见 1.1.2 节。

（2）调压回路

调压回路基本内容见 2.1.2 节。

（3）卸荷回路

卸荷回路基本内容见 3.2.2 节。

（4）锁紧回路

锁紧回路基本内容见 8.1.2 节。

（5）顺序动作回路

顺序动作回路基本内容见 7.1.2 节。

（6）节流调速回路

节流调速回路基本内容见 1.2.2 节。

17.1.3 回路解析

（1）靠车板前进

如图 17-2 所示，电磁铁 1YA 和 7YA 得电，液压泵 3 保压，三位四通电磁换向阀 32 切换为右位，从液压泵 3 输出的压力油经三位四通电磁换向阀 32 右位，单向减压阀 33，液控单向阀 34 和单向节流阀 36 进入靠车液压缸 38。压力油进入靠车液压缸推动靠车板靠车。

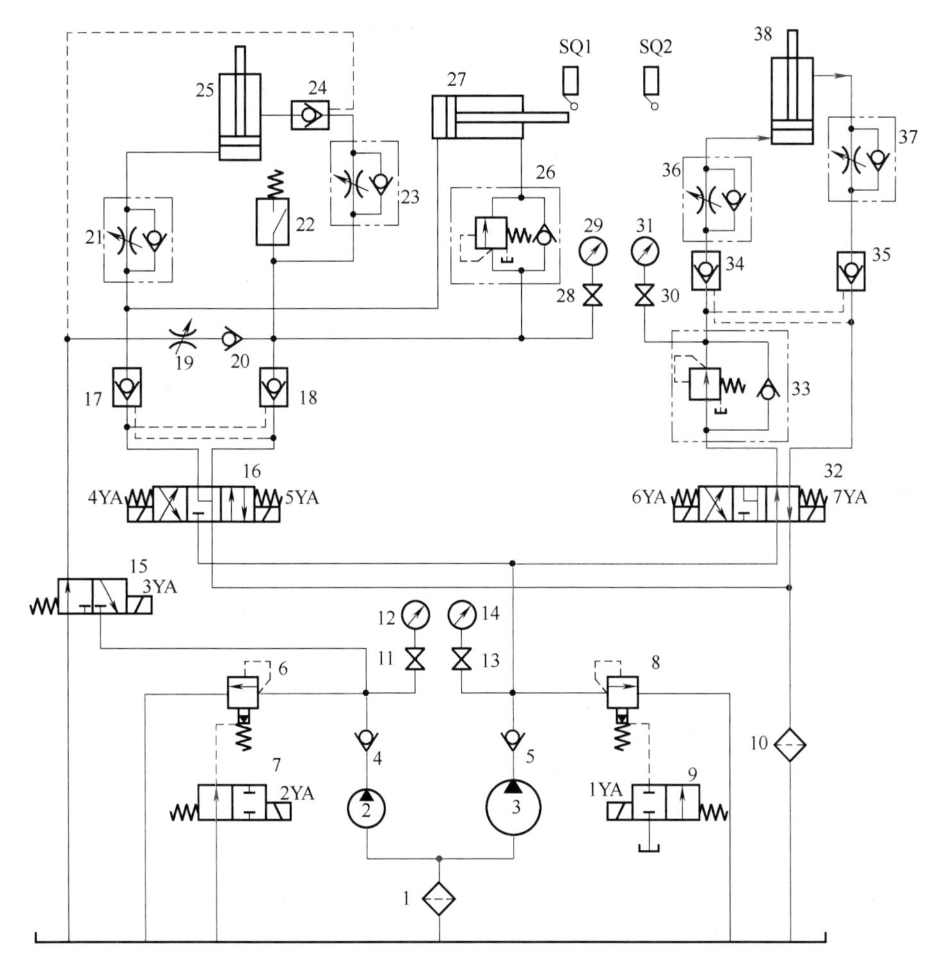

图 17-2　靠车板前进油路

进油路：油箱→过滤器 1→液压泵 3→单向阀 5→三位四通中位机能为 Y 型的电磁换向阀 32（右位）→单向减压阀 33（减压阀）→液控单向阀 34→单向节流阀 36（单向阀）→靠车液压缸 38 无杆腔；

回油路：靠车液压缸 38 有杆腔→单向节流阀 37（节流阀）→液控单向阀 35→三位四通中位机能为 Y 型的电磁换向阀 32（右位）→过滤器 10→油箱。

靠车板到位后，靠板接触到车皮侧面后触动行程开关，行程开关发出电信号，电磁铁 1YA 和 7YA 失电，将三位四通中位机能为 Y 型的电磁换向阀 32 切换至中位，两液控单向阀 34、35 构成的液压锁关闭，靠车回路保压，同时先导溢流阀 8 在电信号作用下卸荷从而防止高压油直接溢流回油箱造成不必要的能量损失。至此，靠车过程完成。

（2）压车梁压下

如图 17-3 所示，靠板到位后，电磁铁 1YA、2YA、3YA、4YA 得电，压车液压缸驱动 4 个压车梁压下夹紧车皮，压车动作完成后，利用液控单向阀互锁。压车力由压力继电器 22 检测，当夹紧到位后，压力继电器 22 发出信号作为翻车机翻转的联锁信号。

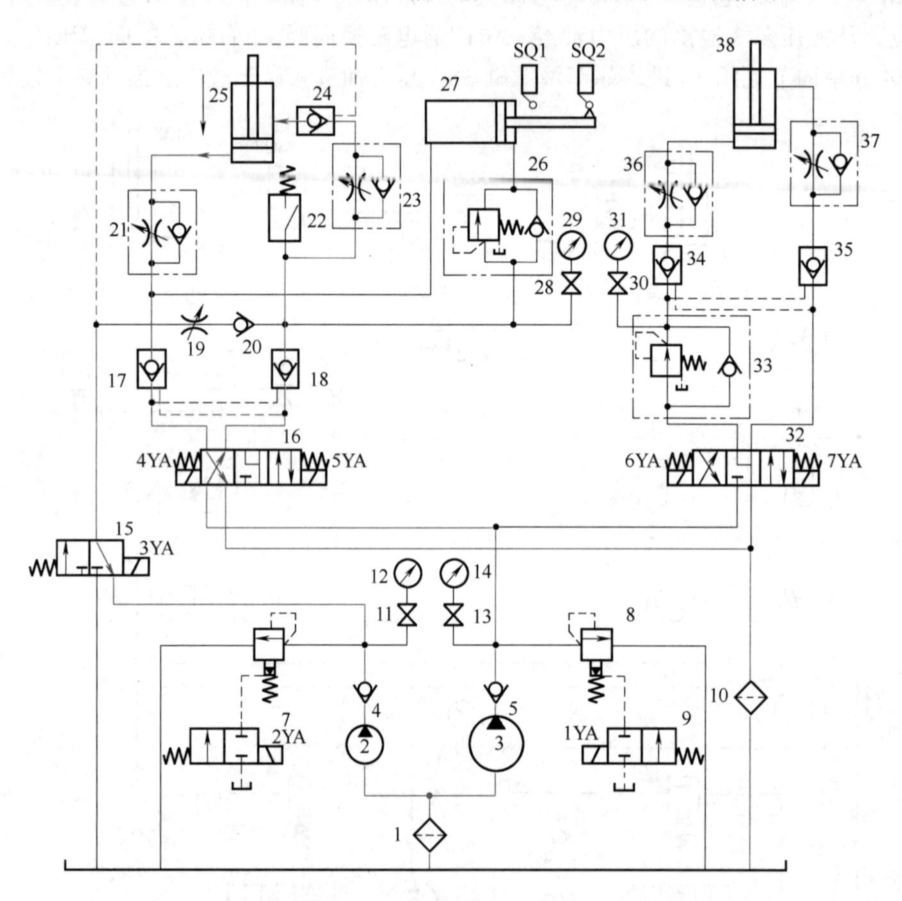

图 17-3　压车梁压下油路

在翻车机翻转前，补偿液压缸 27 应处于补偿原位，即液压缸活塞杆伸出，压下行程开关 SQ2，该行程开关发出的信号也是翻车机翻转联锁信号。

进油路：油箱→过滤器 1→液压泵 3→单向阀 5→三位四通中位机能为 Y 型的电磁换向阀 16（左位）→液控单向阀 18→单向节流阀 23（单向阀）→液控单向阀 24→压车液压缸 25 有杆腔；

回油路：压车液压缸 25 无杆腔→单向节流阀 21（节流阀）→液控单向阀 17→三位四通中位机能为 Y 型的电磁换向阀 16（左位）→过滤器 10→油箱。

随着翻车机的翻转角度越来越大，车皮中的物料开始卸出。压车液压缸 25 有杆腔的压力会升高，达到顺序阀 26 设定值时，单向顺序阀 26 打开，压车液压缸 25 上腔的液压油进入压力补偿液压缸 27，对压力补偿液压缸 27 右腔补油，而左腔回油经单向节流阀 21 的单向阀进入压车液压缸 25 下腔，使其向上退让，推动补偿液压缸后退，碰到补偿后行程开关 SQ1，电磁铁 2YA 和 3YA 失电，压车液压缸 25 旁液控单向阀 24 立即锁闭。

17.2　翻车机翻车动作

当翻车机翻转到 45°，如图 17-4 所示，当所有联锁信号都具备后，翻车机开始翻转，翻转到 45°时，检测压力继电器信号，如果信号正常则电磁铁 1YA、4YA 失电，翻车机继续翻转，反之，如压力继电器信号消失，则停止翻转，开始回翻到零位。

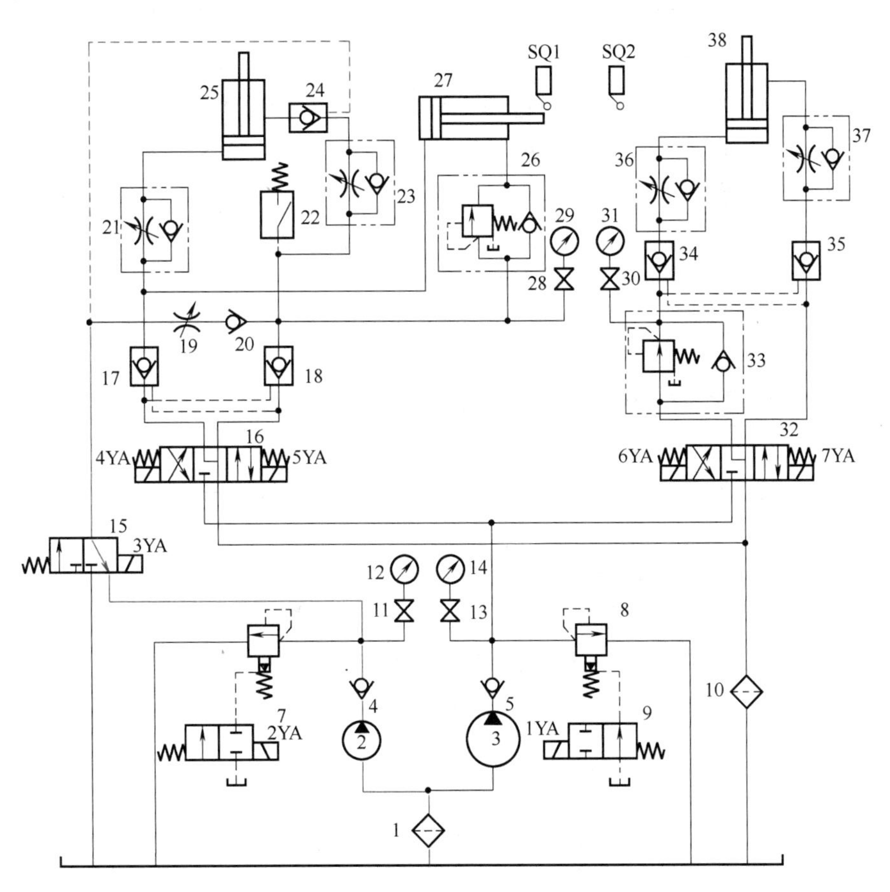

图 17-4　翻车机翻转到 45°油路

需要注意的是：车辆在翻转过程中，随着物料逐渐倒出，车辆底盘弹簧逐渐将压缩吸收的能量释放至夹紧装置。此时夹紧装置对车辆厢体作用力增大，单向顺序阀 26 打开，可防止夹紧力超限而引起厢体损坏，同时在翻车机物料倾倒时如遇液压泵突然失效，压力补偿缸 27 内的高压油可通过单向顺序阀 26 的单向阀对夹紧回路高压油路进行临时补充。

17.3 翻车机翻车结束后动作

（1）压车梁升起

如图 17-5 所示，翻车机翻转到终点后开始回翻，当回翻到 45°时，电磁铁 1YA、2YA、3YA、5YA 得电，三位四通中位机能为 Y 型的电磁换向阀 16 切换为右位，所有压车液压缸 25 升起到原位。

进油路：油箱→过滤器 1→液压泵 3→单向阀 5→三位四通中位机能为 Y 型的电磁换向阀 16（右位）→液控单向阀 17→单向节流阀 21（单向阀）→压车液压缸 25 无杆腔；

回油路：压车液压缸 25 有杆腔→液控单向阀 24→单向节流阀 23（节流阀）→液控单向阀 18→三位四通中位机能为 Y 型的电磁换向阀 16（右位）→过滤器 10→油箱。

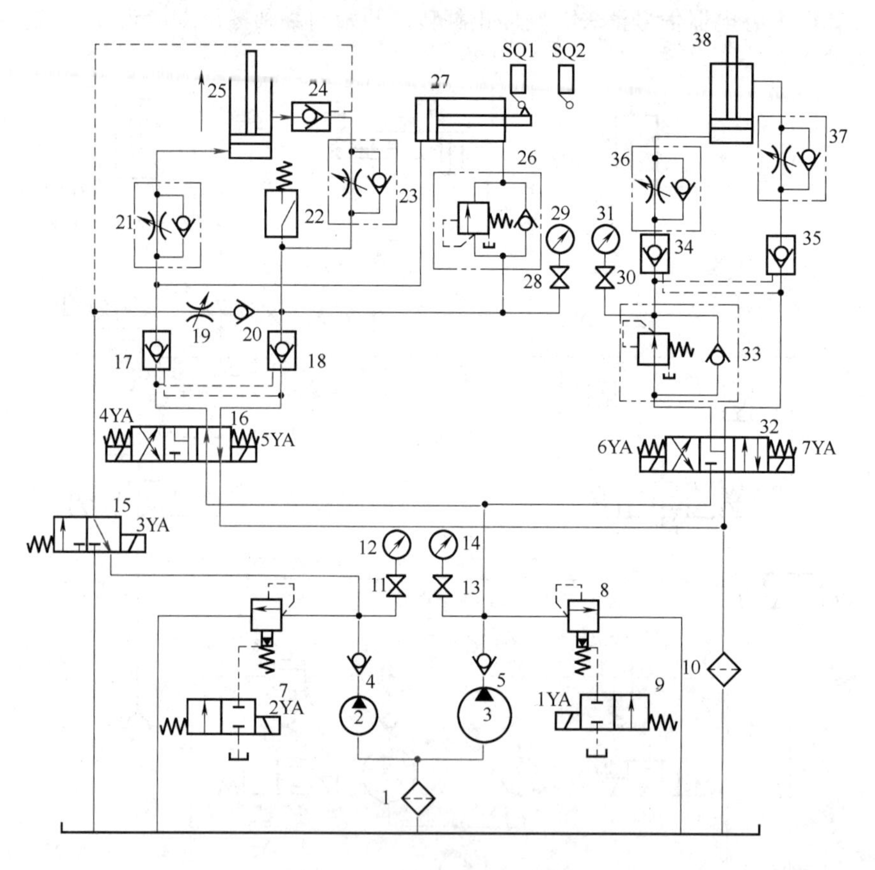

图 17-5 压车梁升起油路

在压车装置松开过程中，液压泵 3 在给压车液压缸 25 供油的同时向压力补偿液压缸的左腔供油，当补偿液压缸 27 也伸出到前限位后，触发行程开关 SQ2，电磁铁 1YA、2YA、3YA、5YA 失电，作为翻车机翻转的联锁信号，并为下一次的压力补偿做准备。

（2）靠车板后退

如图 17-6 所示，当卸料完成后，翻车机回转至初始位，电磁铁 1YA 和 6YA 得电，三位四通中位机能为 Y 型的电磁换向阀 32 切换为左位，两液控单向阀 34、35 构成的液压锁打开，靠车板装置缩回。减压阀 33 设有测压口以便进行压力检测，通过调节节流阀 36、37 可调节靠车板动作速度。

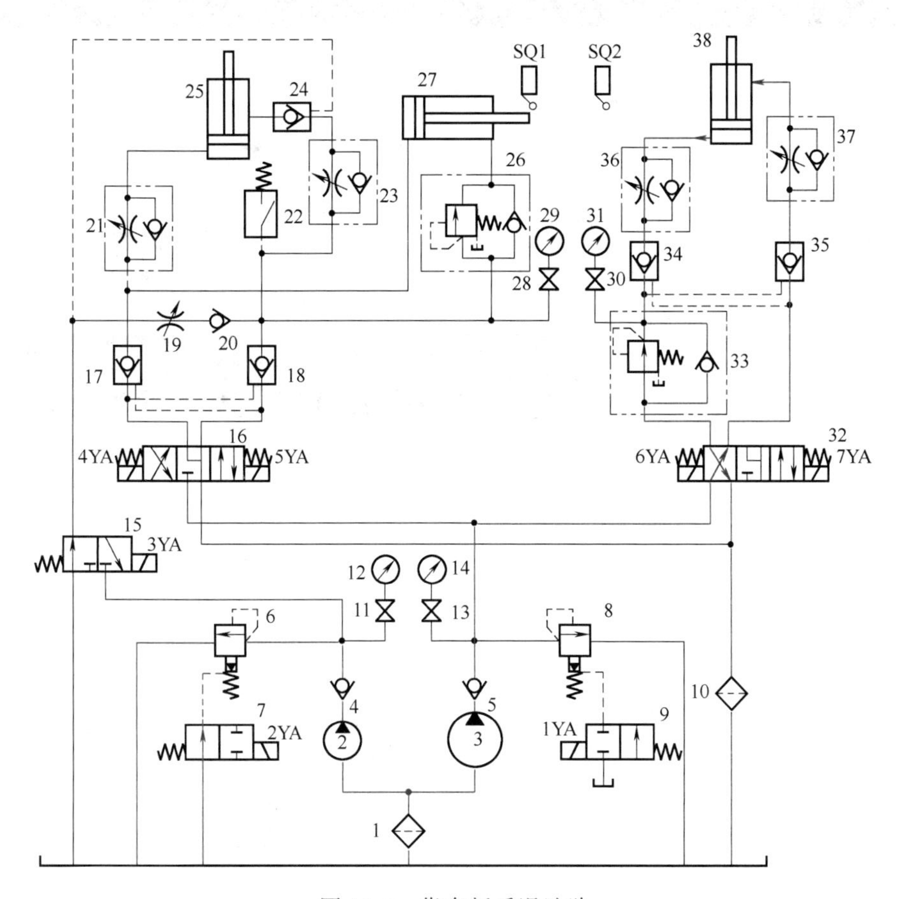

图 17-6　靠车板后退油路

进油路：油箱→过滤器 1→液压泵 3→单向阀 5→三位四通中位机能为 Y 型的电磁换向阀 32（左位）→液控单向阀 35→单向节流阀 37（单向阀）→靠车液压缸 38 有杆腔；

回油路：靠车液压缸 38 无杆腔→单向节流阀 36（节流阀）→液控单向阀 34→单向减压阀 33（单向阀）→三位四通中位机能为 Y 型的电磁换向阀 32（左位）→过滤器 10→油箱。

（3）停止 / 泵卸荷

如图 17-1 所示，当所有电磁铁失电，两液压泵均卸荷，所有执行元件液压缸均停止，液压系统停止工作，泵卸荷。

第18章 采煤机液压系统

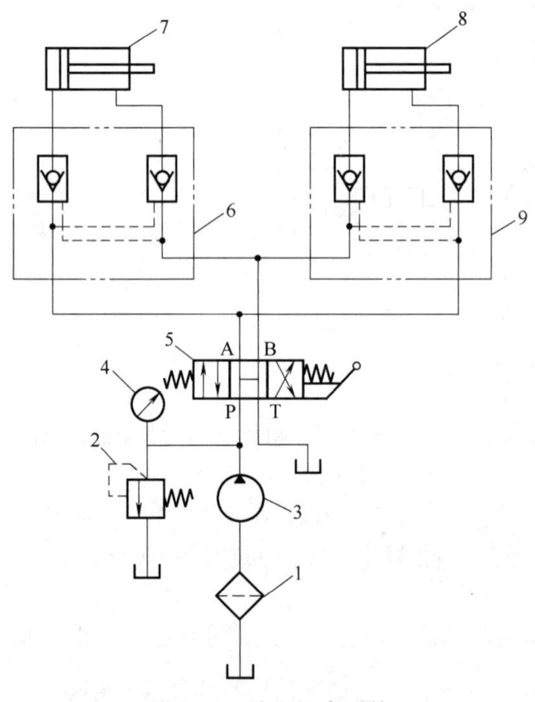

图 18-1 液压调高系统

1—过滤器；2—直动溢流阀；3—液压泵；4—压力表；5—三位四通中位机能为 H 型手动换向阀；6，9—液压锁；7，8—调高液压缸

滚筒采煤机是以螺旋滚筒作为工作机构，以滚削原理实现落煤的采煤机械。当滚筒以一定的转速转动，采煤机以一定的牵引速度运行时，滚筒旋转并切入煤壁，螺旋滚筒上的截齿从煤壁上截割下煤体，破落下的煤在螺旋叶片的作用下被推入工作面的刮板输送机中。

单滚筒采煤机是国产 MC 系列采煤机的一种机型。它与刮板输送机、DZ 型单体液压支柱和金属铰接顶梁配套组成高档普采机组，用于开采高 1.3 ～ 2.5m 煤质中硬以上的缓倾斜煤层。

单滚筒采煤机的组成主要包括电动机、牵引部、固定减速器、摇臂、螺旋滚筒和底托架等。该机的总体结构合理，且截割部传动件均以电动机功率为 250kW 设计，强度高寿命长，因此使用效果好，受到工程现场较高评价。目前大多数采煤机的液压系统主要有液压调高系统和牵引液压系统。如图 18-1 所示为液压调高系统原理图。

18.1 调高系统

为了适应煤层厚度变化，需要通过控制调高液压系统，带动摇臂上下调整滚筒位置。

18.1.1 回路元件组成

① 液压泵3 如图18-1所示，动力元件，液压泵3经电机带动，将液压油从油箱经过滤器1输送至液压系统，为液压系统提供压力油。

② 直动溢流阀2 压力控制元件，溢流稳压，通过调定溢流阀弹簧预紧力，限定系统最大压力。

③ 过滤器1 辅助元件，过滤器1用于过滤进油路油液杂质。

④ 压力表4 辅助元件，显示检测点压力值。

⑤ 三位四通中位机能为H型的手动换向阀5 方向控制元件，通过三位四通手动换向阀5换向，可实现控制调高液压缸7、8换向。

⑥ 液压锁6、9 方向控制元件，由两个液控单向阀组成的液压锁6和9，分别实现液压缸7和8停止时锁紧。

⑦ 调高液压缸7、8 系统执行元件，两液压缸用于带动调高机构动作。

18.1.2 涉及的基本回路

（1）换向回路

换向回路基本内容见1.1.2节。

（2）调压回路

调压回路基本内容见2.1.2节。

（3）卸荷回路

卸荷回路基本内容见3.2.2节。

（4）锁紧回路

锁紧回路基本内容见8.1.2节。

（5）同步回路

同步回路基本内容见4.1.2节。

18.1.3 回路解析

三位四通手动换向阀在中位时，液压泵排油经换向阀P口卸荷，调高液压缸7、8不动作。当三位四通手动换向阀切换时，实现调高液压缸7、8带动摇臂运动，从而控制滚筒上调和下调。

（1）滚筒上调

如图18-2所示，当三位四通手动换向阀切换为左位时，换向阀P、A连通，B、T连通，液压泵输送的液压油进入调高液压缸7的无杆腔和调高液压缸8的有杆腔，因此两液压缸的活塞杆分别伸出和缩回，因调高液压缸7与摇臂下部连接而调高液压缸8与摇臂上部连接，所以摇臂上摆而使滚筒上调，此时，调高液压缸7的有杆腔和调高液压缸

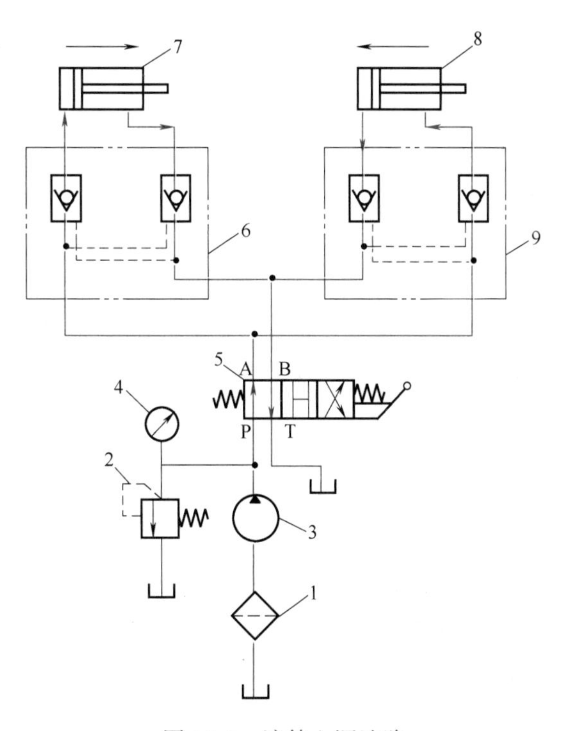

图18-2 滚筒上调油路

8 的无杆腔侧回油。

进油路 1：油箱→过滤器 1→液压泵 3→三位四通中位机能为 H 型的手动换向阀 5（左位）→液压锁 6（左侧液控单向阀）→液压缸 7 无杆腔；

回油路 1：液压缸 7 有杆腔→液压锁 6（右侧液控单向阀）→三位四通中位机能为 H 型的手动换向阀 5（左位）→油箱。

进油路 2：油箱→过滤器 1→液压泵 3→三位四通中位机能为 H 型的手动换向阀 5（左位）→液压锁 9（右侧液控单向阀）→液压缸 8 有杆腔；

回油路 2：液压缸 8 无杆腔→液压锁 9（左侧液控单向阀）→三位四通中位机能为 H 型的手动换向阀 5（左位）→油箱。

（2）滚筒锁紧

如图 18-3 所示，当三位四通手动换向阀切换为中位时，液压锁将调高液压缸的油路锁紧，从而将滚筒锁定在调好的位置上。

（3）滚筒下调

如图 18-4 所示，当三位四通手动换向阀切换为右位时，换向阀的 P、B 口连通，A、T 口连通，油路与上述相反，调高液压缸反方向动作，于是摇臂下摆，滚筒下调。液压调高系统的工作压力为 15MPa，由溢流阀的调定压力限定，以防在调高中过载。

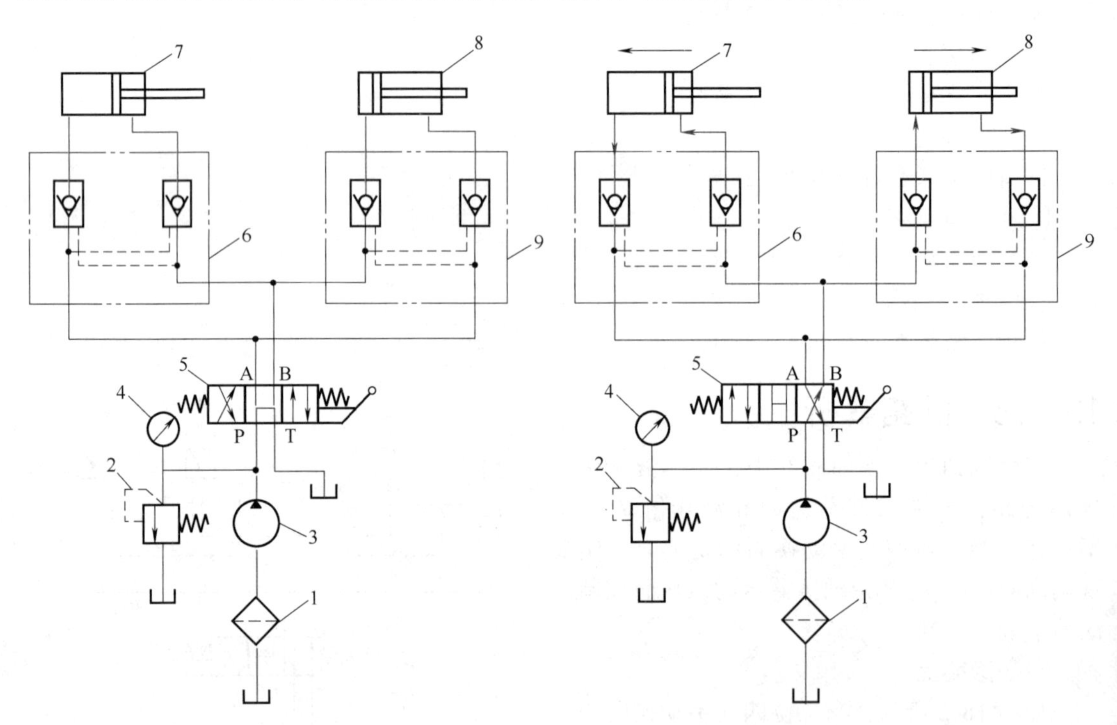

图 18-3　滚筒锁紧油路　　　　图 18-4　滚筒下调油路

进油路 1：油箱→过滤器 1→液压泵 3→三位四通中位机能为 H 型的手动换向阀 5（右位）→液压锁 6（右侧液控单向阀）→液压缸 7 有杆腔；

回油路 1：液压缸 7 无杆腔→液压锁 6（左侧液控单向阀）→三位四通中位机能为 H 型的手动换向阀 5（右位）→油箱。

进油路 2：油箱→过滤器 1→液压泵 3→三位四通中位机能为 H 型的手动换向阀 5（右位）→液压锁 9（左侧液控单向阀）→液压缸 8 无杆腔；

回油路 2：液压缸 8 有杆腔→液压锁 9（右侧液控单向阀）→三位四通中位机能为 H 型的手动换向阀 5（右位）→油箱。

18.2　牵引系统

液压牵引采煤机是由液压泵提供压力油，驱动液压马达，再经过几级齿轮减速，传动牵引链轮或无链牵引的传动装置，实现对采煤机的牵引。液压调速易实现无级调速和自动调速，结构紧凑，过载保护也很简便，所以大多数采煤机均采用液压传动的牵引部。如图 18-5 所示，该液压系统用于采煤机牵引机构，包含主油路系统、调速换向系统和保护系统三部分。

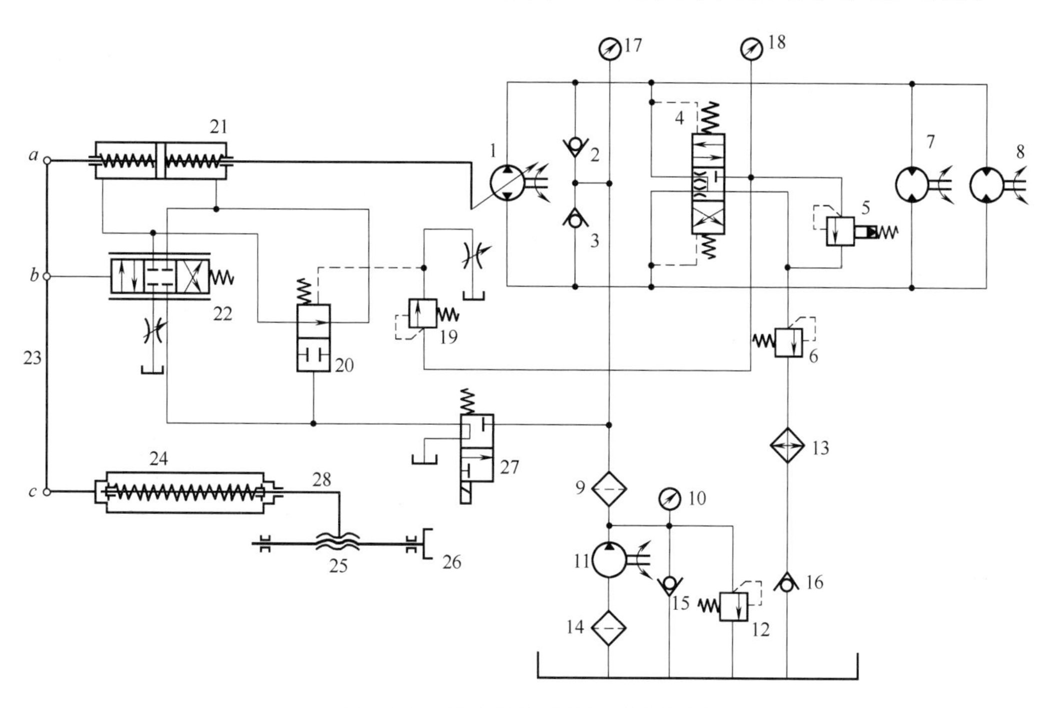

图 18-5　牵引机构液压系统原理图

1—主液压泵；2，3，15，16—单向阀；4—换向节流阀；5—高压溢流阀；6，12—低压溢流阀；7，8—液压马达；9—精过滤器；10，17，18—压力表；11—辅助液压泵；13—冷却器；14—粗过滤器；19—压力调速阀；20—失压控制阀；21—液压缸；22—随动阀；23—差动杠杆；24—调速套；25—螺旋副；26—调速换向手把（旋钮）；27—二位三通电磁换向阀；28—调速杆

18.2.1　回路元件组成

① 液压泵 1、11　如图 18-5 所示，动力元件，液压泵 1 为主液压泵，液压泵 11 为辅助液压泵。

② 单向阀 2、3、15、16　方向控制元件，实现控制单向流通，防止回流。

③ 换向节流阀 4　换向节流阀是液压系统中常用的一种控制阀，其作用是在液压系统中控制液压流量和流向，实现机器部件的运动控制。它不仅具有一个普通节流阀调节流量的功能，还具有一个液压换向阀的功能。换向节流阀的工作原理是通过阀芯的移动来控制液压油

的流向和流量，从而控制执行机构的动作，实现运动控制。

④ 高压溢流阀 5　压力控制元件，溢流稳压，通过调定先导溢流阀弹簧预紧力，限定系统最大压力。此溢流阀为高压溢流阀。

⑤ 低压溢流阀 6、12　压力控制元件，溢流稳压，通过调定溢流阀弹簧预紧力，限定系统最大压力。直动溢流阀 6 和 12 为低压溢流阀。

⑥ 液压马达 7、8　系统执行元件，用于带动牵引装置动作。

⑦ 过滤器 9、14　辅助元件，过滤器 9 用于精过滤进油路油液杂质，过滤器 14 用于粗过滤进油路的油液杂质。

⑧ 压力表 10、17、18　辅助元件，显示检测点压力值。

⑨ 冷却器 13　辅助元件，降低油液温度，保证液压系统正常运行。

⑩ 压力调速阀 19　由直动溢流阀和节流阀构成，当主回路高压油路压力达 12.8MPa 时，压力调速阀动作，其溢流口节流孔形成压力足以使失压控制阀 20 动作到上位。

⑪ 失压控制阀（二位二通液动换向阀）20　方向控制元件，通过二位二通液动换向阀 20 换向，可实现失压控制。

⑫ 液压缸 21　系统执行元件，用于带动牵引装置动作。

⑬ 三位四通中位机能为 O 型的随动换向阀 22　方向控制元件，调速杆获得向右位移时，即推动弹簧和调速套右移，此时差动杆向右摆动，随动阀被拉到左方块位置，于是液压缸的右腔进油、左腔回油，活塞与活塞杆便向左位移，并带动主液压泵缸体转过相应角度，在此动作中，差动杆向左摆动，直到随动阀回到中位将油路封闭为止，于是采煤机便以某一牵引速度运行；如继续在这个方向上转动旋钮，随动阀便又动作到左位，使液压缸中的活塞与活塞杆继续左移，主液压泵摆角继续增大，牵引速度相应加快，直到通过差动杆的反馈作用，随动阀又回到中位为止。同理，当调速杆向左位移时，主液压泵缸体将反方向摆动，于是改变了供油方向，采煤机得以反方向牵引。

⑭ 差动杠杆 23　连接液压缸 21、调速套 24 和随动阀 22，带动随动阀 22 实现换向。

⑮ 二位三通电磁换向阀 27　方向控制元件，实现供油和卸荷状态切换。

18.2.2　涉及的基本回路

（1）换向回路

换向回路基本知识见 1.1.2 节。

（2）调压回路

调压回路基本知识见 2.1.2 节。

（3）容积调速回路

容积调速回路是通过改变液压泵的流量或液压马达的排量来实现调速的。其主要优点是功率损失小（没有溢流损失和节流损失），系统效率高、油的温度低，广泛适用于高速、大功率系统。容积调速回路通常有三种形式：变量泵和定量执行元件的容积调速回路；定量泵和变量马达的容积调速回路；变量泵和变量马达的容积调速回路。

1）变量泵和定量执行元件的容积调速回路

这种调速回路可由变量泵与液压缸或变量泵与定量液压马达组成。其回路原理图如图 18-6 所示，图 18-6（a）为变量泵与液压缸所组成的容积调速回路；图 18-6（b）为变量泵与定量液压马达组成的容积调速回路。其工作原理是：图 18-6（a）中液压缸 5 的运动速度 v 由变量泵 1 调节，2 为溢流阀，4 为换向阀，6 为溢流阀充当背压阀；图 18-6（b）所示为采

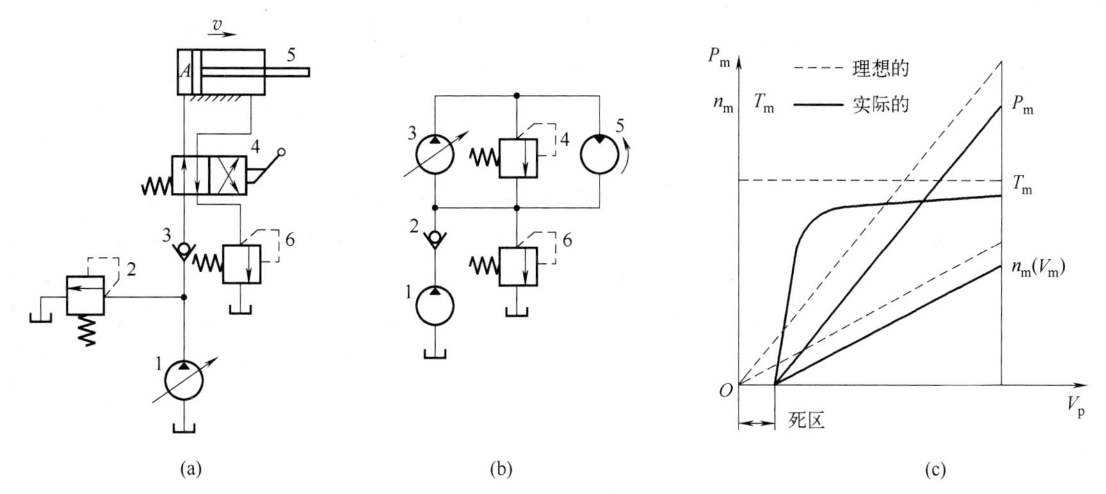

1—变量泵；2，6—溢流阀；3—单向阀；4—二位二通换向阀；5—液压缸

1—液压泵；2—单向阀；3—变量泵；4，6—溢流阀；5—液压马达

图 18-6　变量泵和定量执行元件容积调速回路

用变量泵 3 来调节液压马达 5 的转速，溢流阀 4 用以防止过载，低压辅助泵 1 用以补油，其补油压力由低压溢流阀 6 来调节。

在图 18-6（b）这种回路中，液压泵转速和液压马达排量都为恒定值，改变液压泵排量后可使马达转速和输出功率随之成比例变化。回路调速特性曲线如图 18-6（c）所示，n、P、T 和 V 分别表示转速、压力、转矩和排量。变量泵和定量马达容积调速回路的调速范围可达 40（n_{max}/n_{min}）左右，当回路中的液压泵和液压马达都是双向的时，马达可以实现平稳反向工作。

综上所述，变量泵和定量执行元件所组成的容积调速回路为恒转矩输出，可正反向实现无级调速，调速范围较大，适用于调速范围较大，恒扭矩输出的场合，如大型机床的主运动或进给系统中。

2）定量泵和变量马达的容积调速回路

定量泵与变量马达容积调速回路如图 18-7（a）所示。1、2 为定量泵和变量马达，3 为溢流阀，4 为低压溢流阀，5 为补油泵。此回路是通过调节变量马达的排量 V_m 来实现调速的。

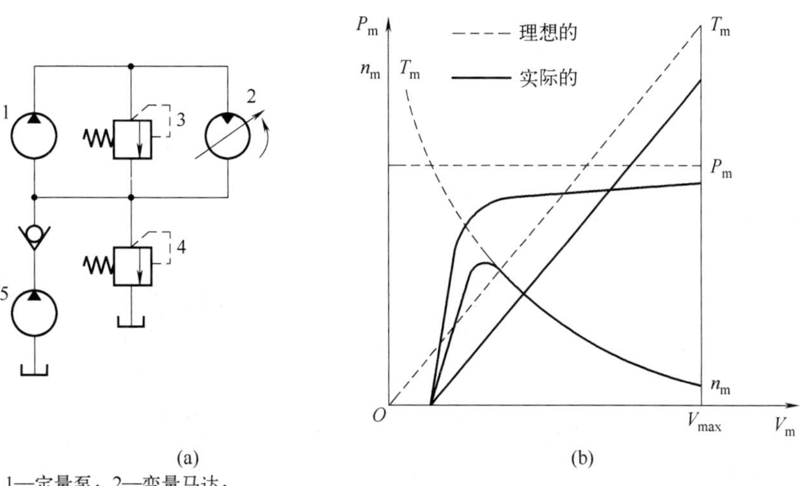

1—定量泵；2—变量马达；3，4—溢流阀；5—补油泵

图 18-7　定量泵和变量马达容积调速回路

综上所述，定量泵变量马达容积调速回路，由于不能用改变马达的排量来实现平稳换向，调速范围比较小（一般为 3 ～ 4），因而较少单独应用。该回路工作特性曲线如图 18-7（b）所示。

3）变量泵和变量马达的容积调速回路

由双向变量泵和双向变量马达组成的容积调速回路如图 18-8（a）所示。调节变量泵的排量和变量马达的排量，都可调节马达的转速。变量泵 2 可以双向供油，液压马达 9 可以双向旋转，图中溢流阀 10 的调定压力要略高于溢流阀 8 的调定压力，以保证液动换向阀动作时，回路中部分热油液经溢流阀 8 流回油箱，此时由补油泵 1 向回路输送冷却油液。这种回路的调速特性是上述两种回路调速特性的综合。其调速特性曲线如图 18-8（b）所示。如图可知，其调速范围大（可达 100），并且有较高的效率，它适用于大功率的场合，如矿山机械、起重机械以及大型机床的主运动液压系统。

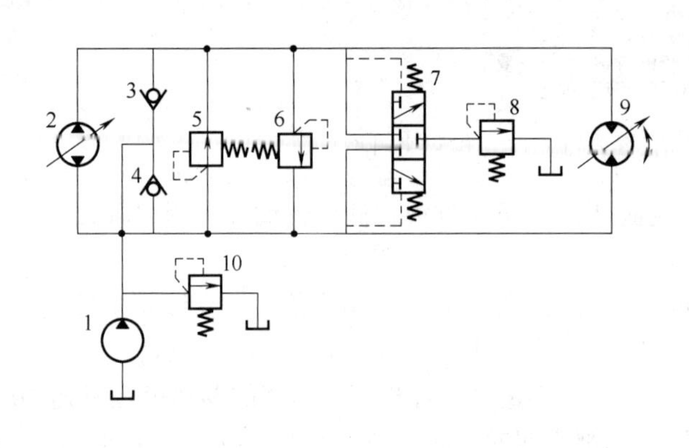

(a) 工作原理

1—补油泵；2—变量泵；3，4—单向阀；
5，6，8，10—溢流阀；7—换向阀；9—变量液压马达

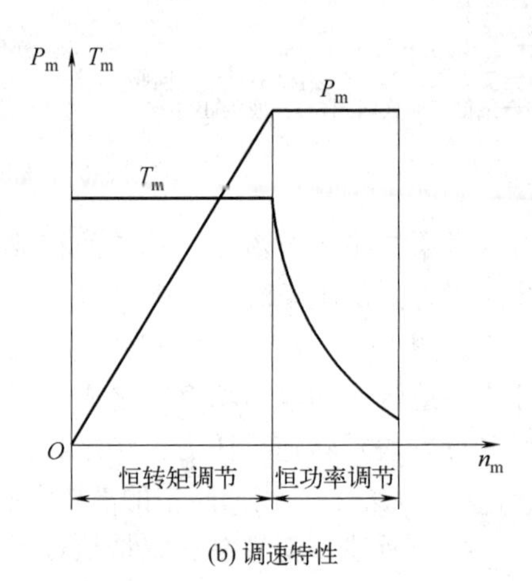

(b) 调速特性

图 18-8　变量泵和变量马达的容积调速回路

18.2.3　回路解析

（1）主油路

主油路采用了闭式系统，实现变量泵 - 定量马达容积调速。但由于闭式系统的散热条件差，为了进行油液冷却，防止温升过高，同时也为了补充闭式系统不可避免的泄漏，主油路设置补油和热交换回路。

如图 18-9 所示为主油路的补油回路。

补油回路：油箱→粗过滤器 14 →辅助液压泵 11 →精过滤器 9 →单向阀 2 或 3 →主液压泵吸油侧。

如图 18-10 所示，辅助泵 11、单向阀 2 和 3、节流换向阀 4、溢流阀 6 与冷却器 13 构成了主油路的热交换回路。溢流阀 6 的调定压力为 2MPa，为系统提供低压控制油液，溢流阀 12 的调定压力为 3MPa。

热交换回路：油箱→粗过滤器 14 →辅助液压泵 11 →精过滤器 9 →单向阀 2 或 3 →节流换向阀 4 →溢流阀 6 →冷却器 13 →单向阀 16 →油箱。

（2）调速换向回路

用于调节牵引速度和改变牵引方向，它由手把操作机构和主液压泵伺服变量机构组成 。

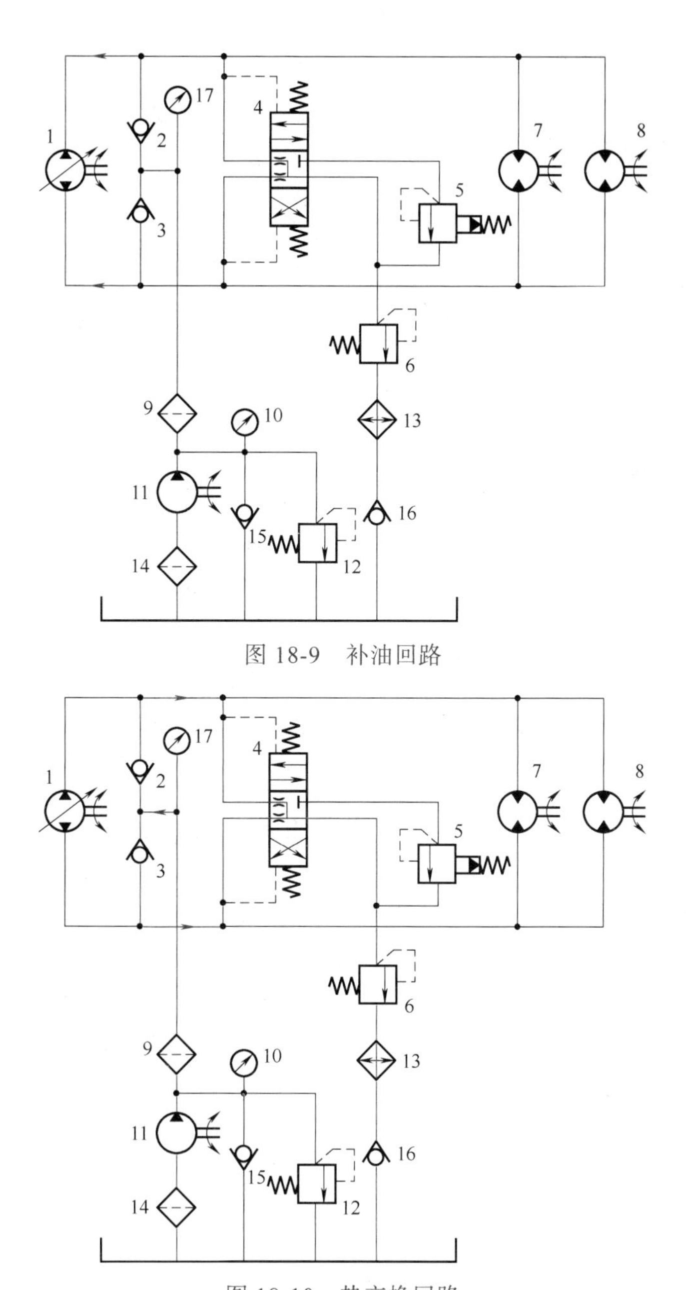

图 18-9　补油回路

图 18-10　热交换回路

手把操作机构由旋钮 26 和螺旋副 25 组成。螺旋副将旋钮的角位移转变为直线位移，并由螺母将运动传递给调速套 24 中的调速杆 28，进而通过随动变量机构改变主液压泵的流量和供油方向。旋钮由中立位置开始的旋向决定采煤机的牵引方向，旋钮转角的大小决定牵引速度的大小。

伺服变量机构由调速套 24、随动阀 22、差动杠杆 23、液压缸 21 组成。当调速杆 28 获得向右位移时，即推动弹簧和调速套 24 右移，此时差动杠杆向右摆动，如图 18-11 所示，随动阀 22 被切换到左位，当二位三通电磁换向阀 27 通电，于是液压缸 21 的右腔进油、左腔回油，活塞与活塞杆便向左位移，并带动主液压泵 1 缸体转过相应角度，在此动作中，差动杠杆 23 向左摆动，直到随动阀 22 回到中位将油路封闭为止，于是采煤机便以这一牵引速度

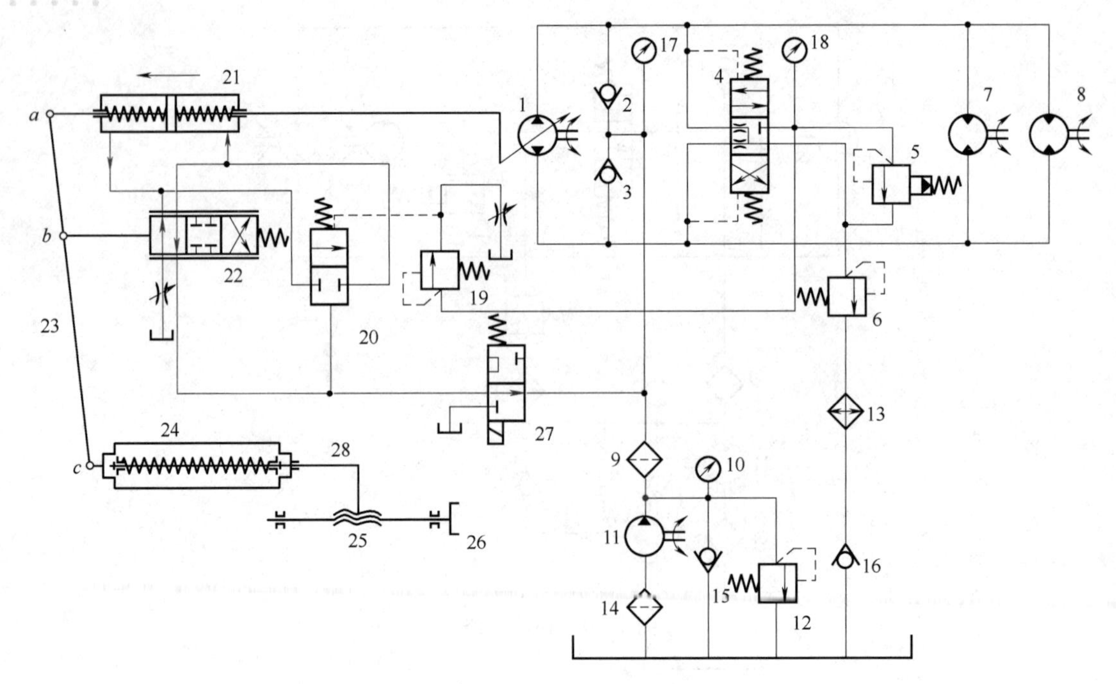

图 18-11　调速油路（随动阀左位）

运行；如继续在这个方向上转动旋钮，随动阀 22 便又切换到左位，使液压缸 21 中的活塞与活塞杆继续左移，主液压泵 1 摆角继续增大，牵引速度相应加快，直到通过差动杠杆 23 的反馈作用，随动阀 22 又回到中位为止。

进油路：油箱→粗过滤器 14→辅助液压泵 11→精过滤器 9→二位三通电磁换向阀 27（下位）→随动阀 22（左位）→液压缸 21 右腔；

回油路：液压缸 21 左腔→随动阀 22（左位）→节流阀→油箱。

同理可知，当调速杆 28 向左位移时，如图 18-12 所示，随动阀 22 被切换到右位，主液

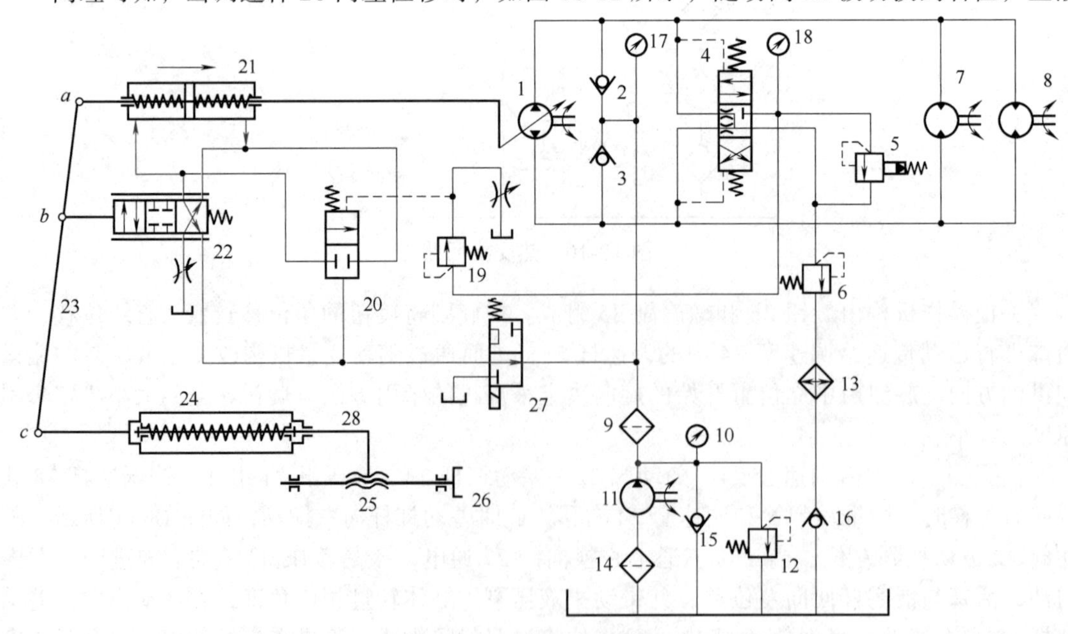

图 18-12　调速油路（随动阀右位）

压泵1缸体将反方向摆动，于是改变了供油方向，采煤机得以反方向牵引。

进油路：油箱→粗过滤器14→辅助液压泵11→精过滤器9→二位三通电磁换向阀27（下位）→随动阀22（右位）→液压缸21左腔；

回油路：液压缸21右腔→随动阀22（右位）→节流阀→油箱。

（3）保护系统

保护系统包括双重压力过载保护、低压失压保护、电动机功率过载保护和液压泵自动回零等油路。

1）双重压力过载保护和低压失压保护油路

该油路由压力调速阀19、失压控制阀20和高压溢流阀5组成。

当主回路高压油路压力达12.8MPa时，压力调速阀19动作，如图18-13所示，其溢流口节流孔形成压力足以使失压控制阀20动作到上位（正常工作时在辅助泵11排油压力作用下该阀处于下位），从而使液压缸21左右两腔连通，其活塞与活塞杆在弹簧作用下向中位运动，主液压泵1缸体摆角不断减小，直到回零停止排油，采煤机停止牵引，此为第一重压力过载保护。

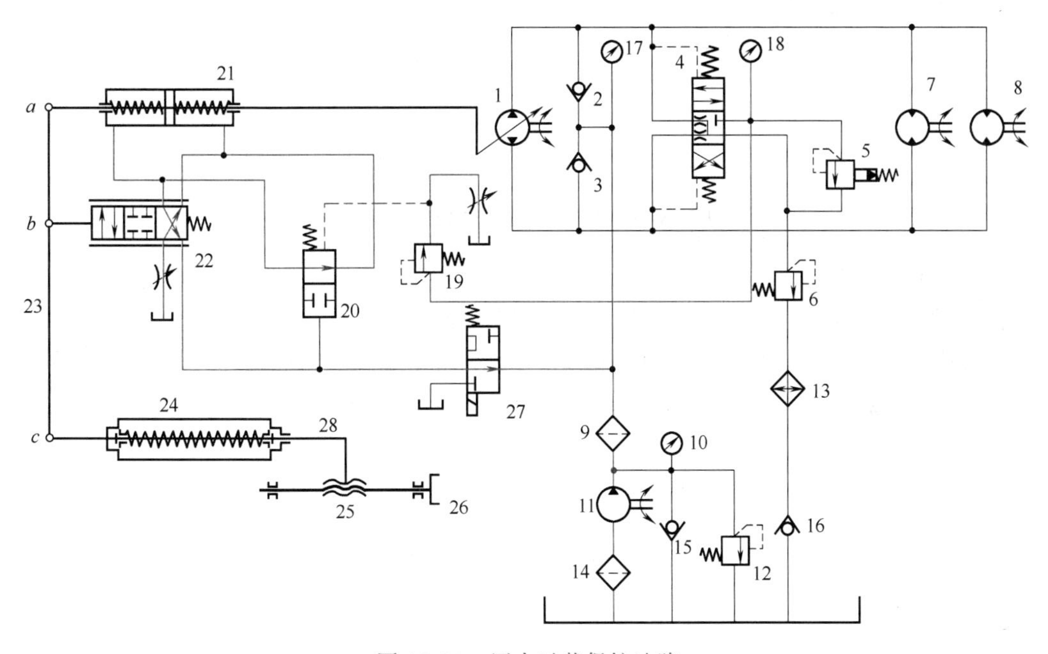

图18-13 压力过载保护油路

当压力降低到12.8MPa以下，压力调速阀19关闭，失压控制阀20回到正常工作位置使液压缸21两腔油路切断，随动阀22接通液压缸21油路，使其活塞杆向原工作位置运动，直到通过反馈作用，随动阀22回到中位为止，此时，牵引速度恢复到过载前大小。这一压力过载保护油路实质上是恒压调速系统，压力高于12.8MPa时，自动减速直至停止牵引，而压力低于12.8MPa时，自动升速到原牵引速度。

如果在压力调速阀19动作后，过载现象仍不能消除，工作压力继续升高到13.3MPa时，高压溢流阀5将动作实现第二重压力过载保护，使采煤机停止牵引。

2）电动机功率过载保护回路

该回路由电磁阀27和失压控制阀20组成。

当工作电机过载时，电气系统的功率控制器发出指令使电磁铁断电，如图 18-14 所示，电磁阀 27 在弹簧作用下切换到上位，使得失压控制阀 20 的液控油路与油箱连通而失压，此后的过程与以上保护相同，采煤机牵引速度不断减小直到停止牵引。

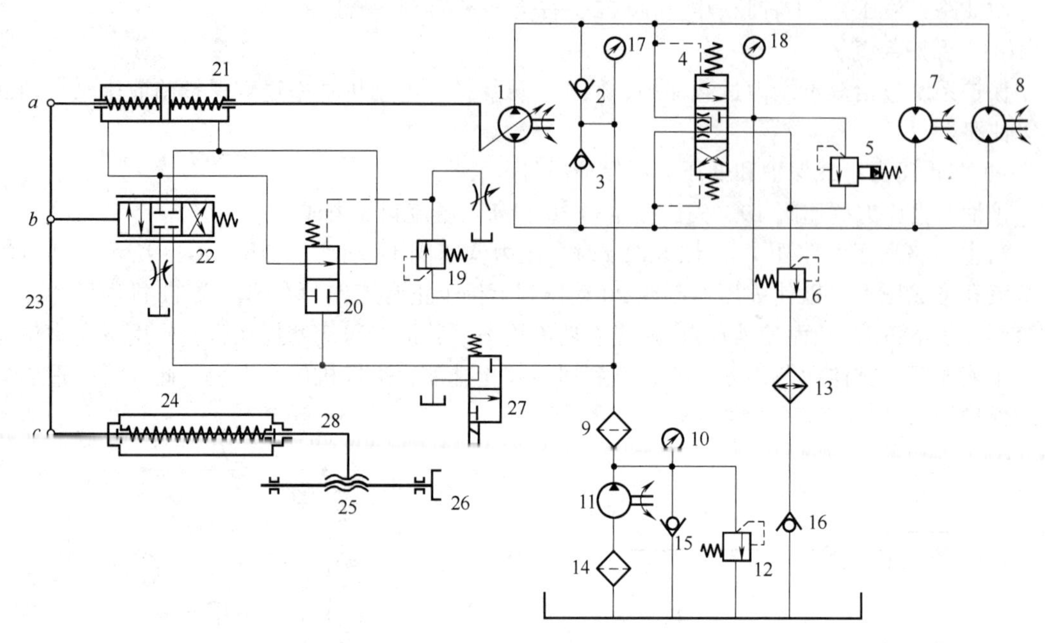

图 18-14 电动机功率过载保护油路

当过载现象消除后，功率控制器发出增速指令使电磁铁重新通电，电磁阀 27 便恢复到原位，辅助泵 11 排油进入失压控制阀 20 的液控腔推动其回到原来位置，而将液压缸 21 两侧油腔的串通油路切断，由于此时随动阀 22 处于原给定速度时的位置，因此液压缸 21 的活塞杆在液力作用下向原给定速度时的确定位置移动，采煤机牵引速度得以恢复到原设定速度值上。

3）液压泵自动回零保护油路

该回路由电磁阀 27 和失压控制阀 20 组成。

如图 18-5 所示，停电动机后，电磁铁断电，二位三通电磁换向阀 27 切换为上位，失压控制阀 20 下液控腔接通油箱，以后的过程与上述保护相同，最后使主液压泵实现自动回零。

第19章 电弧炼钢炉液压系统

电弧炼钢炉是一种依靠电极和炉料间放电产生的电弧，使电能在弧光中转变为热能，并借助电弧辐射和电弧的直接作用，加热并熔化金属炉料和炉渣，冶炼出各种成分合格的钢和合金的一种炼钢设备。目前工业生产中的电弧炼钢炉多数采用液压系统驱动工作，其结构和形式有多种，本章以20t电弧炼钢炉为例对其液压系统进行分析。

20t电弧炼钢炉主体由炉体和炉盖构成。炉体前有炉门，后有出钢槽，以废钢为主要加工原料。

其工作过程为：填装炉料时，必须首先将炉盖移走；炉料自炉身上方装入炉内，填装完成后盖上炉盖，插入电极就可开始进行熔炼；在熔炼过程中，铁合金等原料从炉门加入；出渣时，将炉体向炉门方向倾斜约120°，使炉渣从炉门溢出，流到炉体下的渣罐中；当炉内的钢水成分和温度达标后，就可打开出钢口，将炉体向出钢口方向倾斜约45°，使钢水自出钢槽流入钢水包。

为满足上述工艺过程的各项要求，电炉由电极升降机构、炉盖提升机构、炉盖旋转机构、炉体倾动机构、炉体回转机构、炉门提升机构及电极夹持器（气动）所组成，其中炉体回转机构是为使电极下的炉底侵蚀均匀而设置的。液压式控制系统，控制精度比较高，提升速度比较快，而且所需要的拖动电机最少，因为它只需要1～2台液压泵就可以了，所以整个的电气控制系统也最为简单。液压控制系统还有检修方便的优点，因而，多数电弧炼钢炉采用液压系统驱动。

电弧炼钢炉的电极升降、炉门升降、炉体旋转、炉盖顶起、炉盖旋转及倾炉等动作均设计为由液压传动系统控制执行，图19-1所示为电弧炼钢炉的液压系统原理图。表19-1为电弧炼钢炉液压系统的电磁铁动作表。

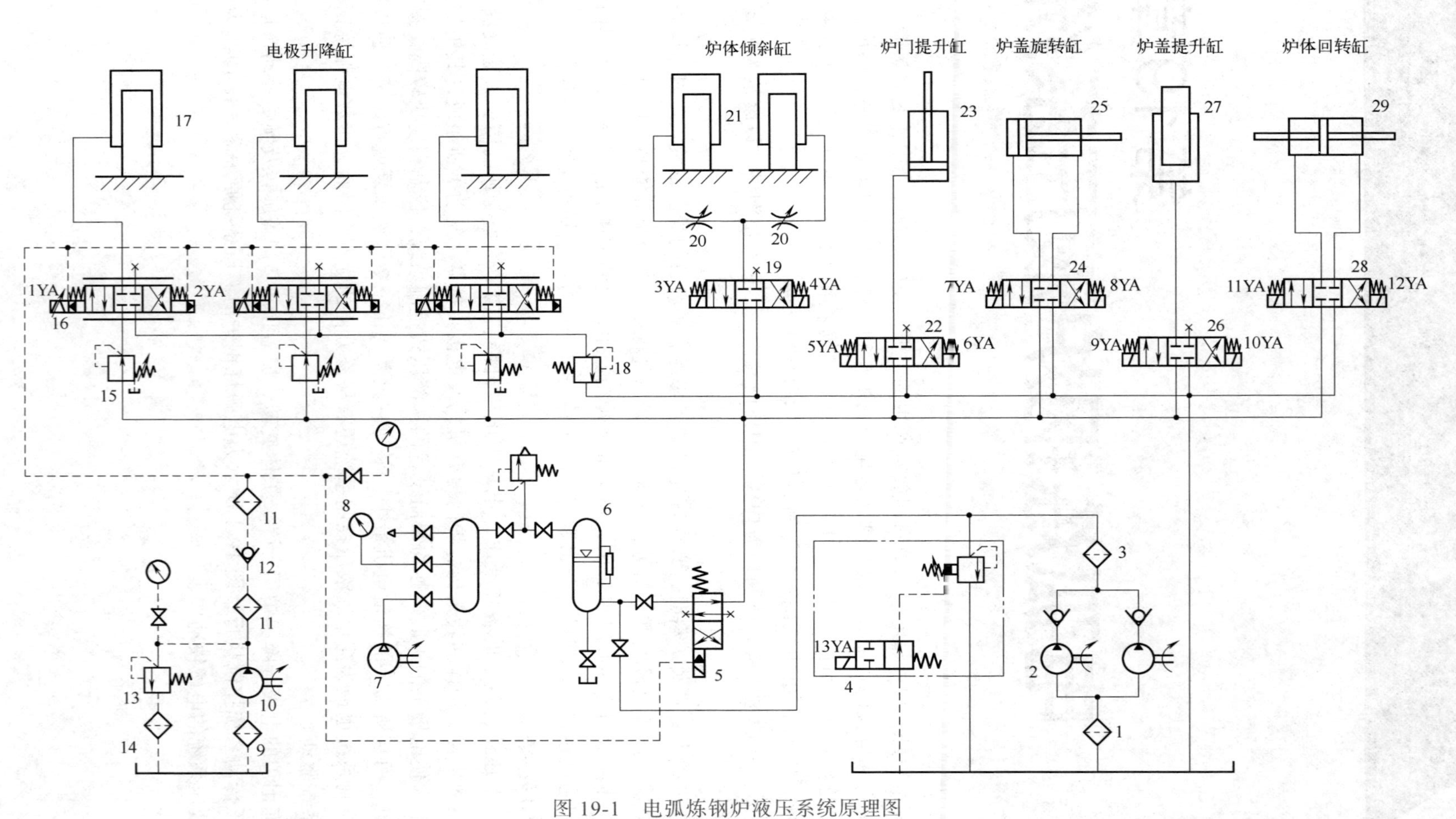

图 19-1 电弧炼钢炉液压系统原理图

1，3，9，11，14—过滤器；2—主液压泵；4—电磁溢流阀；5—二位四通电液换向阀；6—蓄能器；7—空压机；8—电接点压力表；10—控制油路液压泵；12—单向阀；13—溢流阀；15—减压阀；16—三位四通电磁伺服阀；17—电极升降液压缸；18—背压阀；19，22，24，26，28—三位四通电磁换向阀；20—节流阀；21—炉体倾斜液压缸；23—炉门提升液压缸；25—炉盖旋转液压缸；27—炉盖提升液压缸；29—炉体回转液压缸

表 19-1　电磁铁动作顺序表

动作	电磁铁												
	1YA	2YA	3YA	4YA	5YA	6YA	7YA	8YA	9YA	10YA	11YA	12YA	13YA
电极上升	+	−	−	−	−	−	−	−	−	−	−	−	+
炉盖上升	−	−	−	−	−	−	−	−	+	−	−	−	+
炉盖旋开	−	−	−	−	−	−	+	−	−	−	−	−	+
炉盖旋进	−	−	−	−	−	−	−	+	−	−	−	−	+
炉盖下降	−	−	−	−	−	−	−	−	−	+	−	−	+
电极下降	−	+	−	−	−	−	−	−	−	−	−	−	+
炉体正转	−	−	−	−	−	−	−	−	−	−	+	−	+
炉体反转	−	−	−	−	−	−	−	−	−	−	−	+	+
炉门上升	−	−	−	−	+	−	−	−	−	−	−	−	+
倾炉 12°	−	−	+	−	−	−	−	−	−	−	−	−	+
炉门下降	−	−	−	−	−	+	−	−	−	−	−	−	+
倾炉 45°	−	−	−	+	−	−	−	−	−	−	−	−	+
停止	−	-	−	−	−	−	−	−	−	−	−	−	−

注：上面表格中，“+”表示得电，“−”表示失电。

19.1　电极升降液压系统

液压系统主油路采用乳化液作为工作介质，价格便宜，不易燃，因此不易发生火灾。主油路系统配置两台液压泵，一台工作，另一台备用，并用蓄能器 6 来辅助供油，主油路压力取决于电磁溢流阀 4。一个冶炼周期中电极冶炼的时间占很大比重，所以在电极冶炼的过程中，由蓄能器供油（所需流量很小），而把液压泵关闭以节约能源，在蓄能器上装有一个压力开关，当蓄能器的压力过小时，开启液压泵以继续供油。二位四通电液换向阀 5（此处作为二位二通用）为常开式，如果液压系统出现事故，例如高压软管破裂等，系统压力突然下降，则换向阀 5 立即关闭，防止工作介质大量流失。控制油路所用工作介质为矿物油。

19.1.1　回路元件组成

① 液压泵 2、10　动力元件，如图 19-1 所示，主液压泵 2 经电机带动，将液压油从油箱经过滤器 1 和 3 输送至主油路液压系统，为液压系统提供压力油；控制油路液压泵 10 经电机带动，将液压油从油箱经过滤器 9 和 11 输送至主油路液压系统，为液压系统提供压力油。

② 过滤器 1、3、9、11、14　辅助元件，过滤器 1、3、9、11 用于过滤进油路油液杂质，过滤器 14 用于过滤回油路油液杂质。

③ 电磁溢流阀 4　压力控制元件，溢流稳压，通过调定先导溢流阀弹簧预紧力，限定系统最大压力。内部设置的二位二通电磁换向阀常态下为导通的，先导溢流阀的遥控口连接油箱，液压系统处于卸荷状态；当二位二通电磁换向阀电磁铁通电时，切换为断开位，先导溢

流阀的遥控口封闭，液压系统处于保压状态。

④ 二位四通电液换向阀 5　方向控制元件，通过二位四通电液换向阀 5 换向，可实现控制主油路油液开关。

⑤ 蓄能器 6　辅助元件，气体加载式蓄能器，起存储和释放压力能的作用，当系统需要时，又将压缩能或位能转变为液压能释放出来，重新补给系统。用于短期供油和维持系统压力。

⑥ 空压机 7　动力元件，为气体加载式蓄能器 6 提供加载的压缩空气。

⑦ 电接点压力表 8　辅助元件，显示被检测点压力值，且能够实现自动控制和发信（报警）的目的。

⑧ 单向阀 12　方向控制元件，用于单向控制，防止回流。

⑨ 溢流阀 13　压力控制元件，溢流稳压，通过调定溢流阀弹簧预紧力，限定控制油路系统最大压力。

⑩ 减压阀 15　压力控制元件，安装于电极升降液压缸支路之前，用于降低支路压力，减压稳压。

⑪ 三位四通电磁伺服阀 16　方向控制元件，用于控制电极升降液压缸 17 的换向。

⑫ 电极升降液压缸 17　系统执行元件，用于带动电极升降动作。

19.1.2　涉及的基本回路

（1）换向回路

换向回路基本知识见 1.1.2 节。

（2）调压回路

调压回路基本知识见 2.1.2 节。

（3）卸荷回路

卸荷回路基本知识见 3.2.2 节。

（4）减压回路

减压回路基本内容见 1.1.2 节。

（5）同步回路

同步回路基本内容见 4.1.2 节。

（6）平衡回路

平衡回路基本内容见 2.1.2 节。

19.1.3　回路解析

电极升降液压缸 17 共有三个，各自有相同的独立回路，均使用三位四通电液伺服阀 16 进行操作。一般是从电极电流取出信号（感应电压）与给定值进行比较，其差值使电液伺服阀动作。当电极电流大于给定值时，电液伺服阀使电极升降缸进油，电极提升；反之则排油，使电极下降。

当电极升降缸下降排油时，要求动作稳定，故在电液伺服阀的回油上设有背压阀 18（此处由溢流阀充当背压阀），使回油具有一定的背压，油缸下降稳定，实现平衡回路。

电液伺服阀 16 的控制油路所用液压泵 10 为叶片泵，经过滤器 9 和精过滤器 11 以及单向阀 12 将低压油送到电液伺服阀的控制口。控制油压由溢流阀 13 调定压力。减压阀 15 用于调节和稳定伺服阀的进口压力。

（1）电极上升动作

如图 19-2 所示，当 1YA 得电，三位四通伺服电液换向阀 16 切换为左位，液压油进入电极升降液压缸 17，柱塞带动电极上升，由于采用柱塞缸为单作用液压缸，因此仅有进油路，无回油路。

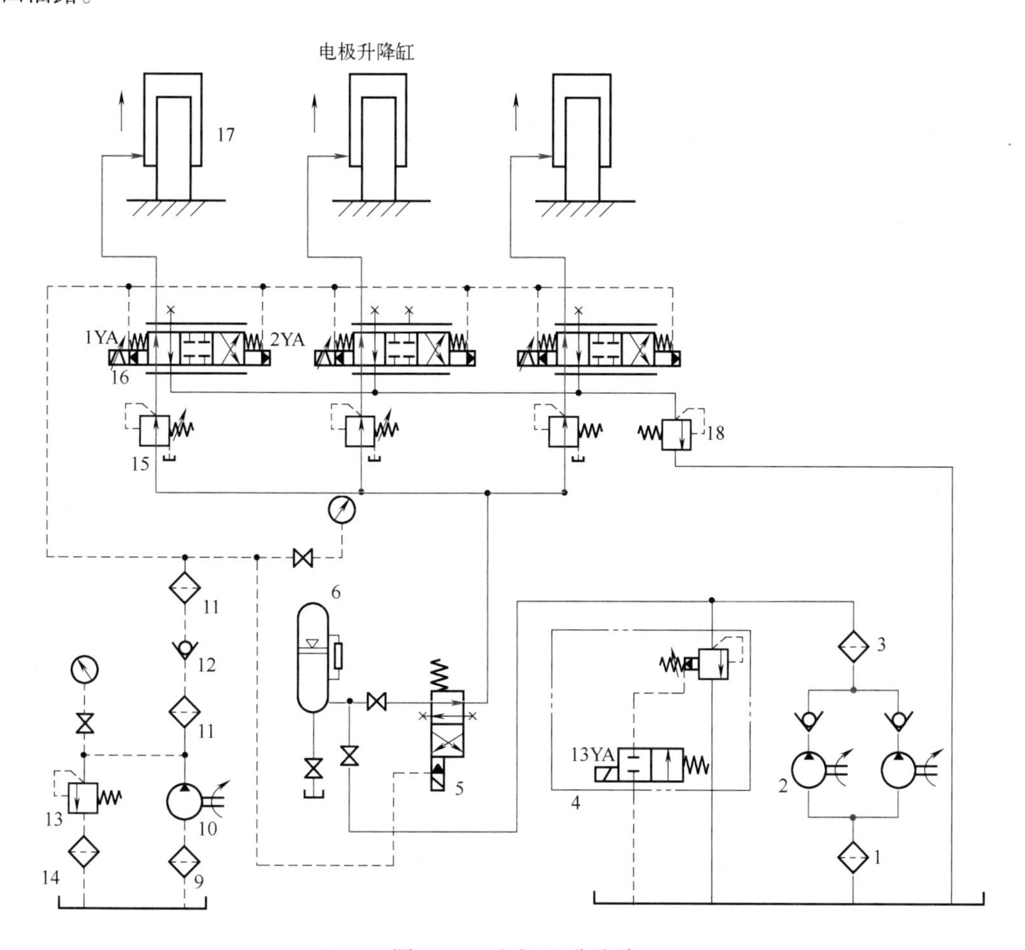

图 19-2　电极上升油路

进油路 1：油箱→过滤器 1→液压泵 2→单向阀→过滤器 3→二位四通电液换向阀 5（上位）→减压阀 15→三位四通中位机能为 O 型的伺服电液换向阀 16（左位）→电极升降液压缸 17；

进油路 2：蓄能器 6→二位四通电液换向阀 5（上位）→减压阀 15→三位四通中位机能为 O 型的伺服电液换向阀 16（左位）→电极升降液压缸 17。

（2）电极下降动作

如图 19-3 所示，当 2YA 得电，三位四通伺服电液换向阀 16 切换为右位，电极升降液压缸 17 连接油箱，液压油排出电极升降液压缸 17，柱塞带动电极下降，由于采用柱塞缸为单作用液压缸，因此仅有回油路，无进油路。

回油路：电极升降液压缸 17→三位四通中位机能为 O 型的伺服电液换向阀 16（右位）→背压阀 18→油箱。

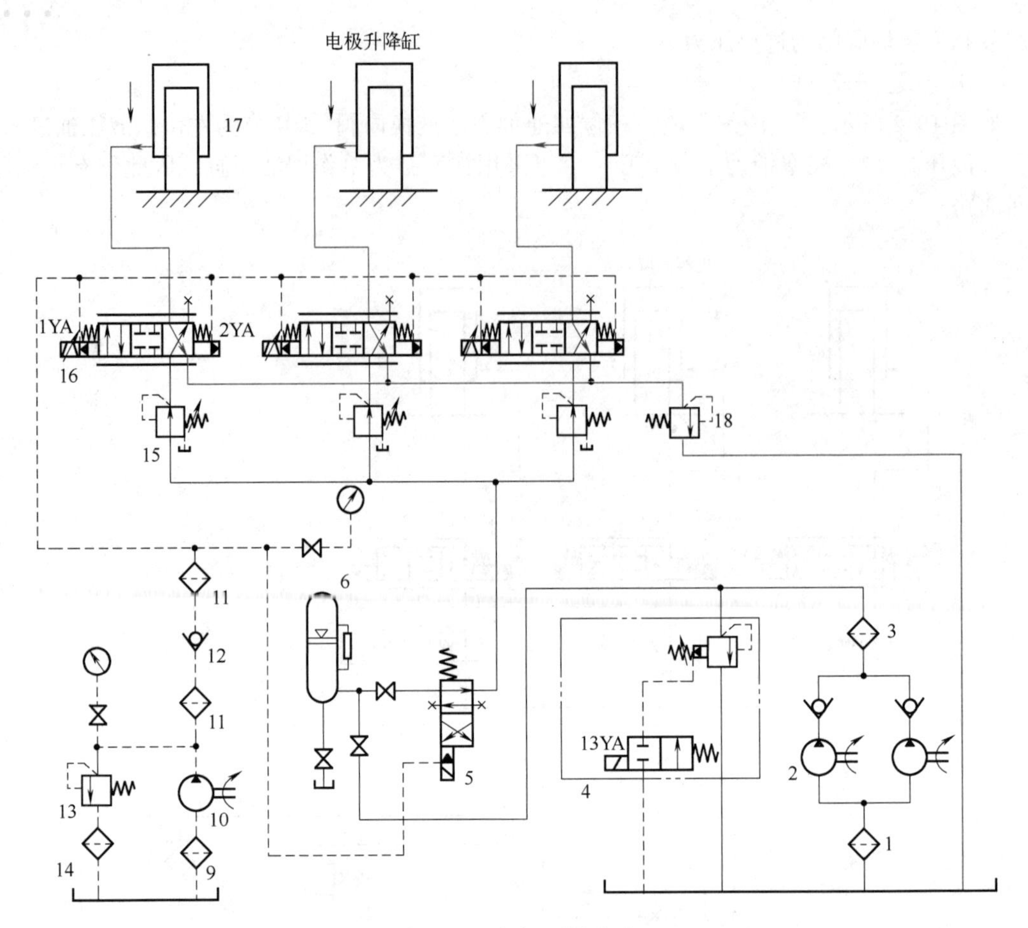

图 19-3　电极下降油路

19.2 炉盖升降和旋转液压系统

电弧炼钢炉在填装炉料时，出于安全考虑需要将电极提升到最高点才能进行其他的动作，接下来便是炉盖提升，炉盖提升之后是炉盖旋转，这是个连贯的过程，升高是为了防止碰到炉体引起事故，当盖子到了合适的位置后，我们才可以放入钢料。炉料自炉身上方装入炉内，填装完成后盖上炉盖，插入电极就可开始进行熔炼。炉盖的升降和旋转分别由炉盖提升液压缸 27 和炉盖旋转液压缸 25 带动实现。

19.2.1 回路元件组成

① 三位四通中位机能为 O 型的电磁换向阀 24、26　方向控制元件，三位四通电磁换向阀 24 用于控制炉盖旋转液压缸 25 的换向；三位四通电磁换向阀 26 用于控制炉盖提升液压缸 27 的换向。

② 炉盖旋转液压缸 25、炉盖提升液压缸 27　系统执行元件，炉盖旋转液压缸 25 用于带动炉盖旋转动作；炉盖提升液压缸 27 用于带动炉盖升降动作。

19.2.2　回路解析

炉盖的提升和旋转都由液压系统带动，炉盖提升液压缸 27 由三位四通电磁换向阀 26 控制换向，此处四通阀作为三通阀使用；炉盖旋转液压缸 25 由三位四通电磁换向阀 24 控制换向。炉盖提升液压缸结构上为柱塞缸，炉盖旋转液压缸结构上为单杆活塞缸。

（1）炉盖上升

如图 19-4，当 9YA 得电，三位四通电磁换向阀 26 切换为左位，炉盖提升液压缸 27 进油，控制炉盖提升液压缸 27 伸出，带动炉盖上升。

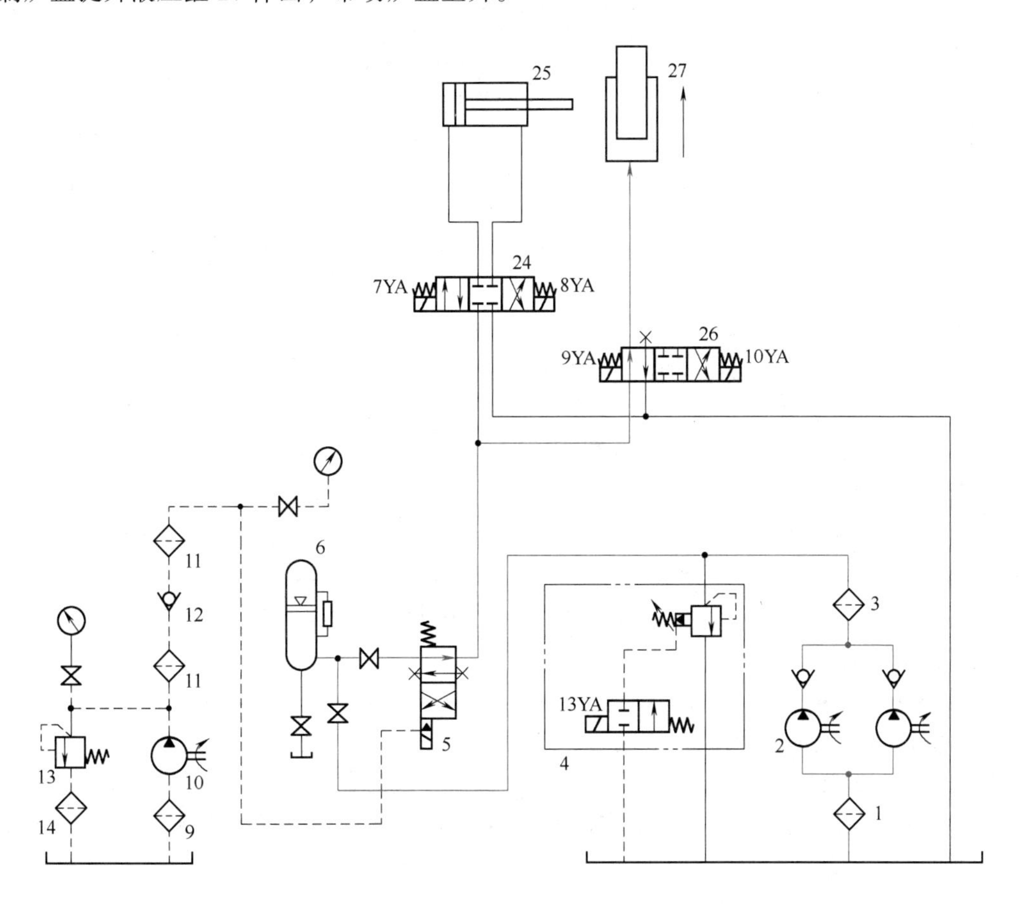

图 19-4　炉盖上升油路

进油路 1：油箱→过滤器 1→液压泵 2→单向阀→过滤器 3→二位四通电液换向阀 5（上位）→三位四通中位机能为 O 型的电磁换向阀 26（左位）→炉盖提升液压缸 27；

进油路 2：蓄能器 6→二位四通电液换向阀 5（上位）→三位四通中位机能为 O 型的电磁换向阀 26（左位）→炉盖提升液压缸 27。

（2）炉盖下降

如图 19-5，10YA 得电，三位四通电磁换向阀 26 切换为右位，炉盖提升液压缸 27 回油，控制炉盖提升液压缸 27 缩回，带动炉盖下降。

回油路：炉盖提升液压缸 27→三位四通中位机能为 O 型的电磁换向阀 26（右位）→油箱。

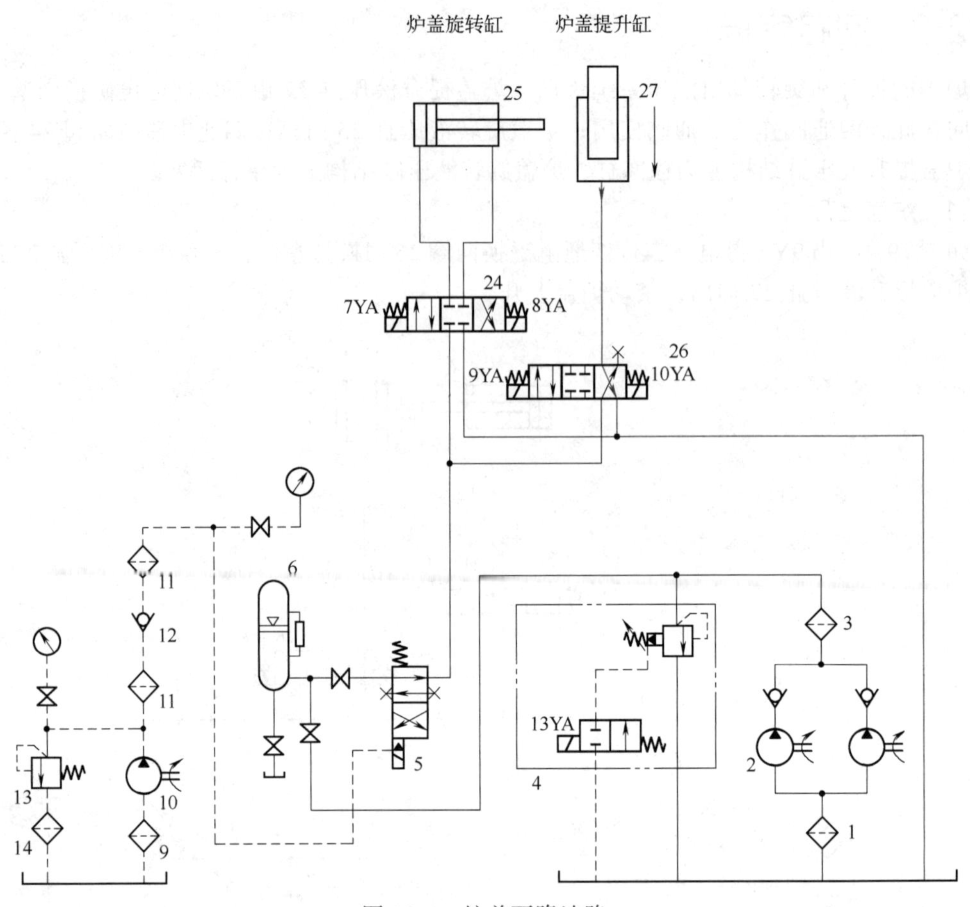

图 19-5 炉盖下降油路

（3）炉盖旋开

如图 19-6，7YA 得电，三位四通电磁换向阀 24 切换为左位，炉盖旋转液压缸左腔进油，右腔回油，控制炉盖旋转液压缸 25 旋开，带动炉盖旋开。

进油路 1：油箱→过滤器 1→液压泵 2→单向阀→过滤器 3→二位四通电液换向阀 5（上位）→三位四通中位机能为 O 型的电磁换向阀 24（左位）→炉盖旋转液压缸 25 左腔；

进油路 2：蓄能器 6→二位四通电液换向阀 5（上位）→三位四通中位机能为 O 型的电磁换向阀 24（左位）→炉盖旋转液压缸 25 左腔；

回油路：炉盖旋转液压缸 25 右腔→三位四通中位机能为 O 型的电磁换向阀 24（左位）→油箱。

（4）炉盖旋进

如图 19-7，8YA 得电，三位四通电磁换向阀 24 切换为右位，炉盖旋转液压缸右腔进油，左腔回油，控制炉盖旋转液压缸 25 旋进，带动炉盖旋进。

进油路 1：油箱→过滤器 1→液压泵 2→单向阀→过滤器 3→二位四通电液换向阀 5（上位）→三位四通中位机能为 O 型的电磁换向阀 24（右位）→炉盖旋转液压缸 25 右腔；

进油路 2：蓄能器 6→二位四通电液换向阀 5（上位）→三位四通中位机能为 O 型的电磁换向阀 24（右位）→炉盖旋转液压缸 25 右腔；

回油路：炉盖旋转液压缸 25 左腔→三位四通中位机能为 O 型的电磁换向阀 24（右位）→油箱。

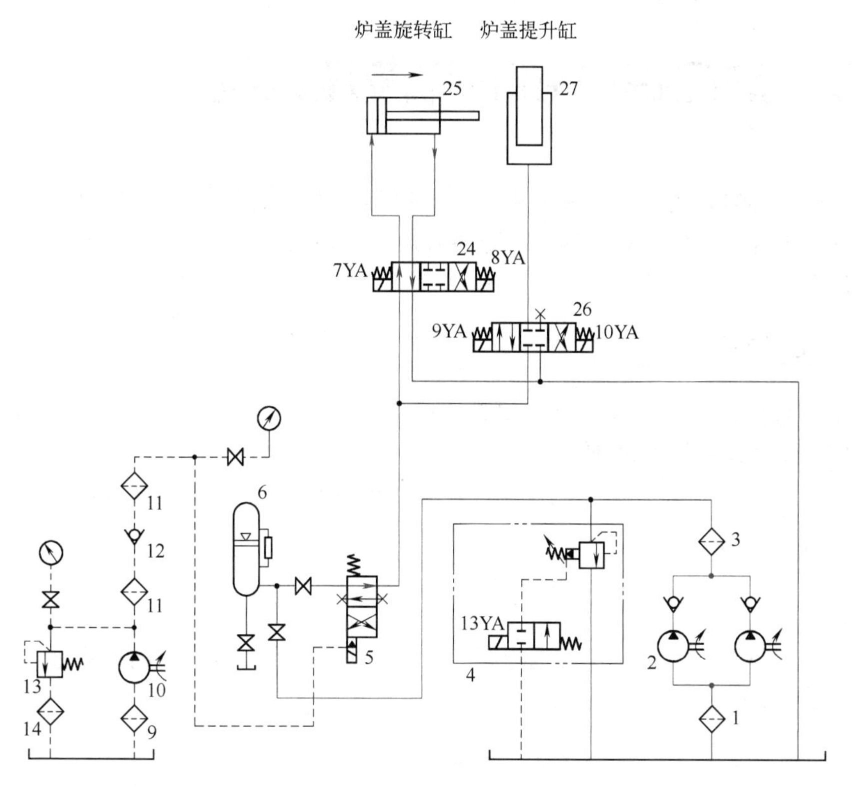

图 19-6 炉盖旋开油路

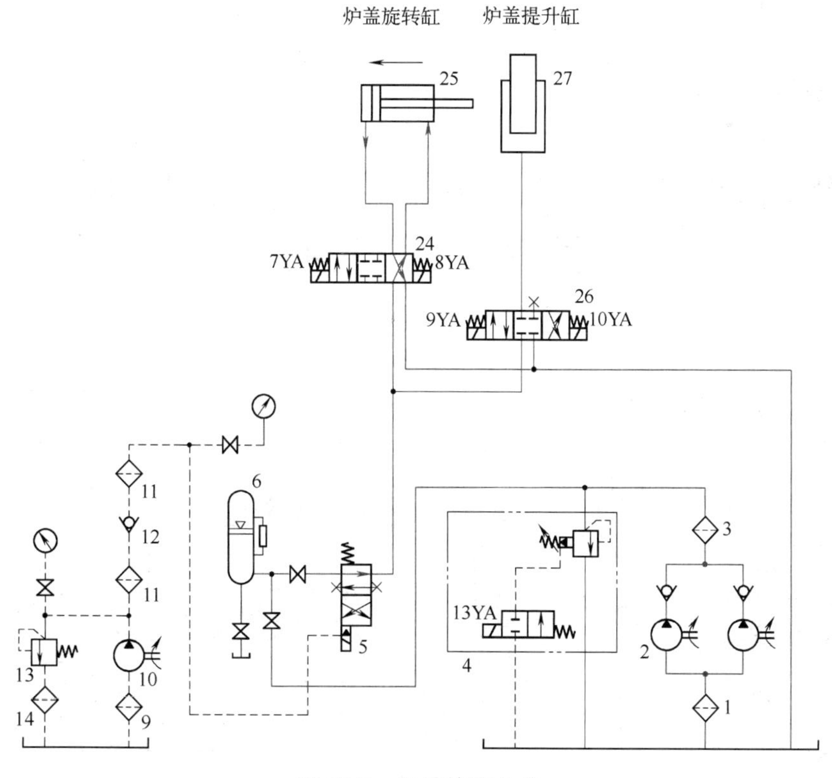

图 19-7 炉盖旋进油路

19.3 炉门提升和下降液压系统

当炼钢到一定的时候，在电弧炼钢炉内的钢料几乎完全熔解，这时候便可以打开炉门，便于排出炉渣和钢水。炉门的提升和下降装置由三位四通电磁换向阀 22 和单作用液压缸 23 配合动作带动实现。

19.3.1 回路元件组成

① 三位四通中位机能为 O 型的电磁换向阀 22　方向控制元件，三位四通电磁换向阀 22 用于控制炉门提升液压缸 23 的换向。

② 炉门提升液压缸 23　系统执行元件，炉门提升液压缸 23 用于带动炉门升降动作。

19.3.2 回路解析

（1）炉门上升

如图 19-8，5YA 得电，三位四通电磁换向阀 22 切换为左位，炉门提升液压缸 23 进油，控制炉门提升液压缸 23 上升，带动炉门打开。

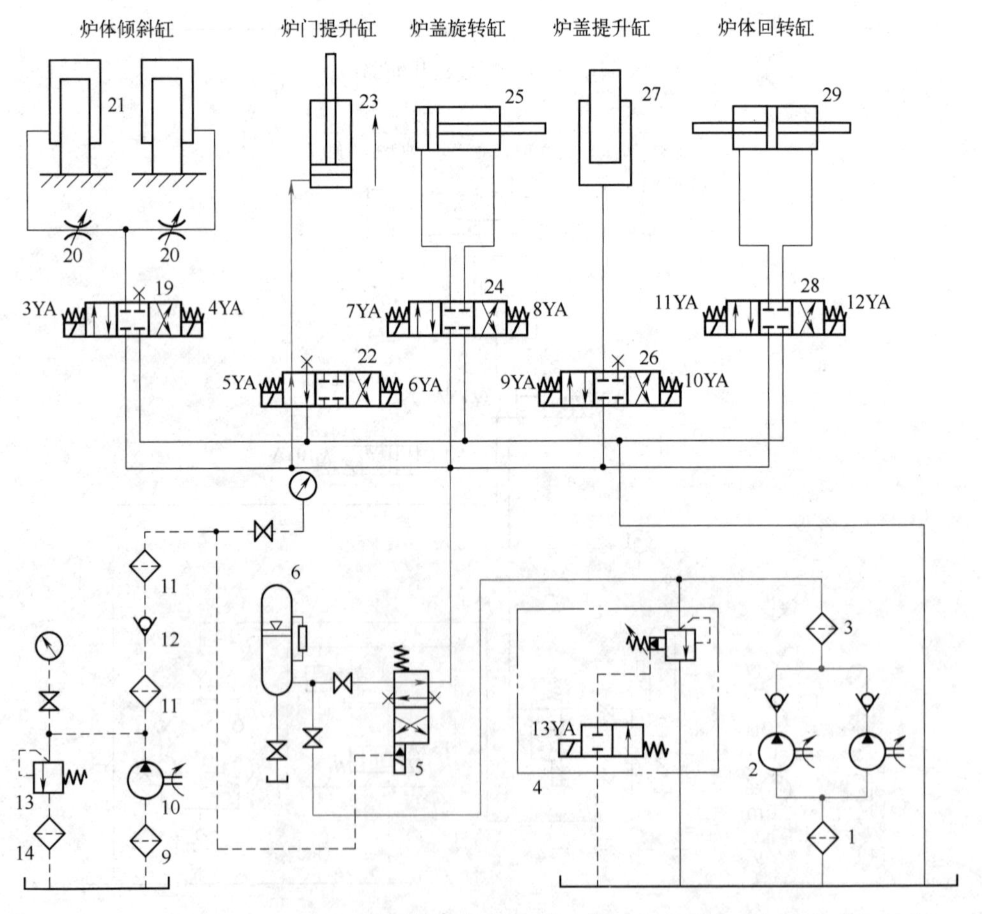

图 19-8　炉门上升油路

进油路 1：油箱→过滤器 1→液压泵 2→单向阀→过滤器 3→二位四通电液换向阀 5（上位）→三位四通中位机能为 O 型的电磁换向阀 22（左位）→炉门提升液压缸 23；

进油路 2：蓄能器 6→二位四通电液换向阀 5（上位）→三位四通中位机能为 O 型的电磁换向阀 22（左位）→炉门提升液压缸 23。

（2）炉门下降

如图 19-9，6YA 得电，三位四通电磁换向阀 22 切换为右位，炉门提升液压缸 23 回油，控制炉门提升液压缸 23 下降，带动炉门关闭。

回油路：炉门提升液压缸 23→三位四通中位机能为 O 型的电磁换向阀 22（右位）→油箱。

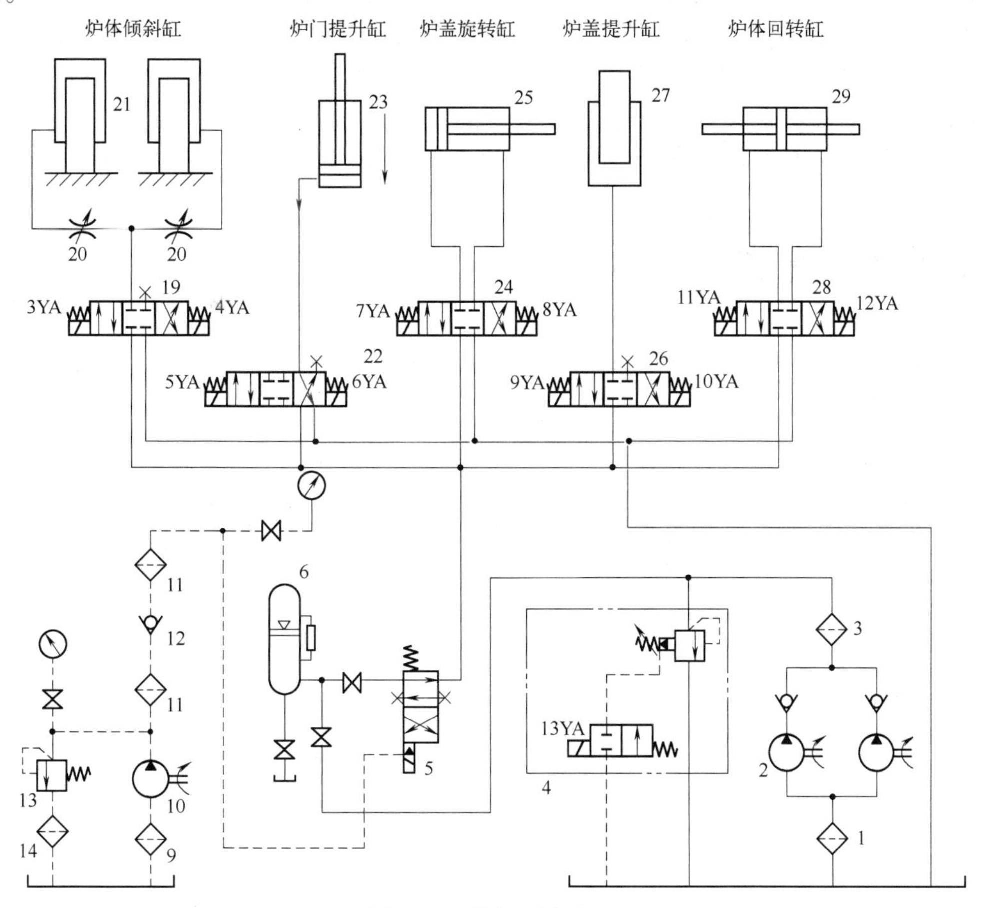

图 19-9　炉门下降油路

19.4　炉体回转、倾斜液压系统

炼钢过程中炉体需要进行一定角度的旋转，使得炉料受热更加均匀。炉体回转机构由电磁换向阀 28 和炉体回转液压缸 29 控制带动。

完成炼钢后，需要完成炉渣和钢水排出，将炉体倾斜 12°倒出炉渣，流到炉体下的渣罐中；当炉内的钢水成分和温度合适后便可以打开出钢口，再次使炉体倾斜 45°，排出钢水。

这样一个周期的炼钢过程便完成了。

炉体倾动液压缸 21 有两个，要求同步操作。由于炉体倾斜缸 21 均固定在炉体上，炉体质量很大，实际上是刚性同步，故采用电磁换向阀 19 和两个节流阀 20 即可。在安装后，对两个节流阀 20 作适当调节，使流量基本相同。

19.4.1 回路元件组成

① 三位四通中位机能为 O 型的电磁换向阀 19　方向控制元件，三位四通电磁换向阀 19 用于控制炉体倾斜液压缸 21 的换向。

② 节流阀 20　流量控制元件，调节两个倾斜液压缸 21 的倾斜速度，使得两缸速度一致。

③ 炉体倾斜液压缸 21　系统执行元件，炉体倾斜液压缸 21 用于带动炉体倾斜动作。

④ 三位四通中位机能为 O 型的电磁换向阀 28　方向控制元件，三位四通电磁换向阀 28 用于控制炉体回转液压缸 29 的换向。

⑤ 炉体回转液压缸 29　系统执行元件，炉体回转液压缸 29 用于带动炉体回转动作，使受热均匀。

19.4.2 回路解析

（1）炉体正转

如图 19-10，11YA 得电，三位四通电磁换向阀 28 切换为左位，炉体回转液压缸 29 左腔

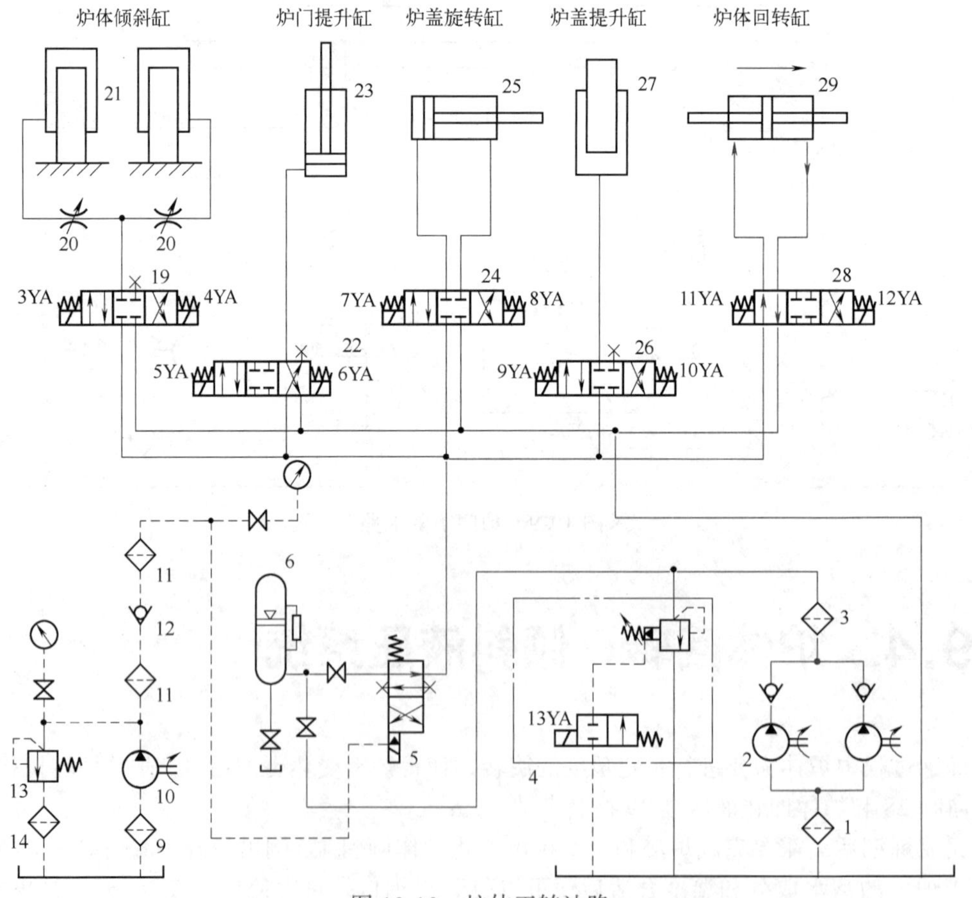

图 19-10　炉体正转油路

进油，右腔回油，控制炉体回转液压缸 29 正转，带动炉体旋转。

进油路 1：油箱→过滤器 1→液压泵 2→单向阀→过滤器 3→二位四通电液换向阀 5（上位）→三位四通中位机能为 O 型的电磁换向阀 28（左位）→炉体回转液压缸 29 左腔；

进油路 2：蓄能器 6→二位四通电液换向阀 5（上位）→三位四通中位机能为 O 型的电磁换向阀 28（左位）→炉体回转液压缸 29 左腔；

回油路：炉体回转液压缸 29 右腔→三位四通中位机能为 O 型的电磁换向阀 28（左位）→油箱。

（2）炉体反转

如图 19-11，12YA 得电，三位四通电磁换向阀 28 切换为右位，炉体回转液压缸 29 右腔进油，左腔回油，控制炉体回转液压缸 29 反转，带动炉体旋转。

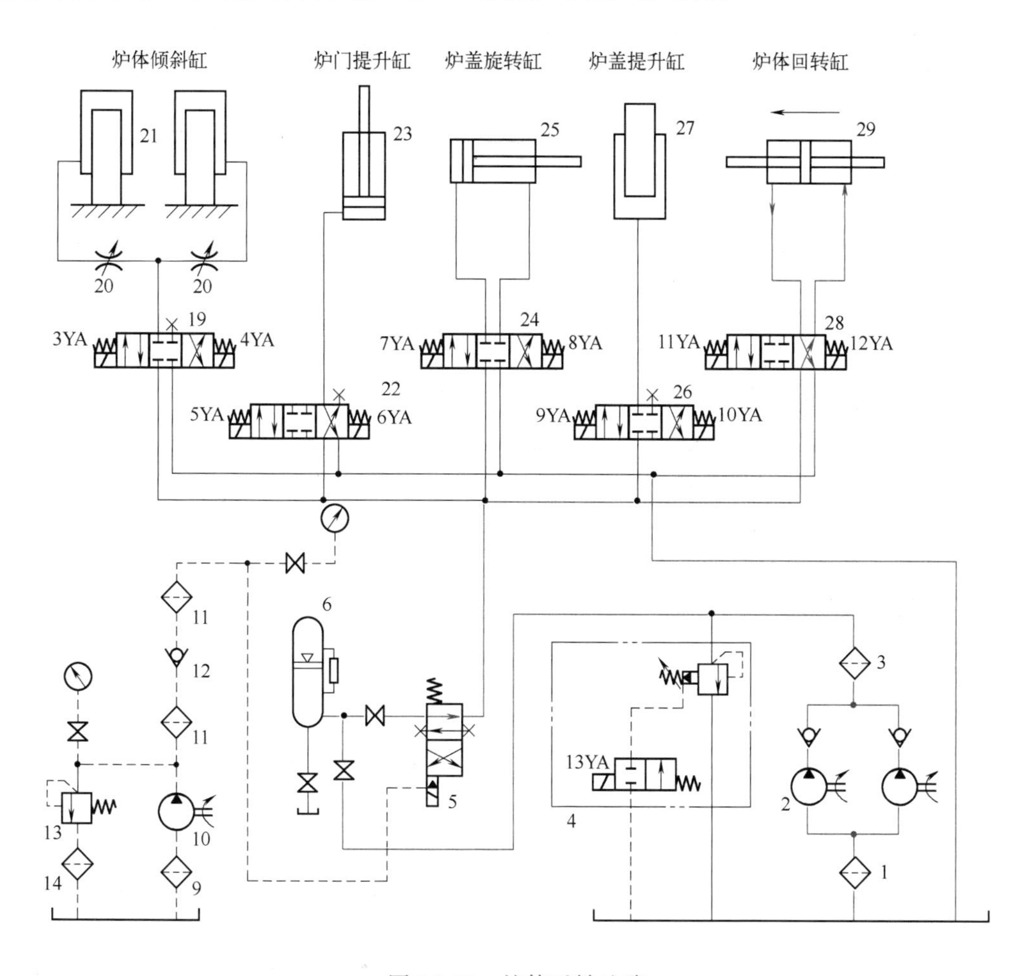

图 19-11　炉体反转油路

进油路 1：油箱→过滤器 1→液压泵 2→单向阀→过滤器 3→二位四通电液换向阀 5（上位）→三位四通中位机能为 O 型的电磁换向阀 28（右位）→炉体回转液压缸 29 右腔；

进油路 2：蓄能器 6→二位四通电液换向阀 5（上位）→三位四通中位机能为 O 型的电磁换向阀 28（右位）→炉体回转液压缸 29 右腔；

回油路：炉体回转液压缸 29 左腔→三位四通中位机能为 O 型的电磁换向阀 28（右位）→油箱。

（3）炉体倾斜 12°

如图 19-12，3YA 得电，三位四通电磁换向阀 19 切换为左位，炉体倾斜液压缸 21 进油，控制炉体倾斜液压缸 21 倾斜 12°，带动炉体排渣，节流阀 20 控制倾斜速度。

进油路 1：油箱→过滤器 1 →液压泵 2 →单向阀→过滤器 3 →二位四通电液换向阀 5（上位）→三位四通中位机能为 O 型的电磁换向阀 19（左位）→节流阀 20 →炉体倾斜液压缸 21；

进油路 2：蓄能器 6 →二位四通电液换向阀 5（上位）→三位四通中位机能为 O 型的电磁换向阀 19（左位）→节流阀 20 →炉体倾斜液压缸 21。

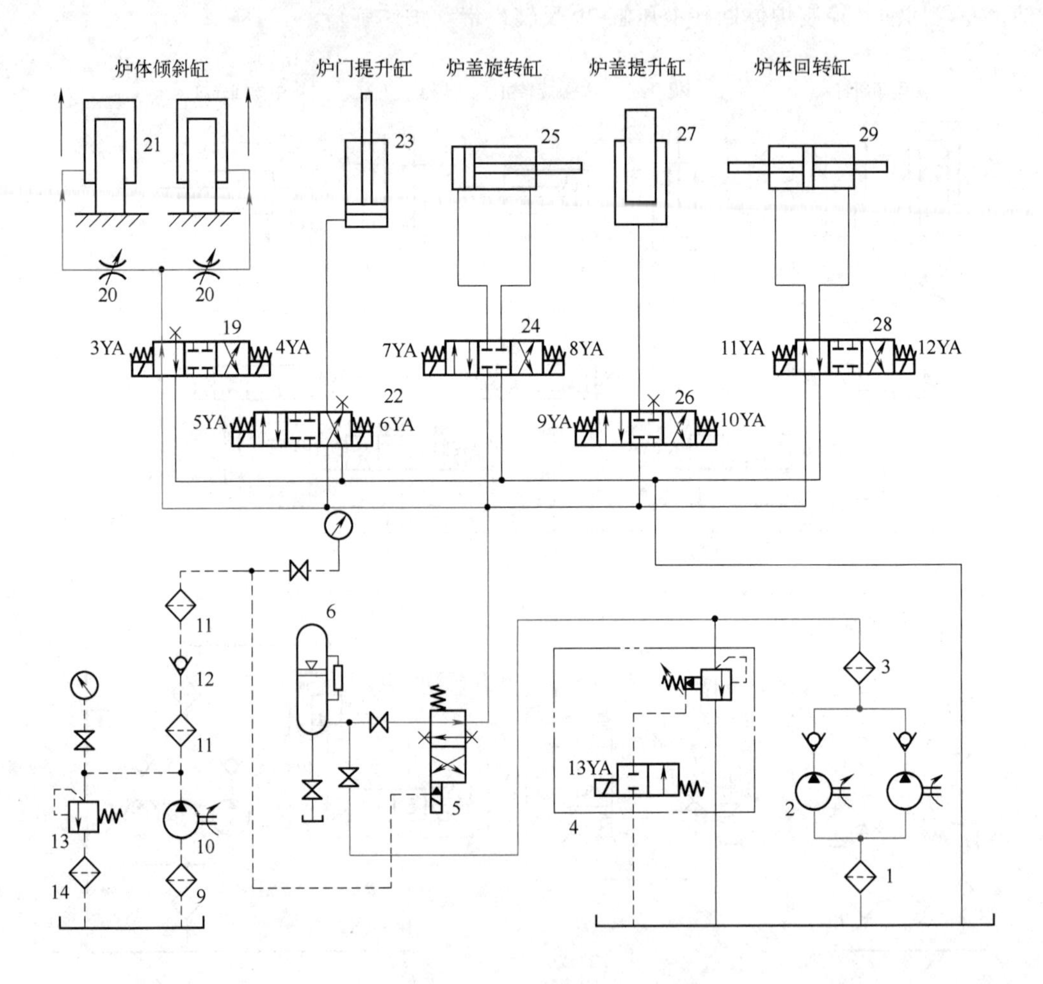

图 19-12　炉体倾斜 12°油路

（4）炉体倾斜 45°

如图 19-13，4YA 得电，三位四通电磁换向阀 19 切换为右位，炉体倾斜液压缸 21 回油，控制炉体倾斜液压缸 21 倾斜 45°，带动炉体排出钢水，节流阀 20 控制倾斜速度。

回油路：炉体倾斜液压缸 21 →节流阀 20 →三位四通中位机能为 O 型的电磁换向阀 19（右位）→油箱。

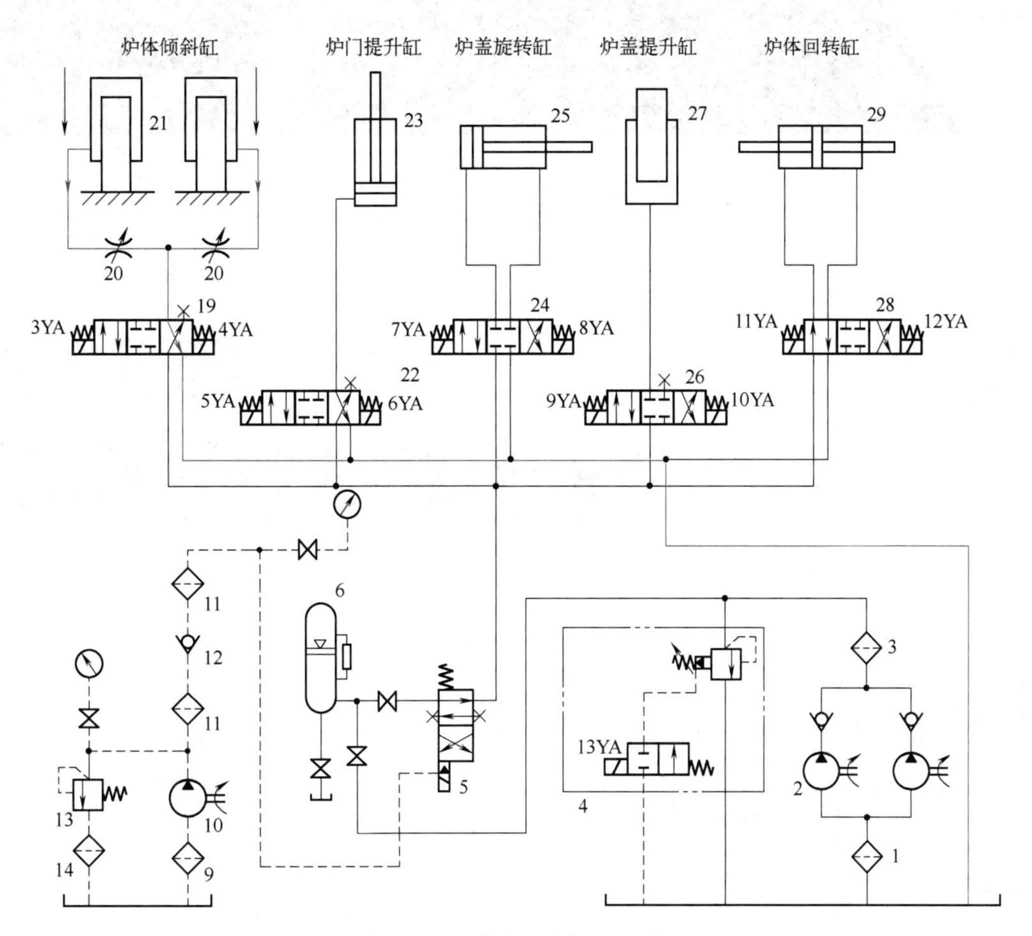

图 19-13　炉体倾斜 45°油路

第 20 章 推土机液压系统

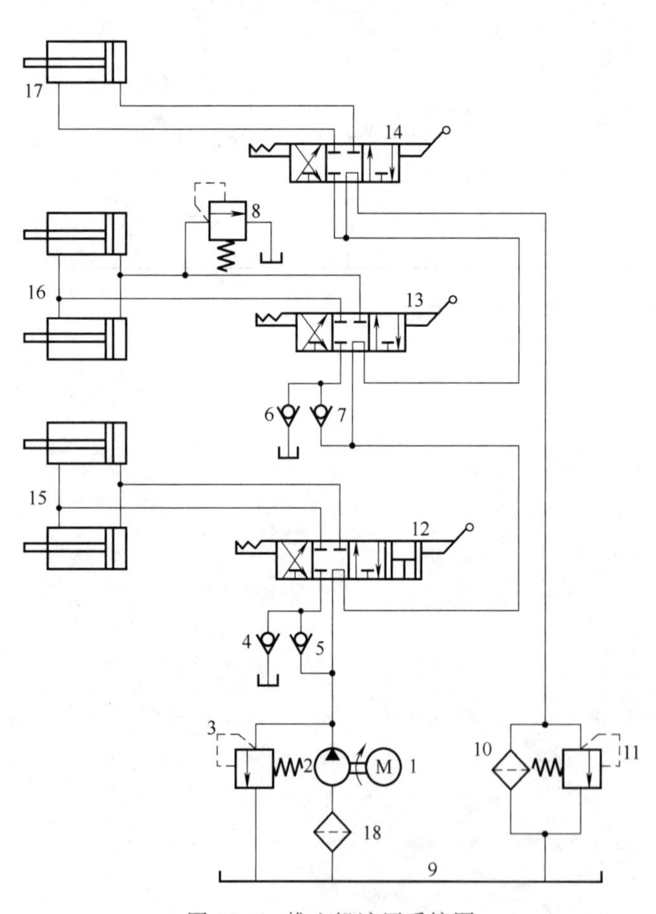

图 20-1　推土机液压系统图

1—电机；2—液压泵；3，8，11—溢流阀；4 ～ 7—单向阀；9—油箱；10，18—过滤器；12—四位五通手动换向阀；13，14—三位五通手动换向阀；15—铲刀升降液压缸；16—松土器升降液压缸；17—铲刀倾斜液压缸

推土机是一种多功能的机械设备，它可用于土方清理、筑路、筑堤、穿越公路铺设或移动铁路管理等各种工程项目。它最主要的用途是对土方进行切割、清理、形成特定的地形。推土机可以将大块的土方碎裂成小的碎片，便于运输和混凝土砌筑。

此外，推土机还可以用于施工道路上的清扫工作，例如清除道路边缘杂草、杂物和污垢。它还可以用于推平河床、挖掘坑洼、整平山等工作，同时还能够加工硬物料，比如活性砂、石块等。

推土机也可以用于挖掘水泥、沥青、石子、碎石等物料，还可用于清洁排水系统的垃圾，清除沼泽地里的杂草或垃圾堆。另外，它还可以用于建筑物的施工工作。推土机的使用能够节约人力成本，提高工程效率，事半功倍。其工作装置铲刀和松土器的运动较为简单，要求液压系统能实现铲刀升降和松土器升降作业。

推土机液压系统工作原理图如图 20-1 所示。该系统由齿轮泵提供压力油，液压泵 2 输出的压力油直接进入四位五通手动换向阀 12，四位五通手动换向阀 12 控制铲刀液压缸升降。三位五通手动换向阀 14 控制铲刀倾斜液压缸倾斜；三位五通手动换向阀 13 控制松土器液压缸升降。采用手动换向阀是工程机械中最普遍的控制方式，它能人工控制换向卸载及调速和微动，换向阀 12、13、14 中位串联，能保证其控制的机构单独和同时工作。液压系统的压力为 14MPa，由溢流阀 3 调定。

20.1　铲刀升降动作

铲刀升降液压系统工作原理图如图 20-1 所示。该系统由齿轮泵提供压力油，液压泵 2 输出的压力油直接进入四位五通手动换向阀 12，四位五通手动换向阀 12 控制铲刀升降液压缸 15 升降。

溢流阀 11 与精过滤器 10 并联，充当安全阀，当回油中杂质堵塞滤油器时，回油压力增高，溢流阀 11 被打开，油液直接通过溢流阀 11 流回油箱。

单向阀 5 和 7 用以保证任何工况下压力油不倒流，避免作业装置意外反向动作。单向补油阀 4 和 6 用以防止当铲刀和松土齿下降时，由于自重作用下降速度过快可能引起供油不足形成液压缸进油腔局部真空。在压力差作用下阀 4 及 6 打开，从油箱补油至液压缸进油腔，避免真空，使液压缸动作平稳。

20.1.1　回路元件组成

① 液压泵 2　液压系统动力元件，液压系统油液从油箱 9 经过滤器 18 到达液压泵 2，液压泵通过电机 1 带动为液压系统提供传动所需的压力油。

② 溢流阀 3、11　液压系统压力控制元件，溢流阀 3 起到溢流保压的作用，限定液压系统的最大压力；溢流阀 11 为过滤器的安全阀。

③ 四位五通手动换向阀 12　液压系统方向控制元件，通过手动改变阀芯位置，从而改变油液流通方向，用于控制铲刀升降液压缸 15 的上升、固定和下降。

④ 三位五通手动换向阀 13、14　液压系统方向控制元件，通过手动改变阀芯位置，从而改变油液流通方向。三位五通手动换向阀 13 用于控制松土器升降液压缸 16 的上升和下降；三位五通手动换向阀 14 用于控制铲刀倾斜液压缸 17 的倾斜。

⑤ 单向阀 4、5、6、7　液压系统方向控制元件，根据安装方向不同，单向控制，单向阀 4 和 6 为补油单向阀，单向阀 5 和 7 为止回阀。

⑥ 过滤器 10、18　辅助元件，用于实现油液过滤，保证油液清洁，保护元件。过滤器 10 为精过滤器，过滤器 18 为粗过滤器。

⑦ 铲刀升降液压缸 15　液压系统执行元件，能够将压力能转化为机械能，与机械结构相连，采用双缸同步动作，实现铲刀升降动作控制。

20.1.2　涉及的基本回路

（1）换向回路

换向回路基本内容见 1.1.2 节。

（2）调压回路

调压回路基本内容见 2.1.2 节。

（3）同步回路

同步回路基本内容见 4.1.2 节。

20.1.3 回路解析

铲刀升降液压系统通过操纵四位五通手动换向阀 12 可完成下述工作循环：铲刀下降、铲刀浮动（或固定）推土、铲刀提升、铲刀固定。

（1）铲刀下降

如图 20-2 所示，当操纵四位五通手动换向阀 12 处于左一位，压力油进入铲刀液压缸 15 无杆腔，推动活塞杆上的铲刀下降。有杆腔油液经四位五通手动换向阀 12 左一位、换向阀 13 中位和 14 中位、过滤器 10 流回油箱。

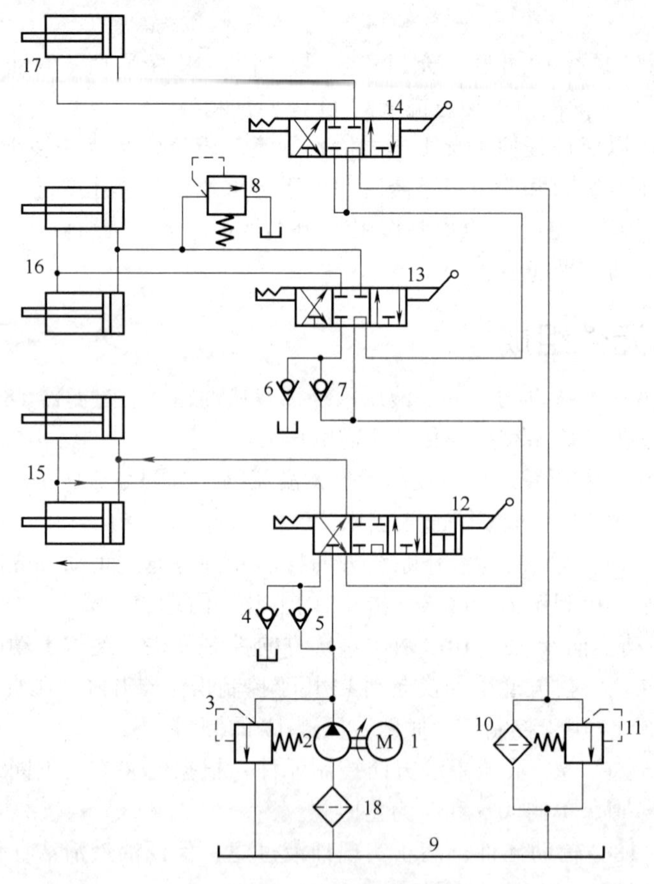

图 20-2　铲刀下降油路

进油路：油箱 9→过滤器 18→液压泵 2→单向阀 5→四位五通手动换向阀 12（左一位）→铲刀升降液压缸 15 无杆腔；

回油路：铲刀升降液压缸 15 有杆腔→四位五通手动换向阀 12（左一位）→三位五通手动换向阀 13（中位）→三位五通手动换向阀 14（中位）→过滤器 10→油箱 9。

（2）铲刀浮动（或固定）推土

如图 20-3 所示，当操纵四位五通手动换向阀 12 处于右一位，这时铲刀液压缸两腔油口通过四位五通手动换向阀 12 右一位，换向阀 13、14 的中位与液压泵 2 及油箱 9 连通。铲刀液压缸活塞处于浮动状态，铲刀自由支地，随地形高低浮动推土作业。这对于仿形推土及推土机倒行平整地面作业是很需要的。

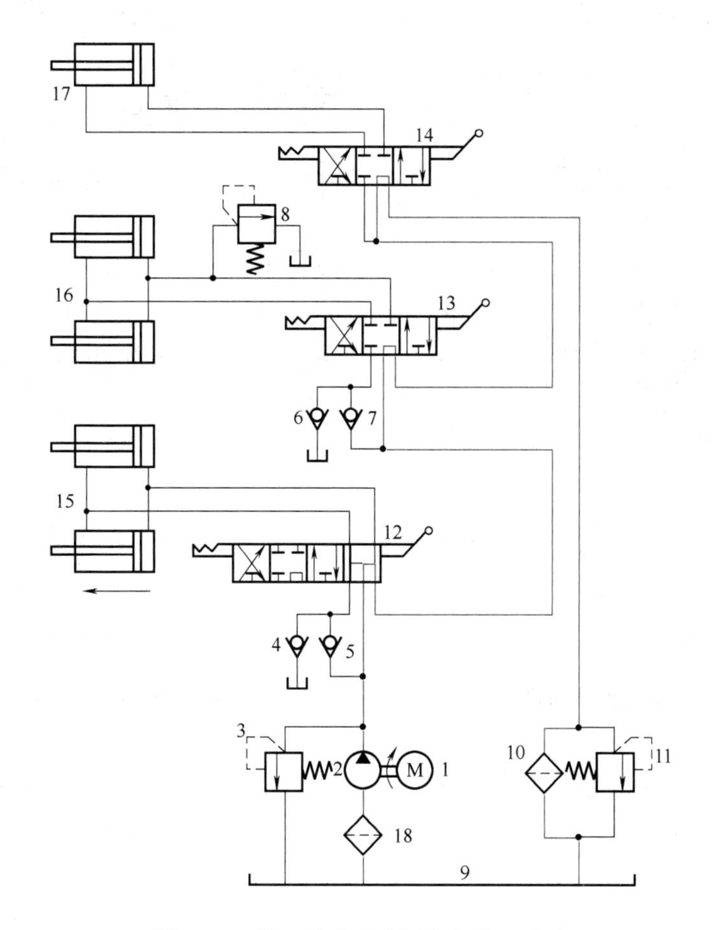

图 20-3　铲刀浮动（或固定）推土油路

油路：油箱 9 →过滤器 18 →液压泵 2 →四位五通手动换向阀 12（右一位）→三位五通手动换向阀 13（中位）→三位五通手动换向阀 14（中位）→过滤器 10 →油箱 9。

（3）铲刀提升

如图 20-4 所示，当操纵四位五通手动换向阀 12 处于右二位，压力油经四位五通手动换向阀 12 右二位进入铲刀液压缸 15 有杆腔，同时无杆腔油经四位五通手动换向阀 12 右二位到换向阀 13、14 中位回到油箱。这时铲刀液压缸 15 有杆腔进油，活塞杆缩回，铲刀提升。

进油路：油箱 9 →过滤器 18 →液压泵 2 →单向阀 5 →四位五通手动换向阀 12（右二位）→铲刀升降液压缸 15 有杆腔；

回油路：铲刀升降液压缸 15 无杆腔→四位五通手动换向阀 12（右二位）→三位五通手动换向阀 13（中位）→三位五通手动换向阀 14（中位）→过滤器 10 →油箱 9。

（4）铲刀固定

如图 20-5 所示，当铲刀固定时操纵四位五通手动换向阀 12 处于左二位。这时铲刀液压缸进、出油口被封闭，铲刀依靠换向阀的锁紧作用停留固定在某一位置。

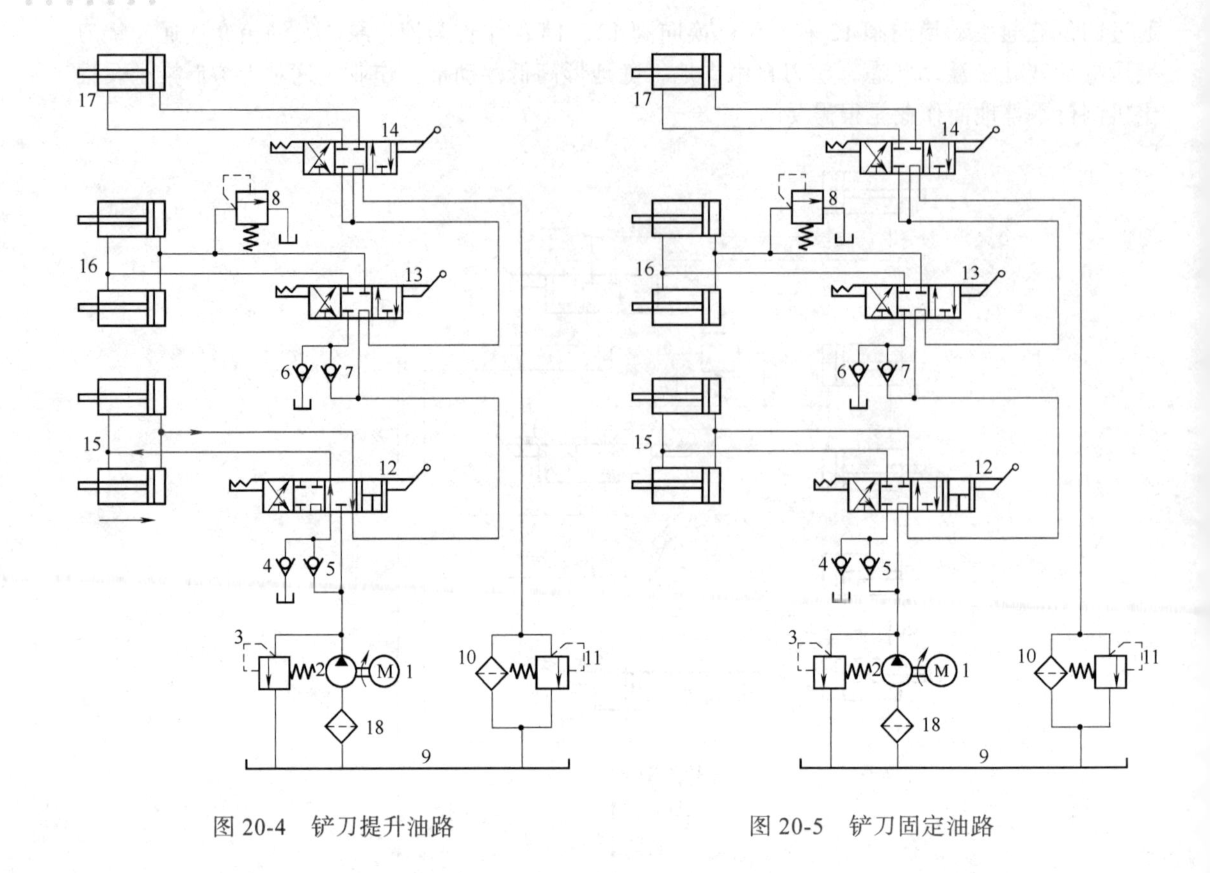

图 20-4 铲刀提升油路

图 20-5 铲刀固定油路

油路：油箱 9→过滤器 18→液压泵 2→四位五通手动换向阀 12（左二位）→三位五通手动换向阀 13（中位）→三位五通手动换向阀 14（中位）→过滤器 10→油箱 9。

20.2 铲刀倾斜动作

铲刀倾斜液压系统工作原理图如图 20-1 所示。该系统由齿轮泵提供压力油，液压泵 2 输出的压力油经四位五通手动换向阀 12、三位五通手动换向阀 13 后进入三位五通手动换向阀 14，三位五通手动换向阀 14 控制铲刀倾斜液压缸倾斜。换向阀 12、13、14 中位串联，能保证其控制的机构单独和同时工作。系统的压力为 14MPa，由溢流阀 3 调定。

20.2.1 回路元件组成

铲刀倾斜液压缸 17 液压系统执行元件，能够将压力能转化为机械能，与机械结构相连，实现铲刀倾斜动作控制。

20.2.2 回路解析

铲刀倾斜液压系统通过操纵三位五通手动换向阀 14 可完成下述工作切换：铲刀前倾、铲刀原位、铲刀后倾。

（1）铲刀前倾

如图 20-6 所示，当铲刀前倾时操纵三位五通手动换向阀 14 切换为左位。这时铲刀倾斜液压缸 17 无杆腔进油，实现铲刀前倾。

进油路：油箱 9 →过滤器 18 →液压泵 2 →四位五通手动换向阀 12（左二位）→三位五通手动换向阀 13（中位）→三位五通手动换向阀 14（左位）→铲刀倾斜液压缸 17 无杆腔；

回油路：铲刀倾斜液压缸 17 有杆腔→三位五通手动换向阀 14（左位）→过滤器 10 →油箱 9。

（2）铲刀原位

如图 20-7 所示，当铲刀前倾时操纵三位五通手动换向阀 14 切换为中位。这时铲刀倾斜液压缸 17 不动作，保持铲刀原位。

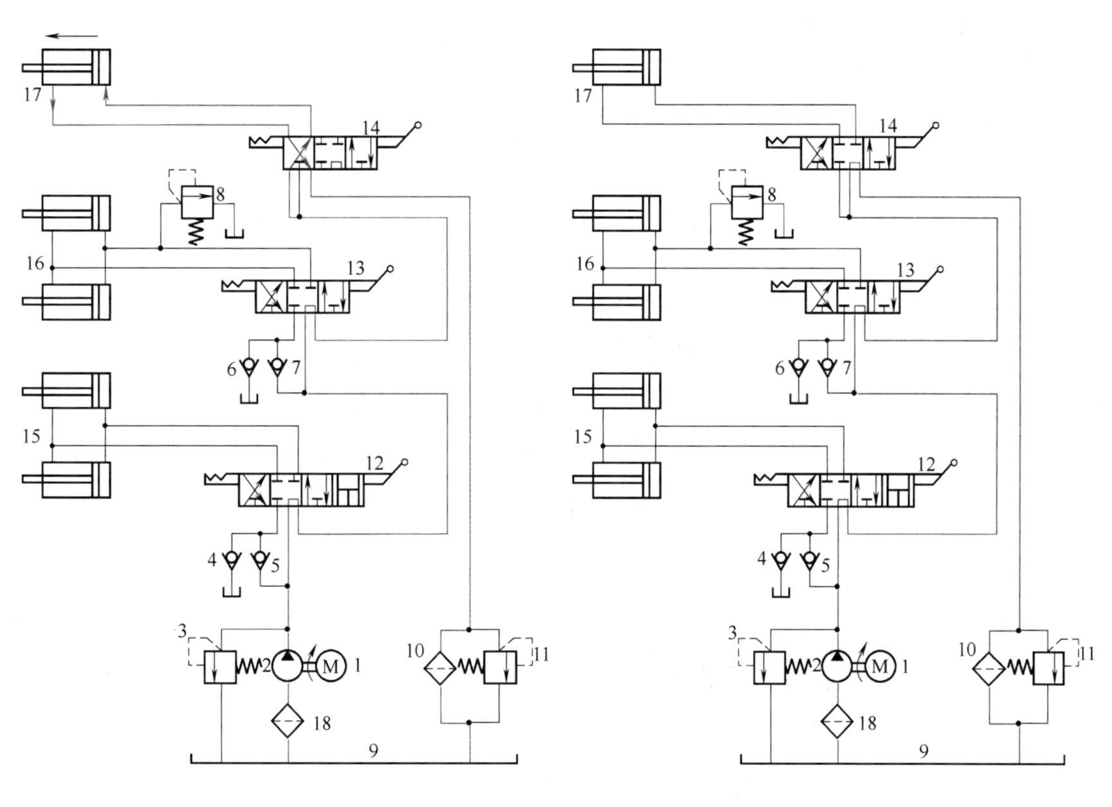

图 20-6　铲刀前倾油路　　　　图 20-7　铲刀原位油路

油路：油箱 9 →过滤器 18 →液压泵 2 →四位五通手动换向阀 12（左二位）→三位五通手动换向阀 13（中位）→三位五通手动换向阀 14（中位）→过滤器 10 →油箱 9。

（3）铲刀后倾

如图 20-8 所示，当铲刀后倾时操纵三位五通手动换向阀 14 切换为右位。这时铲刀倾斜液压缸 17 有杆腔进油，实现铲刀后倾。

进油路：油箱 9 →过滤器 18 →液压泵 2 →四位五通手动换向阀 12（左二位）→三位五通手动换向阀 13（中位）→三位五通手动换向阀 14（右位）→铲刀倾斜液压缸 17 有杆腔；

回油路：铲刀倾斜液压缸 17 无杆腔→三位五通手动换向阀 14（右位）→过滤器 10 →油箱 9。

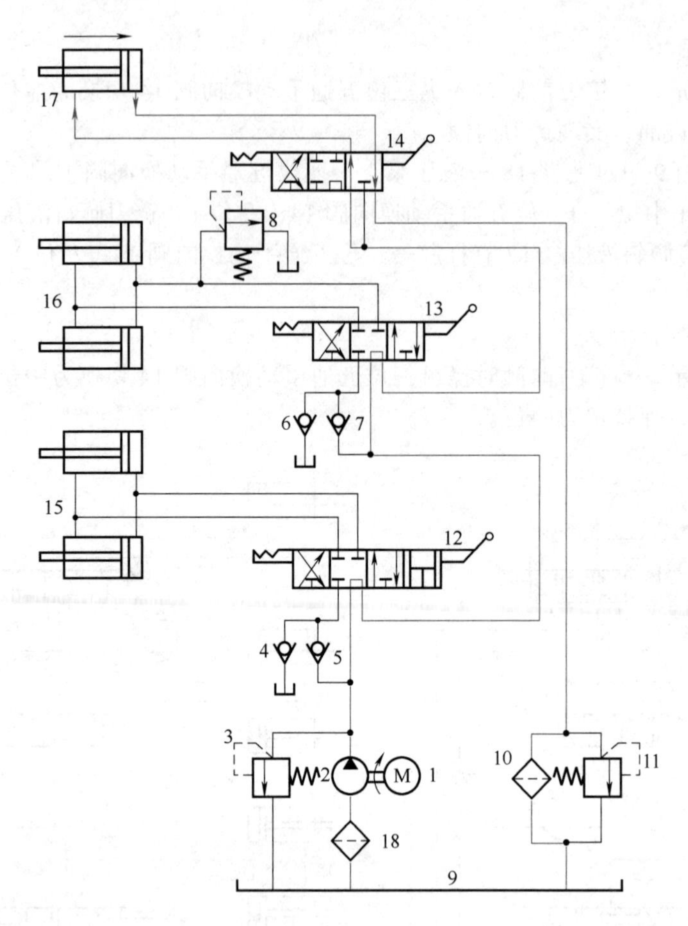

图 20-8 铲刀后倾油路

20.3 松土器升降动作

松土器升降液压系统工作原理图如图 20-1 所示。该系统由齿轮泵提供压力油，液压泵 2 输出的压力油经四位五通手动换向阀 12、三位五通手动换向阀 13 后进入三位五通手动换向阀 14，三位五通手动换向阀 13 控制松土器升降液压缸升降。换向阀 12、13、14 中位串联，能保证其控制的机构单独和同时工作。系统的压力为 14MPa，由溢流阀 3 调定。

20.3.1 回路元件组成

松土器升降液压缸 16　液压系统执行元件，能够将压力能转化为机械能，与机械结构相连，采用双缸控制，实现松土器升降动作控制。

20.3.2 回路解析

松土器升降液压系统通过操纵四位五通手动换向阀 12，控制松土器升降液压缸 16 动作，可完成下述工作循环：松土器上升、松土器原位、松土器下降。

（1）松土器上升

如图 20-9 所示，当操纵三位五通手动换向阀 13 处于左位，压力油进入松土器升降液压缸 16 无杆腔，推动活塞杆上的松土器上升。有杆腔油液经换向阀 14 中位、过滤器 10 流回油箱。

进油路：油箱 9→过滤器 18→液压泵 2→四位五通手动换向阀 12（左二位）→单向阀 7→三位五通手动换向阀 13（左位）→松土器升降液压缸 16 无杆腔；

回油路：松土器升降液压缸 16 有杆腔→三位五通手动换向阀 13（左位）→三位五通手动换向阀 14（中位）→过滤器 10→油箱 9。

（2）松土器原位

如图 20-10 所示，当操纵三位五通手动换向阀 13 处于中位，松土器升降液压缸不动作。

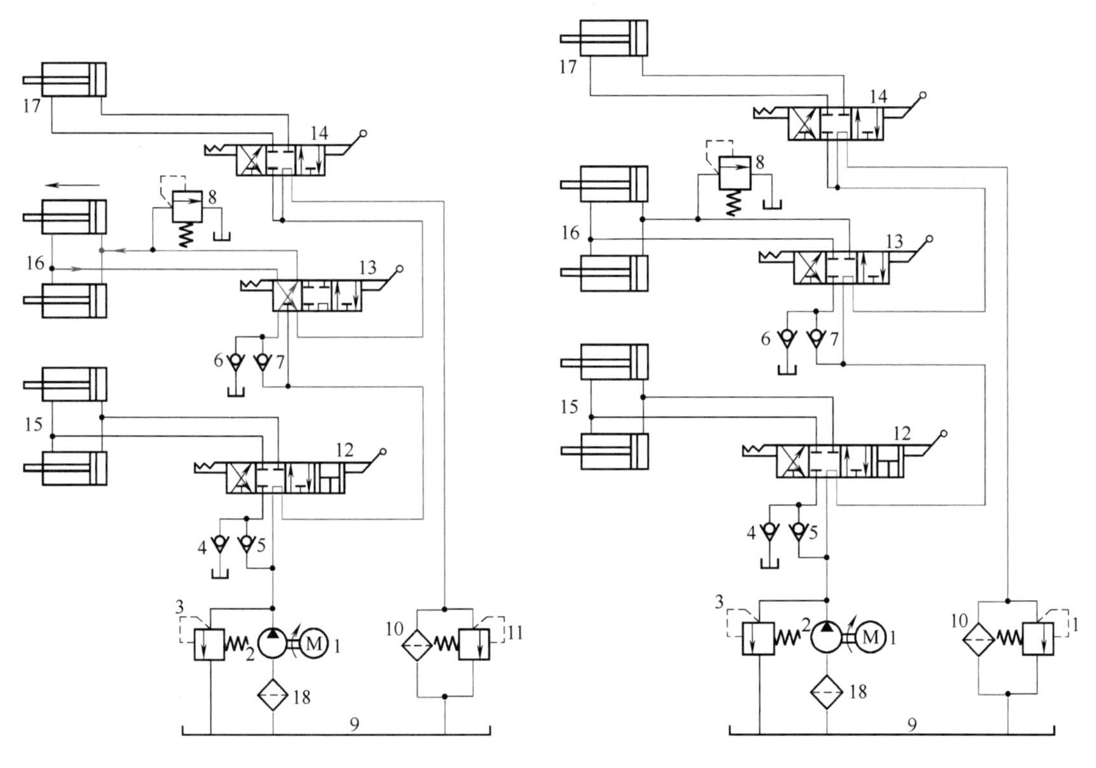

图 20-9　松土器上升油路

图 20-10　松土器原位油路

油路：油箱 9→过滤器 18→液压泵 2→四位五通手动换向阀 12（左二位）→三位五通手动换向阀 13（中位）→三位五通手动换向阀 14（中位）→过滤器 10→油箱 9。

（3）松土器下降

如图 20-11 所示，当操纵三位五通手动换向阀 13 处于右位，压力油进入松土器升降液压缸 16 有杆腔，推动活塞杆上的松土器下降。无杆腔油液经换向阀 14 中位、过滤器 10 流回油箱。

进油路：油箱 9→过滤器 18→液压泵 2→四位五通手动换向阀 12（左二位）→单向阀 7→三位五通手动换向阀 13（右位）→松土器升降液压缸 16 有杆腔；

回油路：松土器升降液压缸 16 无杆腔→三位五通手动换向阀 13（右位）→三位五通手动换向阀 14（中位）→过滤器 10→油箱 9。

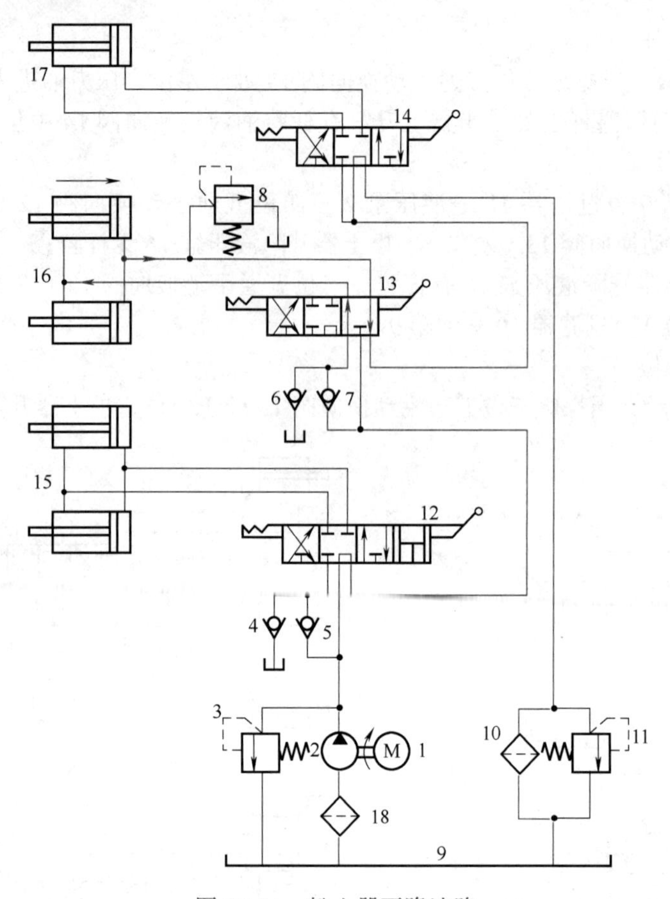

图 20-11 松土器下降油路

参 考 文 献

[1] 张利平 . 液压阀原理、使用与维护 [M].3 版 . 北京 : 化学工业出版社，2015.

[2] 高殿荣，王益群 . 液压工程师技术手册 [M].2 版 . 北京 : 化学工业出版社，2016.

[3] 雍丽英，赵丹 . 液压与气动技术 [M]. 北京 : 机械工业出版社，2023.

[4] 徐意，王记彩 . 液压与气动技术 [M]. 北京 : 机械工业出版社，2022.

[5] 左健民 . 液压与气动技术 [M]. 4 版 . 北京 : 机械工业出版社，2023.

[6] 刘银水，李壮云 . 液压元件与系统 [M]. 4 版 . 北京 : 机械工业出版社，2019.

[7] 许福玲 . 液压与气压传动 [M]. 4 版 . 北京 : 机械工业出版社，2018.

[8] 宁辰校 . 液压气动图形符号及识别技巧 [M]. 北京 : 化学工业出版社，2012.

[9] 唐颖达，刘尧 . 液压回路分析与设计 [M]. 北京 : 化学工业出版社出版，2017.

[10] 牟志华，张海军 . 液压与气动技术 [M].2 版 . 北京 : 中国铁道出版社，2017.

[11] 黄志坚 . 看图学液压系统安装调试 [M]. 北京 : 中国电力出版社，2016.

[12] 赵波，王宏元 . 液压与气动技术 [M]. 5 版 . 北京 : 机械工业出版社，2020.

参考文献